LE
CHIMISTE Z. ROUSSIN

CHIMIE — PHYSIOLOGIE
EXPERTISES MÉDICO-LÉGALES

PAR

A. BALLAND et **D. LUIZET**

Pharmacien-principal
de l'armée.

Ancien chimiste
à l'usine Poirrier.

AVEC

Notice biographique, par H. CHASLES, ingénieur

PRÉFACE DE A. HALLER
Membre de l'Institut.

PARIS

LIBRAIRIE J.-B. BAILLIÈRE ET FILS

RUE HAUTEFEUILLE, 19, PRÈS DU BOULEVARD SAINT-GERMAIN

1908

LE CHIMISTE Z. ROUSSIN

CHIMIE — PHYSIOLOGIE — EXPERTISES MÉDICO-LÉGALES

Le chimiste Roussin. ★

Z. ROUSSIN
Æ 55

Heliog Dujardin

LE

COMTE DE BUSSY

AVEC

Notice biographique, par E. CHASLES. [illegible]

LE
CHIMISTE Z. ROUSSIN

CHIMIE — PHYSIOLOGIE
EXPERTISES MÉDICO-LÉGALES

PAR

A. BALLAND et **D. LUIZET**

Pharmacien-principal
de l'armée.

Ancien chimiste
à l'usine Poirrier.

AVEC

Notice biographique, par H. CHASLES, ingénieur

PRÉFACE DE A. HALLER
Membre de l'Institut.

PARIS

LIBRAIRIE J.-B. BAILLIÈRE ET FILS

RUE HAUTEFEUILLE, 19, PRÈS DU BOULEVARD SAINT-GERMAIN

1908

A LA MÉMOIRE DE MON MARI.

Je me suis décidée à publier ce livre sur les instances réitérées de savants qui ont été les contemporains, les collaborateurs, ou simplement les amis de mon regretté mari. Des chimistes plus jeunes, qui ne l'ont pas connu personnellement, mais qui ont apprécié l'importance de ses découvertes et de ses principaux travaux, ont joint leurs instances à celles de leurs aînés.

Tous m'ont dit : « L'œuvre de Z. Roussin est considérable, la portée de ses découvertes est immense, et son nom devrait être inscrit en lettres d'or dans les annales de l'Industrie chimique. Au lieu de cela nous constatons trop souvent, aussi bien en France qu'à l'Etranger, que là où il devrait être mis en première place, il est passé sous silence, ou cité négligemment. Ces omissions et ces réticences risquent de fausser une belle page de l'histoire de la chimie, si personne ne vient démontrer, défendre et proclamer la vérité ! »

De telles protestations m'étaient douces à entendre, parce que, à défaut de la science nécessaire, j'avais la perception instinctive de l'injustice commise et le secret désir de faire tous mes efforts pour en favoriser la réparation. Pourtant je me sentais toujours hésitante, et, sans la dernière intervention d'un parent, M. C. Matignon, professeur à la Sorbonne, je n'aurais sans doute pas osé entreprendre une tâche si au-dessus de mes forces.

J'avais entre les mains une foule de documents probants ; mais, hélas ! j'étais impuissante à les produire, et il me fallait trouver des amis compétents et désintéressés, qui voulussent bien se charger de les mettre en lumière. J'ai eu la bonne fortune de les rencontrer.

M. le Pharmacien-principal A. Balland et M. le chimiste D. Luizet m'ont apporté tout leur dévouement et toute leur science pour mener à bien l'œuvre entreprise : ils l'ont réalisée d'une façon magistrale.

Le maître éminent M. le professeur A. Haller, membre de l'Institut, a bien voulu nous apporter le patronage de son autorité incontestée, et présenter ce livre au public.

C'est avec confusion, mais aussi avec quelque fierté, que je réunis dans un même hommage les noms des savants que je viens de citer.

Qu'ils me permettent de leur adresser ici, avec mes plus sincères remerciements et ceux de mes enfants, l'expression de ma reconnaissance émue. Grâce à eux, j'aurai pu faire à la fois acte de piété conjugale et œuvre de vérité scientifique.

Vve Z. ROUSSIN.

PRÉFACE

A une époque où l'activité fiévreuse des chercheurs
apporte chaque jour un contingent sans cesse croissant
d'observations et de faits précis, où la nouveauté des
sujets mis en lumière tend à faire oublier aux générations présentes les origines de notre savoir et de nos
vérités positives actuelles, il est bon que les témoins
encore vivants de la pensée intime de nos devanciers
nous fassent assister à la genèse des idées et des découvertes qui ont fécondé, à leur début, les différents com-
partiments de la science et de l'industrie.

En soulevant le voile qui masquait la pensée originelle
d'où a jailli le trait génial, en nous initiant aux efforts
soutenus et aux difficultés vaincues, l'historien rend
d'abord un pieux hommage à la mémoire du savant disparu, et apporte ensuite une contribution précieuse à
l'histoire de la science et de ses applications.

Comme beaucoup d'industries qui ressortent de la
chimie, celle des matières colorantes a pris naissance en
France, en même temps qu'en Angleterre, grâce aux
facultés d'observation, à l'initiative et à l'esprit inventif
de quelques chercheurs isolés et indépendants, véritables
pionniers de la chimie appliquée.

Pas plus en Grande-Bretagne qu'en France, les représentants officiels de la chimie, les professeurs, n'ont pris une part active à ce mouvement intense qui a porté les esprits vers les applications dans la seconde moitié du siècle dernier.

Z. Roussin faisait partie de ce grand corps auquel la science est redevable, depuis Scheele jusqu'à nos jours, de cette pléiade de savants qui, dans tous les pays, ont laissé des traces impérissables de leur savoir et de leur génie.

Tout en remplissant ses fonctions avec une ponctualité, une conscience et une intelligence remarquables, il se livra à sa passion favorite et cultiva la chimie avec un succès qui ne s'est pas démenti jusqu'à la fin de sa carrière. Il dota la science de plusieurs méthodes devenues classiques, entreprit des recherches dans toutes les branches de la chimie : analyse, toxicologie, chimie minérale, chimie organique, etc. et marqua tout ce qu'il abordait de son empreinte d'esprit ingénieux, sagace et clairvoyant. Dans la longue suite de ses travaux, ceux concernant les colorants artificiels tiennent toutefois une place prépondérante dans l'œuvre si féconde de Roussin.

Les premières études sur la naphtaline, sa découverte de la naphtazarine, dont la production ne devait manquer de susciter des recherches en vue de la synthèse de l'alizarine, révèlent chez l'auteur l'intuition qu'il avait du rôle important qui reviendrait un jour à ce carbure dont les usines à gaz ne savaient que faire.

Néanmoins son plus beau titre de gloire, celui qui fera que son nom occupera toujours une place prépondérante dans les Annales de l'industrie des colorants artificiels, est sa découverte des *colorants azoïques*.

Dès la mise au jour des premiers représentants de ces

matières, il avait d'ailleurs la perception bien nette de la fécondité des réactions auxquelles elles devaient leur production.

C'est à cette fécondité, et à un manque opportun de collaborateurs susceptibles de donner aux réactions trouvées toute l'extension prévue, que Z. Roussin, et avec lui l'industrie française, n'ont pu tirer tout le parti possible des applications qui découlaient de la nouvelle invention.

Nous devons être reconnaissants à la famille, aux amis et aux collaborateurs dévoués de Roussin, de nous avoir donné une image fidèle du Maître, en même temps que des documents qui nous permettent de fixer, d'une façon définitive, un point d'histoire d'un des chapitres les plus suggestifs de l'industrie des colorants artificiels.

A. HALLER,
De l'Institut.

Paris, le 3 juillet 1907.

LE CHIMISTE Z. ROUSSIN

I

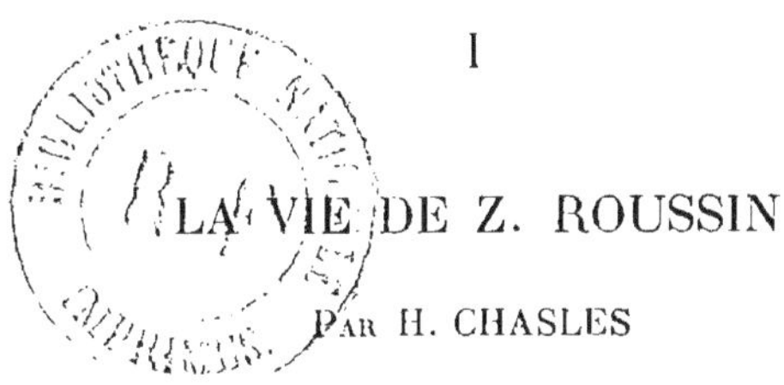

LA VIE DE Z. ROUSSIN

PAR H. CHASLES

François-Zacharie Roussin naquit le 6 septembre 1827, aux Grands-Moulins, commune de Vieux-Vy (Ille-et-Vilaine), de François Roussin et d'Angélique Daligaut.

Ses ancêtres, depuis plusieurs générations, aussi bien du côté maternel que du côté paternel, exerçaient la profession de maîtres-papetiers (1).

Vers 1833, ses parents vinrent s'installer au Guélandry près de Fougères (Ille-et-Vilaine), pour reprendre la fabrique de papiers de François Daligaut, son grand-père. Ses études commencées au collège de Fougères se continuèrent très brillamment au lycée de Rennes, où il suivait les cours comme élève de la pension des Eudistes.

Les palmarès de l'époque ont enregistré les éclatants succès du jeune Roussin, succès dus à des facultés de premier ordre : grande facilité d'assimilation, grande puissance de travail, mémoire prodigieuse. Nous verrons plus tard se révéler en lui les facultés créatrices.

---

(1) On sait que la corporation des papetiers était autrefois très fermée et qu'elle a même conservé, jusque vers 1830, quelques-uns des privilèges qu'elle tenait de l'ancienne monarchie.

Sa facilité pour les vers latins était telle qu'il lui arriva de faire simultanément les compositions de plusieurs de ses camarades moins bien doués, et, longtemps après, d'anciens condisciples se plaisaient à lui rappeler ce généreux tour de force.

D'une santé robuste, il n'était pas de ceux qui s'étiolent sur les bancs du collège et nous n'en finirions pas, si nous voulions citer toutes les espiègleries dont il sut émailler l'étude parfois aride des auteurs classiques.

Frappés de ses brillantes aptitudes, ses professeurs lui conseillaient de se présenter à l'Ecole normale (lettres). Mais vers l'âge de 17 ans il se prit d'une belle passion pour la chimie. Aussitôt en vacances, il ne rêvait, avec les moyens simples dont il pouvait disposer, que manipulations et expériences de toutes sortes ; cela n'allait pas sans quelques mécomptes et sans réactions trop tumultueuses ; sa mère en était parfois effrayée et lui disait souvent : « avec ta satanée chimie, tu nous feras tous sauter. »

Dès qu'il eut passé son baccalauréat ès-lettres, ses parents le firent entrer comme élève en pharmacie à Rennes, avec l'arrière-pensée de l'établir pharmacien à Fougères, c'est-à-dire de le conserver près d'eux. Cela n'était pas du tout le rêve de Roussin, mais il garda néanmoins de cette période de sa vie (1846-1848) un excellent souvenir et une reconnaissance toute particulière à son premier maître Destouches, pharmacien, professeur à l'Ecole de médecine et de pharmacie de Rennes.

Il ne fallut pas longtemps en effet à un homme aussi intelligent et aussi perspicace que Destouches pour apprécier son nouvel élève. Se plaisant à encourager les laborieux, il donna toute facilité de travail à Roussin pour lui permettre d'obtenir au concours le poste de

préparateur de chimie à l'Ecole de médecine et de pharmacie de Rennes, et en 1847, le titre de lauréat de cette
Ecole (premier prix).

L'année 1848 marque une date importante de la vie
de Z. Roussin. Sentant qu'il lui fallait un champ de travail plus vaste que Rennes, il caressait depuis quelques
mois le secret désir d'aller à Paris. Il ne pouvait s'en
ouvrir à ses parents, car il savait trop bien qu'ils lui
opposeraient un refus formel.

Les événements politiques de cette époque réson-
naient d'ailleurs en écho lointain, excitant l'enthousiasme de la jeunesse, et beaucoup d'étudiants de pro-
vince prirent le chemin de la capitale. Roussin se sentait
attiré de plus en plus par la grande ville et finalement
mit son projet à exécution.

Bien des années plus tard il fallait l'entendre raconter
aux siens, avec sa verve et son humour habituels, *sa
dernière journée passée à Rennes.*

Après avoir fixé résolument le jour de son départ il
avait retenu sa place à la diligence Laffite et Gaillard,
devant partir le soir à 7 heures pour Paris. Or le matin
même de ce jour si désiré, il reçoit une visite inattendue :
c'est son père qui arrive de Fougères. Quelle malen-
contreuse coïncidence ! Pendant les heures interminables
de cette entrevue, qui devait se terminer à 5 heures du soir,
Z. Roussin se garda bien de révéler son projet. Détail
assez piquant et qui dénote déjà une volonté que rien
n'arrête : en reconduisant son père à la voiture qui faisait le service de la poste entre Rennes et Fougères,
il trouva moyen de glisser furtivement dans la boîte
aux lettres fixée à la diligence quelques lignes pour
ses parents, les avertissant que lorsqu'ils les recevraient,

il serait en route pour Paris. Le bon père ne se doutait guère que, si près de lui, se trouvait l'annonce du départ de son fils ! Arrivé à Fougères il fut retenu en ville avant de regagner son domicile, de sorte que ce fut sa femme qui décacheta la lettre et lui annonça la fatale nouvelle.

On voit d'ici le désappointement et la colère des pauvres parents. Aussi la conséquence fut terrible : suppression complète de tous subsides au jeune étudiant.

Ses maigres économies furent vite épuisées et une période des plus pénibles allait commencer. Son ambition immédiate était de se préparer au concours de l'internat des hôpitaux de Paris. Mais avant tout il fallait vivre et il fut obligé de se placer, pendant quelques mois, comme élève en pharmacie. Il réussit à économiser de quoi se mettre en chambre, pour pouvoir donner le coup de collier final. Pendant les trois mois qu'il mit à préparer ce concours, il vécut de privations, ayant le souci de ne pas faire de dettes, et manquant à peu près de tout. Enfin grâce à son courage et à sa robuste constitution, il sortit vainqueur de cette dure épreuve (1849). Les succès devaient s'affirmer d'année en année et d'une manière continue.

En 1851, il était lauréat de l'Internat, 1er prix, Elèves de 1re et 2e année. En 1852, il remporta encore le 1er prix, Elèves de 3e et 4e année (1) ; puis, il était lauréat de l'Ecole supérieure de Pharmacie de Paris : médaille d'or avec exonération des frais d'examen.

Ce n'est qu'après cet éclatant succès que Roussin put rentrer en grâce auprès de ses parents. Ils lui avaient

______

(1) Cette récompense lui permettait de rester six ans dans les hôpitaux, au lieu de quatre.

tenu rigueur depuis son arrivée à Paris. Il ne faudrait pas conclure, de cette dureté apparente, à un manque d'affection. Ils avaient au contraire, pour cet aîné de trois enfants, une tendresse toute particulière, mais sans doute trop exclusive et un peu égoïste, car leur idée fixe était de faire revenir leur fils au pays.

Roussin était en trop bonne voie pour interrompre sa marche en avant. Il désirait se faire recevoir pharmacien en chef des hôpitaux, puis docteur pour arriver ensuite au professorat.

Mais le hasard, qui a souvent un si grand rôle dans les existences, est venu déjouer ses projets. Un jour, en sortant de l'Hôpital des enfants malades où il était interne, il vit, apposée au mur de l'hôpital, une affiche annonçant la réorganisation complète du service de santé militaire. On faisait un appel, par voie de concours, à de jeunes pharmaciens diplômés pour entrer dans la pharmacie militaire.

Roussin alla demander conseil à Tripier, pharmacien en chef de l'hôpital militaire du Gros-Caillou, savant fort distingué, qui l'engagea vivement à prendre part au concours du Val-de-Grâce. En causant longuement avec lui, Tripier avait vite jugé la valeur du candidat et lui avait prédit un brillant avancement. Ces paroles encourageantes et la perspective de toucher des appointements immédiats le décidèrent, malgré les observations de quelques-uns de ses professeurs qui le dissuadaient d'entrer dans le service de santé militaire.

Un an après son entrée comme élève à l'Ecole d'application du Val-de-Grâce (1853), Roussin sortait lauréat (1er prix). Il subit alors le sort commun des aides-

majors de l'armée ; il fut envoyé à l'hôpital du dey, à
Alger, fit l'expédition de Kabylie en 1854, puis fut
attaché à l'hôpital militaire de Teniet-el-Haad où il prépara son concours pour l'agrégation et commença à
publier ses premières recherches.

Il n'est pas inutile de faire remarquer que là, comme
ailleurs, Roussin travailla toujours seul ; il ne fut l'élève
d'aucun chimiste et n'appartint à aucune coterie. On
sait combien la protection d'un maître est utile à ses
élèves. Z. Roussin n'en eut point ; c'était une difficulté
de plus dans sa vie scientifique.

Rappelé à Paris, en 1857, comme surveillant au Val-
de-Grâce, il fut nommé, l'année suivante, après un concours des plus remarqués, professeur agrégé de chimie
et de toxicologie (Planche II).

La même année, il fit partie du conseil de la Société
chimique de Paris, récemment fondée ; en 1859, il était
membre de la Société de pharmacie, puis rédacteur des
Annales d'hygiène publique et de médecine légale ; enfin,
expert chimiste au Tribunal de 1re instance de la Seine.

En 1859, il épousa Mlle Clémentine Chagnet (1), issue
comme lui de familles qui appartenaient à la bourgeoisie
depuis plusieurs générations ; un de ses aïeux était, sous
Louis XVI, graveur à la Sainte-Chapelle, un autre, bo-
taniste distingué, avait, comme pharmacien militaire,
servi dans les armées de la première république.

Roussin allait puiser dans les joies du foyer des forces

____

(1) De cette union naquit, en 1861, une fille, Marie-Amélie ;
du mariage de Mlle Amélie Roussin, en 1883, avec un ingénieur,
M. Henri Chasles, naquirent, en 1884 et 1886, deux fils, Raymond
Chasles, actuellement archiviste paléographe à la Bibliothèque
nationale et Pierre Chasles, licencié ès-lettres et licencié en droit.

Planche II. — M. Roussin dans son laboratoire au Val-de-Grâce.

nouvelles pour mener de front ses multiples travaux.

En 1861, malgré son service d'hôpital, ses cours et ses expertises au Palais de justice, il fit, sur la naphtaline, les premiers travaux qui devaient amener une véritable révolution dans l'industrie de la teinturerie.

Ces recherches, présentées à l'Académie des sciences par J.-B. Dumas, eurent, en France comme à l'étranger, un très grand retentissement et le médecin inspecteur Michel Lévy, directeur de l'Ecole d'application de médecine et de pharmacie militaires, s'empressa de demander au ministre de la guerre pour Roussin, l'un de ses plus distingués professeurs, la croix de chevalier de la Légion d'honneur. Malgré l'éloquente intervention de Michel Lévy (1), Roussin dut attendre son tour d'ancienneté, comme le dernier de ses camarades ; il ne fut décoré que le 28 décembre 1868 (20 ans de services et 4 campagnes, ajoute laconiquement le décret officiel).

En 1863, Roussin fut envoyé pour quelques mois au camp de Châlons, pendant les grandes manœuvres qui s'y faisaient annuellement.

Un peu plus tard, il fut attaché à la rédaction du grand *Dictionnaire de médecine et de chirurgie pratiques* qu'allait publier la maison J.-B. Baillière, sous la direction du Dr Jaccoud, aujourd'hui secrétaire perpétuel de l'Académie de médecine.

Revenons à quelques années en arrière. Vers la fin de 1858, un ami de Roussin, le Dr P. Lorain, professeur à la Faculté de médecine de Paris et expert au Palais de

____

(1) Voir p. 56, la lettre reproduite par M. Luizet. C'est avec un sentiment de tristesse que nous devons rappeler que le pharmacien-inspecteur, chef hiérarchique de Roussin, ne crut pas devoir s'associer à la proposition de Michel Lévy.

justice, le présenta à Tardieu, alors dans tout l'éclat de sa renommée, pour remplacer un chimiste-expert (Lassaigne) qui venait de mourir. L'éminent maître fit le meilleur accueil à Roussin, qui fut immédiatement agréé par le Procureur général. Alors commença la féconde collaboration de Z. Roussin avec le Prof. A. Tardieu, collaboration qui se transforma bientôt en amitié.

Au Parquet de la Seine, on fut vite séduit par les rapports si lumineux de Roussin, comme aussi par sa scrupuleuse exactitude à les remettre au jour dit. Ce fut l'expert-chimiste le plus recherché par les magistrats. On lui confia près de 800 expertises, en moins de quatorze ans.

Parmi les grandes causes criminelles auxquelles son nom a été associé à celui de Tardieu, nous ne citerons que les procès de Couty de Lapommerais, et de Troppmann qui eurent un si grand retentissement en 1864 et 1869.

Malgré une robuste constitution qui lui permettait un travail acharné, il arriva un moment, en 1867, où, par suite de surmenage, Roussin tomba gravement malade. C'est à la suite de cette longue maladie dont il se rétablit, grâce aux soins si éclairés et affectueux du D' A. Tardieu, qu'il dut cesser tout travail intellectuel, renoncer à la collaboration du *Dictionnaire de médecine et de chirurgie pratiques* et résilier un contrat passé avec la maison J.-B. Baillière pour la livraison, en 1869, d'un *Dictionnaire des falsifications des substances alimentaires et médicamenteuses*.

Sa santé à peu près reconquise, son courage et son énergie allaient bientôt subir de terribles épreuves. Nous voulons parler des circonstances tragiques qui le mirent aux prises avec le gouvernement de la Commune.

Un peu avant cette époque, en mai 1870, on découvrait un vaste complot contre Napoléon III ; des bombes fulminantes furent saisies au moment où les coupables allaient exécuter leur forfait et le procès fut jugé en Haute-Cour, dans la salle des États généraux de Blois. Au mois de juillet suivant, Roussin, auquel on s'adressa pour le dangereux examen de ces bombes, prouva qu'elles présentaient des effets meurtriers jusqu'alors inconnus. Le complot compromettait plus de cent membres de l'Internationale. Bon nombre de ceux-ci firent, plus tard, partie de la Commune et n'oublièrent pas le nom du chimiste-expert.

Au moment de l'ouverture des hostilités de la guerre Franco-Allemande, Roussin était sous-directeur de la Pharmacie centrale de l'armée, qui doit assurer le service des hôpitaux et ambulances militaires. Il resta à Paris pendant le siège, où il prit une part active à différentes commissions chargées de surveiller à la fois l'alimentation de la troupe et celle de la population parisienne.

Le 20 janvier 1871 survient l'armistice ; puis la Commune, bientôt proclamée, prend possession de Paris le 18 mars.

Par suite de différentes circonstances, le directeur de la Pharmacie centrale, chef immédiat de Roussin, avait dû rester à Versailles où siégeait le gouvernement régulier, de sorte que Roussin était devenu le chef effectif d'un service qui ne recevait plus d'ordres du ministère de la guerre.

Sa position n'en était que plus difficile. L'attitude à prendre vis-à-vis des insurgés lui fut dictée par les sentiments les plus élevés et il croyait être à l'abri de toute critique, lorsqu'un coup imprévu vint lui révéler que sa sécurité était illusoire.

Le vendredi 12 mai, vers 5 heures du soir, un planton de l'Intendance de la Commune vint le prier de passer le plus tôt possible dans les bureaux de l'Intendance, près du Ministère de la guerre. Il s'y rendit de suite et reconnut, sous un képi à cinq galons, un ancien infirmier du nom de Demissol.

Comment se passa cette entrevue, nous le verrons par la suite. Mme Roussin fut très inquiète en ne voyant pas revenir son mari à l'heure habituelle, car la terreur régnait dans Paris. On comprendra son angoisse lorsqu'à la suite de nombreuses recherches, elle apprit, vers 9 heures du soir, que des gardes nationaux avaient procédé à l'arrestation d'un *chef en pharmacie*.

Le lendemain matin samedi, Mme Roussin, bien que souffrante, se rendit au dépôt de la Préfecture pour essayer de voir son mari. A force de démarches elle obtint la permission de lui parler et elle apprit qu'il occupait la cellule 119, que venait de quitter l'archevêque de Paris, Mgr Darboy, transféré à la Roquette. Cette nouvelle était affolante car on pouvait tout craindre et prévoir que le sort de Roussin serait le même que celui des prisonniers qui l'avaient précédé.

Disons tout de suite qu'il n'y eût pas échappé sans le dévouement inlassable et l'indomptable énergie de Mme Roussin, qui, après huit jours de démarches multiples, réussit enfin à le faire remettre en liberté.

Que s'était-il donc passé et que reprochait-on à Roussin ? Nous ne pouvons mieux l'expliquer qu'en reproduisant ici la relation qu'il en fit lui-même, durant sa captivité. Cette note lui avait été demandée par Mme Roussin, dans le but de connaître exactement sa situation pour mieux plaider sa cause.

Mais comment faire parvenir cette note à sa femme ? Cela n'était pas facile, car aucun prisonnier ne pouvait écrire une lettre, sans qu'elle fût lue par le Directeur de la prison. Le stratagème employé vaut d'être conté.

Chaque jour, Mme Roussin envoyait au prisonnier sa nourriture, celle de la prison étant insuffisante. On lui apportait notamment du vin et le lendemain on remportait la bouteille vide. Or le gardien de service était un ancien employé au Dépôt de la Préfecture de police, qui connaissait de nom le chimiste expert. Il eut pour lui quelques égards et lui permit de garder son couteau de poche, à la condition que quand il entrerait dans sa cellule il ne le verrait pas. Roussin se servit de ce couteau pour creuser le bouchon de liège d'une bouteille vide, et réussit à y introduire et à y dissimuler complètement une feuille de papier fortement roulée (elle existe encore aujourd'hui) sur laquelle il avait écrit la relation qui va suivre.

Mais avant, nous croyons devoir donner quelques fragments de correspondance parvenus à Mme Roussin, pendant la détention de son mari, alors qu'elle n'avait pas encore obtenu de Raoul Rigault le laissez-passer reproduit plus loin.

Samedi matin, 6 heures. — Je suis en prison au dépôt de la Préfecture de police, cellule 119, depuis hier soir et je n'ai pu t'écrire aussitôt. Ce matin seulement je puis t'envoyer ce petit mot, destiné à être lu au greffe avant de te parvenir.

Je me porte assez bien et je supporte cette injustice et cette violence avec le calme d'une conscience qui n'a rien à se reprocher. Mon seul chagrin naît de l'abandon où tu vas te trouver avec notre petite fille et des inquiétudes que cette triste séparation va te causer. Mes regrets sont plus grands encore, lorsque je songe à l'état de souffrance où je t'ai laissée. J'exige que tu continues à te soigner comme si j'étais près de toi.

Je compte bien être interrogé daus un bref délai et être mis en liberté aussitôt.

Z. Roussin.

Samedi, 8 heures. — Je t'écris de nouveau, dans la crainte que ma première lettre de ce matin ne te parvienne pas. Dans la cellule 119, où je suis, je dispose d'une chaise, d'une table et d'un petit lit de fer. Voici l'ordinaire de la pension : 1° pain de munition, environ 600 grammes ; 2° à 8 heures du matin, une petite gamelle de bouillon, je viens d'y goûter ; 3° à 3 heures, légumes bouillis. C'est tout.

Samedi, 1 heure. — J'ai reçu tes deux envois de vivres et je t'en remercie bien, car, avec ma pauvre santé, je ne sais si je pourrai m'accommoder de l'ordinaire trop frugal de la prison. Mais je t'en prie, ne te donne pas à l'avenir la peine de faire deux voyages aussi pénibles. Contente-toi de m'apporter, vers dix heures, la nourriture nécessaire à la journée. Si dans la soirée je ne suis pas rendu à la liberté, sois assez bonne pour m'apporter demain une chemise blanche ; c'est tout ce qu'il me faut, en fait de linge. Ajoutes-y un petit morceau de savon. Apporte-moi aussi quelque argent.

Pourquoi faut-il que je sois séparé de vous deux, et pourquoi suis-je réduit à vous écrire d'une prison ? Ne te chagrine pas et ne t'inquiète pas. J'espère bien que justice va m'être rendue assez promptement, et que l'on ne voudra pas infliger une plus longue détention à un honnête homme, coupable seulement d'avoir fait son devoir et de n'avoir pas déserté son poste d'humanité.

Ma cellule est propre, assez aérée, mais un peu froide. Je doute que j'y puisse bien dormir à cause des bruits incessants de clairons, de chants, des portes et verrous qui se ferment et s'ouvrent continuellement avec fracas, durant toute la nuit. Un geôlier a eu la bonté de me procurer un livre d'histoire et je passe à lire tout le

temps bien court, pendant lequel je ne pense pas à toi
et à ma chère petite fillette. Rassure-la du mieux qu'il
te sera possible et ne conserve pour toi-même, ni inquiétude, ni tristesse. Il me paraît même inutile d'informer
tes parents de ma situation, tu les alarmerais sans profit
pour eux, ni pour toi.

DIMANCHE, 7 HEURES DU MATIN. — J'ai bien mieux dormi
et je ne ressens plus qu'un peu de ma douleur au cœur.

Ne te donne pas la peine de m'apporter du café chaud ;
je l'aime autant froid ; mais, par compensation, versé
dedans pour le pauvre prisonnier, quelques gouttes d'eau-
de-vie. J'en ai besoin pour me réchauffer, car je ne vois
plus le soleil, du matin au soir. Enveloppe ce que tu
apporteras dans des journaux du jour, ce sera une dis-
traction pour moi.

Vois donc en passant si Lachaud (1) est à Paris...

Relation des faits qui ont précédé mon arrestation.

J'appartiens à l'armée en qualité de pharmacien-major
de 1re classe et je suis attaché, depuis six ans, à la pharmacie centrale des hôpitaux militaires.

Après les événements du 18 mars, je pouvais quitter
Paris et me soustraire à des embarras qu'il était facile de
prévoir. Je jugeai plus utile aux intérêts des nombreux
blessés qui existaient dans les hôpitaux militaires de
rester à mon poste et, sans distinction de parti, de ne
plus me préoccuper que des devoirs d'humanité. En conséquence, depuis six semaines, je n'ai cessé de distribuer
des quantités considérables de médicaments aux hôpitaux,
ambulances, bataillons de la garde nationale, flottille de
la Seine, ainsi qu'aux nombreux et divers corps francs
organisés à Paris.

Tout marchait ainsi au mieux des intérêts des blessés
de la garde nationale lorsque, *pour la première fois*, le
vendredi 12 mai, je reçois, à cinq heures du soir, une
lettre que m'adressait M. Demissol, sous-intendant de la
garde nationale. Dans cette lettre j'étais invité à me ren-

____

(1) Il s'agit du célèbre avocat.

dre à son bureau à quatre heures précises. L'infirmier, porteur de ce pli, m'ordonne d'abord de le suivre sans nul délai. J'écarte assez facilement cette exigence inconvenante et je me rends, quelques minutes après, au bureau de M. Demissol qui, dès qu'il m'aperçoit, m'apostrophe, devant tout le personnel de ses bureaux et deux officiers de la garde nationale par ces mots : « Il est donc impossible de vous trouver, citoyen Roussin ; où courez-vous donc depuis une heure ? »

La conversation, commencée à ce diapason, se poursuivit ainsi entre nous deux pendant quelques minutes, M. Demissol continuant à s'emporter et moi-même mal disposé à fléchir devant ces violences de langage.

M. Demissol veut m'imposer l'obligation de lui adresser une demande officielle de fonds pour les besoins éventuels de mon service. Je cherche vainement à lui faire comprendre que, dans ma position d'officier supérieur de l'armée, je ne puis entrer en relations officielles avec le gouvernement qu'il représente, mais que, désirant toujours rester sur le terrain neutre des ambulances, rien n'empêche les choses de marcher comme par le passé, lui signant et moi délivrant les bons de médicaments nécessaires aux blessés.

M. Demissol s'emporte de nouveau, m'appelle *mal élevé, impertinent*, m'injurie d'une façon inqualifiable et finalement m'expédie, entre cinq gardes nationaux armés, au travers des rues de Paris, à la Préfecture de police, où je suis écroué depuis ce moment, sous le numéro 119.

En terminant ce simple récit, j'ai le devoir de protester énergiquement contre une violence que rien ne justifie, alors surtout qu'elle atteint un honnête homme qui, depuis six semaines, s'applique précisément à rester neutre dans la triste lutte qui se poursuit et ne consacre son temps qu'au seul soulagement des blessés militaires de Paris.

Z. Roussin.

Dépôt de la Préfecture de police, cellule 119.

Le 16 mai 1871.

Une fois en possession de ce document Mme Roussin, dont l'inquiétude grandissait chaque jour, alla frapper

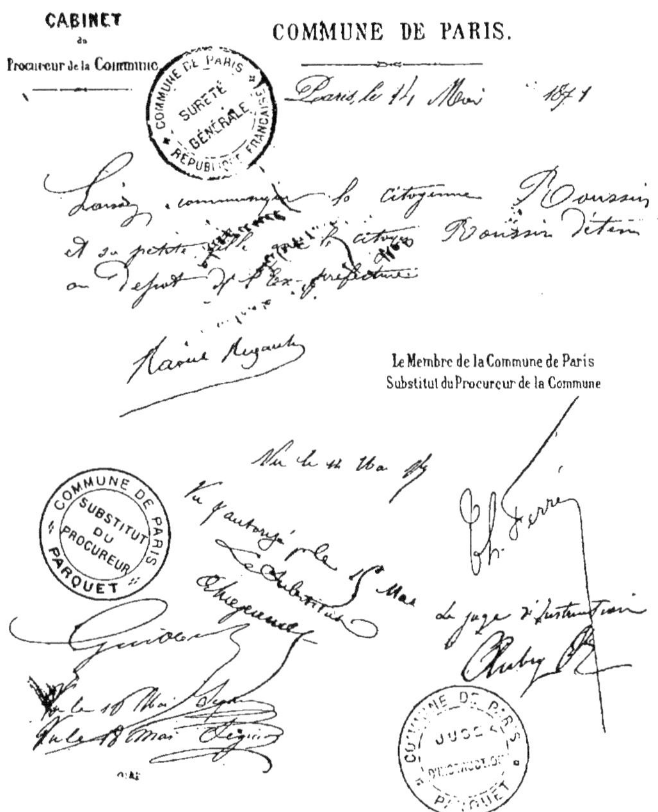

Planche III. — Laissez-passer délivré par Raoul Rigault.

à toutes les portes du Palais de Justice. Il lui fallut, pour persévérer dans ces démarches, une énergie d'autant plus méritoire qu'elle n'avait personne autour d'elle pour la réconforter. La plupart des parents et amis avaient quitté Paris, où seuls étaient restés ceux qui étaient tenus par le devoir professionnel.

Afin d'obtenir l'élargissement du prisonnier, elle vit successivement le Préfet de Police de la Commune, le juge d'instruction et Raoul Rigault délégué de la Sûreté générale.

Plusieurs fois elle se fit accompagner de sa petite fille Amélie, dans l'espoir que sa présence et ses pleurs contribueraient à toucher ces personnages. Mais ses démarches furent vaines.

Les angoisses s'accrurent lorsqu'elle apprit, en faisant une nouvelle démarche près du juge d'instruction Wurth, que son mari allait être transféré à Mazas. On savait que de Mazas on allait à la Roquette et alors plus d'espoir... On sentait que la Commune n'avait plus que quelques jours à vivre, l'armée de Versailles étant aux portes de Paris.

Mme Roussin rentra chez elle en proie à une affreuse détresse morale. Fort heureusement, les amis de Roussin n'étaient pas tous partis. A peine rentrée, elle reçut la visite de M. Maublanc qui vint lui apporter non seulement de réconfortantes paroles mais l'appui d'un dévouement au-dessus de tout éloge.

Dès que Maublanc eut connu l'arrestation de son collègue et ami Roussin, il ne songea qu'à le sauver. Il avait appris, par un médecin militaire, qu'un jeune étudiant en médecine s'était fourvoyé dans la Commune et avait été nommé juge d'instruction. Aller voir ce magistrat improvisé, lui faire sentir l'énormité du crime qui allait se commettre et obtenir sa protection, tel fut le plan que conçut rapidement Maublanc et il venait spontanément trouver Mme Roussin pour lui en proposer l'exécution.

Maublanc lui était bien connu comme un ami sûr, un homme de décision, d'une bravoure à toute épreuve (1). De haute taille et d'une grande distinction, avec la rosette de la légion d'honneur à la boutonnière, il était de ceux qu'on ne peut rencontrer sans les remarquer ; aussi les démarches qu'il se proposait de faire n'étaient pas sans péril pour lui.

. Le vendredi matin 18 mai, Mme Roussin et Maublanc se rendirent à la Préfecture de police. Après avoir vu le prisonnier (2), ils se rendirent au Palais de Justice chez le jeune juge d'instruction (3).

(1) Cité par le général Bugeaud à l'ordre du jour de l'armée d'Afrique pour avoir, au milieu des balles, sauvé des blessés, Maublanc avait été nommé chevalier de la Légion d'honneur en 1842, à l'âge de 26 ans et promu officier en 1857.

(2) Grâce au laissez-passer suivant que M. Maublanc put se procurer :

COMMUNE DE PARIS.

CABINET
DU
PROCUREUR DE LA COMMUNE

Laissez communiquer la citoyenne Roussin et le citoyen Maublanc avec le nommé Roussin, détenu au dépôt.

Permission permanente à moins d'autres ordres, et auquel cas vous voudrez bien m'en aviser.

Salut et égalité.
Le Substitut,
Signature illisible,
recouverte du timbre du substitut du procureur
de la Commune.

(3) Nous ne donnons pas de nom par un sentiment de discré-

Celui-ci, vite mis au courant de la situation, promit de s'employer immédiatement à plaider la cause de Roussin auprès de Wurth, qui avait qualité pour signer un ordre de mise en liberté. Il conduisit lui-même Roussin chez Wurth et après un court interrogatoire obtint, par surprise, la signature tant désirée. On juge de la joie de tous. Wurth n'avait signé qu'à regret et, quelques heures après, regrettant son moment de faiblesse, il donnait de nouveau l'ordre d'arrêter Roussin. On ne le trouva pas.

Sur les instances de sa femme, il n'était pas rentré chez lui. Il avait bien voulu consentir à quitter Paris de suite ; les moyens d'exécuter ce projet n'étaient pas faciles car la Commune s'opposait à la sortie des hommes de moins de 45 ans.

Les portes, les gares, toutes les issues étaient gardées. On décida, séance tenante, de prendre le bateau pour se rendre à Charenton. Mais au ponton des fortifications, il fallut parlementer et payer d'audace pour passer. Comme on lui demandait son permis, Roussin moitié fâché, moitié plaisantant s'écria : « Comment, vous ne connaissez pas encore ma tête, mais je passe tous les jours. » Devant cette affirmation on n'insista pas. Il était définitivement sauvé ; de l'autre côté des fortifications apparaissaient les sentinelles prussiennes.

On trouva non sans peine à se loger à Charenton. Mme Roussin rentra dans Paris pour chercher sa fille et rapporter des vêtements à son mari. Ils restèrent ainsi à Charenton jusqu'à la fin de la Commune, c'est-à-dire cinq à six jours.

tion qu'on comprendra par ce qui suit, la famille de ce jeune homme, devenu un honorable médecin, n'ayant jamais exactement connu les faits que nous rapportons.

Dès que les portes de Paris furent ouvertes, Roussin s'empressa de rejoindre son ancien poste.

La crise douloureuse que venait de traverser la France était enfin passée. La vie régulière reprit peu à peu et chacun se remit à ses travaux.

Comme prélude à sa vie nouvelle, Z. Roussin eut bientôt l'occasion de payer sa dette au jeune juge d'instruction qui l'avait sauvé et qui allait être arrêté et poursuivi comme membre de la Commune et pour usurpation de fonction. Il écrivit à Roussin la lettre que voici :

A Monsieur Roussin, pharmacien principal de l'hôpital militaire du Gros-Caillou.

Paris, ce 2 juin 1871.

Je viens vous demander un service de la plus haute importance pour moi. Pardonnez-moi si, dans cette circonstance, je suis obligé de vous rappeler un mauvais souvenir. Deux de vos amis, un collègue et M. L..., sont venus me trouver le 19 ou le 20 mai pour obtenir votre mise en liberté immédiate. J'ai fait ce que j'ai pu pour vous, Monsieur, et vous m'avez promis de ne pas l'oublier. Aujourd'hui, les rôles sont changés ; j'avais prévu depuis longtemps qu'il en devait être ainsi. Je voudrais, en vue de mon procès, recueillir quelques pièces portant témoignage pour moi-même.

Je vous prie donc, Monsieur, de vouloir bien remettre au porteur, un ami à qui j'ai rendu service dans les mêmes circonstances, une lettre attestant le fait que je vous rappelais à l'instant. J'écris en même temps au Dr L..., afin que vous puissiez vous entendre à ce sujet.

Je n'ose demander davantage, sachant que vous ne me devez rien, puisque votre détention était injuste J'espère pourtant que vous ne me refuserez pas ce service.

Agréez, Monsieur, l'hommage de mes sentiments respectueusement dévoués.

C...

Roussin eut à cœur de multiplier ses démarches pour répondre à l'appel qui lui était adressé. Par ses relations personnelles avec le préfet de police, le procureur de la république et le directeur de l'assistance publique, il obtint pour M. C... le minimum de la peine, quelques semaines de prison. Il obtint même que la détention fût faite dans un hôpital, comme soi-disant malade. Roussin recevait plus tard de l'intéressé la lettre qui suit :

Monsieur le Dr Roussin, 7, avenue de Villars.

Pavillon Gabrielle, chambre n⁰ 26,
15 décembre 1871.

Monsieur,

Je bénis mon étoile qui m'a, pour un instant, placé sur votre chemin. Vous avez rempli plus que la tâche que vous vous étiez généreusement imposée, avec un dévouement inappréciable : vous m'avez sauvé, je suis vôtre.

Le bien-être qui m'entoure me cause une joie naïve; je retrouve du bonheur, tout ce dont j'étais privé depuis longtemps déjà. Chacune de ces émotions m'impose un devoir bien doux, la reconnaissance pour vous et la ferme résolution de ne pas gaspiller l'avenir. Encore une fois et mille fois merci. J'ai mis en deux mots ce matin M. le Dr H... dans le secret de ma situation et à partir de demain, je pourrai circuler librement dans l'hôpital. Tout est pour le mieux, mais ne craignez pas surtout que j'aille compromettre ce que vous avez si bien arrangé. Vous avez ma promesse (1) ; je saurai la tenir, puisque je n'ai d'autre manière de vous marquer ma gratitude.

Je suis votre tout dévoué et obligé,

C...

____

(1) Roussin avait fait promettre à M. C... qu'il ne chercherait pas à s'évader de l'hôpital.

Quittons cette douloureuse période et ses tristes souvenirs pour suivre Z. Roussin dans les progrès de sa carrière et l'accomplissement normal de ses travaux.

En 1873, il reçut sa nomination au grade de principal de 2ᵉ classe et fut envoyé au grand hôpital militaire de Lyon, comme pharmacien en chef. Il fut, du fait de ce déplacement, obligé de quitter son rôle d'expert près des tribunaux de la Seine.

Il n'avait plus son laboratoire de Paris, mais son esprit inventif, toujours en éveil, lui suggéra quand même des travaux intéressants qui l'amenèrent à la découverte de la *glycyrrhizine ammoniacale* (1).

Revenu à Paris en 1875, comme pharmacien en chef de l'hôpital militaire du Gros-Caillou, où il était promu l'année suivante principal de 1ʳᵉ classe, Roussin reprit ses premiers travaux sur les matières colorantes. M. D. Luizet a exposé de main de maître (2) comment il marcha de succès en succès.

Nous n'avons pas à y revenir ; nous dirons seulement que, désabusé par les ingratitudes dont il avait été antérieurement l'objet en laissant ses découvertes dans le domaine public, Roussin se décida à en tirer parti. Les circonstances le mirent en relation avec un industriel de haute valeur, dont le nom est universellement connu, M. Poirrier, fabricant de matières colorantes à Saint-Denis, aujourd'hui sénateur. C'est avec M. Poirrier que Roussin s'entendit pour l'exploitation de ses découvertes.

---

(1) Encore une découverte que Roussin eût pu exploiter. Dès 1878, la glycyrrhizine ammoniacale a été employée dans les hôpitaux et ambulances de l'armée sous le nom de *glyzine* et sans que jamais son inventeur ne reçût un mot de remerciement du ministère de la guerre.

(2) Voyez page 33.

Encouragé par le succès, il passait les meilleurs moments de sa vie dans son laboratoire que la présence
fréquente de Mme Roussin avait transformé en un véritable foyer. Son mari ne voulant pas d'aide de laboratoire, elle s'ingéniait à de menues collaborations et s'é-
levait parfois au rôle d'arbitre, quand il s'agissait de
déterminer la vraie couleur d'un échantillon, car, chose
curieuse, Roussin était daltoniste et distinguait très mal
les merveilleuses couleurs issues de ses découvertes.

En 1879, peu de temps avant la loi sur l'administration
de l'armée qui allait modifier profondément la situation
du service de santé, le ministère de la guerre apporta
de nouvelles modifications dans la répartition du personnel des hôpitaux militaires ; Z. Roussin était envoyé en
Algérie, comme pharmacien en chef de la division d'Alger.
Il considéra cet éloignement comme une injustice, eu
égard aux services qu'il avait rendus. Il était le premier
à prendre pour le grade de pharmacien-inspecteur, le
premier aussi au tableau pour la croix d'officier de la
Légion d'honneur et il n'avait que 52 ans. Il estima que
sa dignité lui commandait de faire valoir ses droits à la
retraite. C'était sans doute ce qu'on escomptait.

« Depuis sa nomination au grade de pharmacien principal de 1re classe, a écrit M. Balland (1), M. Roussin était
directeur de la pharmacie centrale des hôpitaux militaires et membre de plusieurs des grandes commissions
instituées au ministère de la guerre. Les services qu'il
rendait dans ses hautes fonctions faisaient prévoir son
maintien à Paris jusqu'à sa retraite, lorsqu'un ordre imprévu l'appela en Algérie en 1879. M. Roussin se refusa

____

(1) *Travaux scientifiques des pharmaciens militaires français*, Paris, 1882.

à rejoindre son nouveau poste et quitta le service, emportant les regrets de tous les pharmaciens de l'armée. »

En quittant l'armée, en 1879, Roussin poursuivit ses recherches dans un laboratoire qu'il aménagea rue de Grenelle, n° 151.

En 1886, la Société d'encouragement pour l'industrie nationale lui décernait une de ses plus hautes récompenses, un prix de 3000 francs pour l'utilisation de la naphtaline, et en 1887, sur la proposition du Prof. de Luynes, il était nommé membre du comité des arts chimiques de cette société.

En 1889, Roussin eut la douleur de perdre sa mère âgée de 83 ans ; elle avait continué d'habiter le Guélandry et était veuve depuis 1861.

Dans ses dernières années, Roussin était tout entier aux joies de la vie de famille, mais il était resté fidèle à son laboratoire, hélas ! trop fidèle. Il y passait encore, souvent seul, des journées entières.

Un dimanche soir, le 8 avril 1894, Z. Roussin, si exact d'habitude, ne rentrait pas dîner à l'heure convenue. Mme Roussin, prise d'inquiétude, alla au laboratoire. Un spectable terrible l'attendait : son mari gisait inanimé dans une atmosphère rendue asphyxiante par une fuite de gaz d'éclairage. L'odorat de Roussin, quelque peu oblitéré par ses longues recherches sur la naphtaline, ne lui avait pas dénoncé le danger. On se hâta de lui porter secours. Mais la mort avait fait son œuvre, irrémédiablement, laissant en deuil une famille éplorée, sous le coup de la perte irréparable qu'elle faisait.

Roussin est tombé au champ d'honneur, victime de son profond amour pour la science. Il a été inhumé au cimetière Montparnasse.

Il avait souvent manifesté le désir qu'aucun discours ne fût prononcé sur sa tombe. Ce vœu fut respecté. M. le pharmacien principal Bernard, directeur de la pharmacie centrale des hôpitaux militaires, M. Luizet et plusieurs représentants des sociétés savantes auxquelles Roussin appartenait, durent renoncer à prendre la parole (1).

(1) Voici le discours que devait prononcer M. Luizet :

Cher et vénéré Maître,

C'est avec une douloureuse émotion que je viens ici vous adresser un dernier adieu. Appelé depuis de longues années à prendre part à vos recherches scientifiques et industrielles, je pourrais dire mieux que personne tout ce que votre esprit hardi et inventif renfermait d'originalité et de finesse d'observation, toutes les ressources que votre grand savoir offrait à vos collaborateurs à tous les degrés ; mais, depuis longtemps déjà, l'Académie des sciences, les sociétés savantes, les plus illustres chimistes français et étrangers ont rendu un juste hommage à vos remarquables découvertes et je n'ai pas besoin d'ajouter que la science et l'industrie des matières colorantes artificielles font en votre personne une perte irréparable. Laissez-moi plutôt vous dire pourquoi nous vous aimions : vous étiez un laborieux et un modeste ; auprès de vous on se sentait pris d'un grand respect et d'une profonde estime, car il était facile de deviner à la sérénité de votre existence de travail que votre rêve de bonheur avait su se borner au devoir accompli et aux joies de votre foyer.

C'est là que j'ai pu apprécier votre bonté et le charme de votre caractère. On dirait que la mort, en venant vous surprendre, a voulu vous épargner les angoisses des plus cruelles séparations. Comme dans l'armée, dont vous aviez l'honneur de faire partie, elle vous a frappé à votre poste de combat, dans ce laboratoire même où vous consacriez à la science jusqu'à vos heures de loisir. C'est une mort glorieuse ! Mais combien nous plaignons ceux que vous aimiez et que vous laissez derrière vous inconsolables. Qu'ils me permettent de leur apporter en ce moment le témoignage de notre respectueuse sympathie à leur immense douleur.

Adieu, une dernière fois, cher Maître et ami ; emportez dans cette tombe les regrets sincères et l'estime profonde de tous ceux qui ont eu, comme moi, le bonheur de vous connaître et de vous apprécier.

La mort de Z. Roussin a été signalée par un grand
nombre de journaux politiques ou scientifiques. Dans la
séance du 13 avril 1894, le président de la Société d'encouragement pour l'industrie nationale M. Eug. Tisse-
rand l'annonça à ses collègues, en termes émus :

«... M. Roussin était membre du Comité des Arts
chimiques ; il n'appartenait au Conseil que depuis 1887,
mais, à plusieurs reprises, la Société avait pu apprécier
dans ses rapports la rectitude de son jugement, en même
temps que sa connaissance approfondie des questions
industrielles... M. Roussin avait enrichi la chimie des
matières colorantes de découvertes nombreuses et fé-
condes ; il occupait dans le monde savant une place
considérable (1). »

Voici d'autre part quelques extraits d'une notice nécro-
logique que lui a consacré M. Balland (2).

«... L'œuvre scientifique de M. Roussin est considérable et pouvait le conduire, s'il l'eût voulu, à plusieurs
fauteuils académiques. Au cours de ses recherches sur les
dérivés colorés de la naphtaline, en 1861, dans deux mémoires à l'Académie des sciences, il a préconisé l'emploi
du mélange d'étain et d'acide chlorhydrique et des protosels d'étain en solution dans les alcalis caustiques,
comme réducteurs des composées nitrés : c'est le point
de départ de la découverte qui lui revient, des matières
colorantes diazoïques sulfoconjuguées et, en particulier,
des orangers Poirrier, dont la beauté et la solidité fixè-
rent tous les regards au moment de leur apparition...

« M.Roussin s'est montré chimiste expert hors de
pair dans un grand nombre de débats judiciaires ; les
plus retentissants furent l'affaire Couty de Lapommerais,
l'affaire Troppmann et l'affaire des bombes fulminantes,
jugée par la Haute-Cour de Blois, en juillet 1870.

(1) *Bulletin de la Société d'encouragement pour l'Industrie nationale,*
année 1894, p. 215.
(2) *Journal de pharmacie et de chimie,* avril 1894.

« Les *Etudes médico-légales sur l'empoisonnement*, publiées en collaboration avec Tardieu, ainsi que d'autres recherches toxicologiques, recueillies par les *Annales d'hygiène publique et de médecine légale* sont classiques.

« Comme expert de l'armée, les services rendus par Z. Roussin sont ignorés du public, mais ils étaient particulièrement appréciés des hautes commissions dont il faisait partie. Les nombreux rapports qu'il a fournis à l'administration de la guerre témoignent de connaissances variées, longuement mûries et d'une sagacité peu commune ; il avait réponse à toutes les questions et en termes précis qui n'offrent pas de prise à l'équivoque...

« La mise à la retraite de M. Roussin n'avait pas affaibli son amour du travail. Il avait organisé un petit laboratoire dans une impasse de la rue de Grenelle, à quelque distance de son appartement du boulevard Latour-Maubourg. Il y passait régulièrement plusieurs heures par jour à lire ses journaux habituels, à examiner les dernières publications, à poursuivre des recherches sur les matières colorantes. C'est là qu'on l'a trouvé inanimé.

« La vie scientifique de cet homme éminent, qui date de son admission à l'internat de Paris, en 1849, représente un labeur ininterrompu de 45 ans. »

Voici encore un extrait de la biographie de Roussin, publiée, un peu plus tard, par M. le Prof. C. Matignon (1).

« ... A partir du jour où Roussin fut nommé expert au tribunal de la Seine, il intervint, soit seul, soit en collaboration avec Tardieu, dans tous les grands procès où la compétence d'un chimiste était nécessaire. Joignant à une logique claire et serrée une conscience délicate et une très grande prudence, il avait acquis rapidement une haute autorité auprès du tribunal. Ses rapports sont restés des modèles du genre.

« En 1867, il publia avec Tardieu des *Etudes médico-légales sur les empoisonnements* où il mit au niveau des connaissances de l'époque le côté chimique du problème

____

(1) *Grande Encyclopédie*, t. XXVIII, p. 1078.

toxicologique. A la suite de ses recherches sur la naphtazarine, il fut conduit à s'occuper de matières colorantes
et pendant plusieurs années apporta à la Société Poirrier
et Dalsace, de Saint-Denis, un grand nombre de substances nouvelles qui firent le succès de cette maison...

« Parmi les travaux les plus connus de Roussin, il
convient de citer son mémoire important sur les nitrosulfures de fer où il établit l'existence d'un groupe important
de sels de fer dans lesquels ce métal est dissimulé à ses
réactifs ordinaires ; ses études sur les naphtalines nitrées
et l'utilisation de l'étain et de l'acide chlorhydrique pour
leurs transformations en amines (1862) ; son mémoire
classique sur la naphtazarine dont les propriétés rappe-
laient celles de l'alizarine, et qui constitue aujourd'hui le
chef de file d'un groupe de matières colorantes préparées
récemment par la *Badische Anilin*...

« C'est surtout dans l'histoire des matières colorantes
que Roussin occupe une place importante. C'est à lui
incontestablement que revient l'honneur d'avoir découvert le groupe le plus important de ces substances, celui
des *azoïques* ; cette question longtemps controversée est
aujourd'hui universellement reconnue. Les recherches
de Peter Griess sur le même sujet furent purement théoriques, et celui-ci n'en entrevit point l'importance. Au
contraire, Roussin copula les divers naphtols et leurs
dérivés sulfonés aux diazoïques, et obtint un nombre
considérable de substances nouvelles. Un fait à peu près
inconnu, c'est que la découverte des matières colorantes
substantives est due également à Roussin ; il résulte de
documents conservés à l'usine Poirrier que Roussin
fabriquait des colorants substantifs avant Bottiger.
Roussin est donc l'auteur des deux découvertes les plus
remarquables qui aient été faites jusqu'ici dans l'industrie, aujourd'hui si importante, des matières colorantes.»

II

LES TRAVAUX DE Z. ROUSSIN

SUR

LES MATIÈRES COLORANTES

INFLUENCE DES TRAVAUX DE Z. ROUSSIN SUR LE DÉVELOPPEMENT DE L'INDUSTRIE DES MATIÈRES COLORANTES ARTIFICIELLES — DÉCOUVERTE DES MATIÈRES COLORANTES AZOIQUES

Par D. LUIZET

I

C'est incontestablement Z. Roussin qui découvrit et apporta à l'industrie les premières matières colorantes azoïques *vraies*, c'est-à-dire les premiers corps azoïques susceptibles *d'application générale* en teinture (1). Ces produits eurent, dès leur apparition, un succès extraordinaire ; ils rivalisent encore, à l'heure actuelle, avec

(1) Tel n'était pas le cas des colorants azoïques connus jusque là, — le *Jaune d'Aniline* de Griess et Martius (Amidoazobenzol), d'un emploi presque nul, — le *Brun Bismarck*, exclusivement employé pour la teinture du coton.

les couleurs les plus estimées pour leur beauté, leur solidité à la lumière, leur prix peu élevé et la facilité de leur emploi.

Les savants du monde entier ont reconnu la priorité de la découverte de Roussin ; mais quelques-uns d'entre eux font remonter l'invention officiellement et *à tort*, au mois de mars 1876, tandis qu'elle date réellement de l'année 1875, ainsi qu'en font foi cinq plis cachetés, déposés par leur auteur à l'Académie des sciences, de juin à novembre 1875, et sur lesquels il sera nécessaire d'insister. On trouvera, dans cette notice, le texte intégral de ces plis et de quelques autres ; les cinq premiers ont été ouverts et lus en séance de l'Institut, le 4 février 1907 ; ils font ressortir le mérite incontestable de l'inventeur et ils confirment, sans restriction possible, ses droits de priorité ; ils ont, en outre, l'avantage de dissiper toute équivoque dans un historique rigoureusement fidèle de l'invention des matières colorantes azoïques.

Mme Roussin a bien voulu me confier le soin de rédiger cette notice. J'ai accepté avec plaisir et avec un vif sentiment de gratitude. Ma mission a été particulièrement facilitée par tous les documents, notes, lettres, autographes, etc., qui m'ont été remis et par mes propres souvenirs. J'ai été, en effet, dès l'origine, l'un des collaborateurs de Z. Roussin et c'est, sur ses données, que j'ai fabriqué, à l'usine Poirrier, à Saint-Denis, les premiers colorants azoïques livrés au commerce. Mon devoir est d'apporter ici mon témoignage.

On remarquera par quelles étapes l'inventeur arriva à sa mémorable découverte et comment, parti d'une idée juste, il devait fatalement la voir triompher.

Auparavant il est utile d'emprunter un aperçu de la question au savant chimiste allemand H. Caro, auteur lui-même de tant de découvertes remarquables dans la série des matières colorantes artificielles, dérivées du goudron de houille. Dans une conférence sur le développement de l'industrie des couleurs du goudron, faite en juin 1893, à la Société chimique de Berlin, voici en quels termes H. Caro parla de la découverte des matières colorantes azoïques. La citation, un peu longue (1), est nécessaire, car elle comporte des rectifications.

« Les couleurs du groupe azine nous conduisent enfin aux innombrables dérivés de l'azobenzol, de ses homologues et analogues. Avec l'amidoazonaphtaline de Perkin, leur origine remonte à l'année même de la création de l'industrie des couleurs d'aniline, à 1856. Après 20 ans seulement, en 1876, commence le développement inattendu et puissant du groupe des azoïques, de beaucoup le plus important. Il date de l'introduction dans l'industrie du diamido-azobenzol (Chrysoïdine) de Witt et des couleurs des naphtolsulfoconjugués de Roussin (« orangés » de Poirrier). La chrysoïdine indique à l'industrie de nouveaux procédés pleins de promesses, les couleurs de Roussin réalisent le « produit nouveau » toujours attendu par les teinturiers. Hofmann révèle leur mode de formation ; l'étincelle a jailli : l'énergie potentielle se déchaîne, dans ce domaine, avec la rapidité de la pensée.

« Le procédé de Witt était la première application industrielle de la « méthode de Griess ». Mais la chrysoïdine basique ne pouvait prétendre qu'à remplacer la chrysaniline beaucoup plus chère. Ses propriétés lui assignaient des emplois analogues à ceux du brun de phénylène et des couleurs basiques d'aniline connues. Au contraire, les produits de Roussin ouvraient une voie nouvelle ; ils réalisaient un « nouvel effet technique » ; ils étaient concurrents indiqués des couleurs naturelles, remplaçant le bois jaune et la flavine ; ils étaient nou-

____

(1) Voir *Moniteur Scientifique du Dr Quesneville*, 1893, p. 633.

Le chimiste Z. Roussin.   3

veaux par leur groupe sulfonique, par l'introduction dans l'industrie de l'acide sulfanilique et du naphtol sous ses deux formes isomères, dont chacune produisait un effet particulier. Le β naphtol notamment était employé pour la première fois dans l'industrie. Les mémoires d'Hofmann dévoilant la constitution et le mode de formation de ces produits (*Hofm. Ber.*, t. X, p. 213 et 1378), encore ignorés de la plupart des praticiens, puis les études de Witt sur la chrysoïdine et les « tropéolines » qu'il venait de découvrir, attirent tous les yeux sur le domaine sans limites des couleurs azoïques. La réserve d'énergie pour son exploitation, d'une rapidité si surprenante, était amassée dans les études sur les combinaisons diazoïques de P. Griess et dans la connaissance parfaite des phénols et des amines aromatiques, par douze ans d'application de la théorie de Kékulé. Tout était éclairé d'avance par les recherches théoriques. Kékulé lui-même avait, dès 1866, établi la constitution des combinaisons diazoïques et azoïques. On connaissait de nombreux diazo-amidodérivés dont la métamorphose en composés amido-azoïques stables avait été également expliquée par Kékulé. On connaissait l'oxy-azobenzol et le phénol-bidiazobenzol, premier représentant des couleurs bis-azoïques ; Griess avait même constaté la nature colorante de ces deux composés. L'oxy-azobenzol avait été directement sulfoconjugué.

« La littérature scientifique ne manquait pas d'exemples d'application de la « méthode de Griess ». Lui-même avait préparé avec le nitrate de diazobenzol et l'α-naphtylamine notre benzolazo-α-naphtylamine actuelle. Kékulé et Bayer avaient publié des synthèses d'oxy-azobenzol et de dioxy-azobenzol, obtenus en couplant le nitrate de diazobenzol et le phénol ou la résorcine en solution alcaline. Griess avait combiné au surplus les diazodérivés avec des composés oxy-azoïques et signalé l'application de l'acide sulfanilique ; il avait mentionné le « grand nombre de pareilles combinaisons qui pouvaient être réalisées synthétiquement ; mais de nouvelles synthèses méthodiques dans cette voie lui paraissaient dépourvues d'intérêt scientifique. On avait même préparé depuis plus d'un an une chrysoïdine homologue. Les matériaux étaient prêts ; mais il manquait l'étincelle qui allume l'incendie, le fait impulsif : il manquait la première utilisation technique des découvertes scientifiques.

« L'industrie pouvait suivre trois voies pour obtenir les couleurs azoïques solubles à l'eau. On pouvait introduire le groupe sulfo, soit dans l'amine à diazoter, soit dans l'amine ou le phénol à coupler avec le diazodérivé, soit enfin dans le composé oxyazoïque ou amido-azoïque tout formé. On pouvait à l'époque estimer indifférent le choix de l'un ou de l'autre de ces moyens, — attribuer au mombre de sulfogroupes une influence sur le caractère plus ou moins acide de la couleur. — On suivit à la fois les trois procédés. Mais au printemps de 1877, l'idée générale était encore que « le groupe azo ne pouvait communiquer aux molécules où il figure qu'une couleur jaune » (*Witt. Ber.* t. X., p. 876). Mais bientôt paraissent le « rouge solide » (*Bad. Anil. und Soda Fab.*), puis la « roccelline » de Roussin et Poirrier qui lui est identique, le « brun solide », premiers colorants azoïques entièrement dérivés de la naphtaline. »

Il est évident que H. Caro reconnaît, dans une large mesure, la priorité à l'inventeur français en disant : « les couleurs de Roussin réalisent le *produit nouveau* toujours attendu par les teinturiers » ; ce sont en effet les orangés de Poirrier livrés au commerce dès 1876. Plus loin il ajoute : « les produits de Roussin ouvrent une voie nouvelle, ils réalisent un *nouvel effet technique.* » — « Le β naphtol notamment était employé pour la première fois dans l'industrie. » — Enfin après avoir cité l'amoncellement des travaux théoriques prêts à seconder les praticiens, il avoue qu'il manquait « *l'étincelle qui allume l'incendie* », — « *le fait impulsif,* » étincelle et impulsion parties de France.

Malgré ces hommages rendus au mérite de Z. Roussin, on regrette quand on sait le fond des choses, que le savant allemand n'ait pu connaître la genèse même de l'invention des matières colorantes azoïques en France, et qu'il ne voie, dans leur découverte, que la consécration pratique, par un Français, de l'œuvre considérable des chimistes allemands. Certes, on ne peut que s'associer à l'admiration de H. Caro pour ses illustres compatriotes, Griess, Kékulé, Hofmann ; il est impossible, et il serait injuste, de contester la portée immense de leurs travaux ; mais il est inexact, dans la circonstance, de dire que la découverte de Roussin découle d'une heureuse application de la « méthode de Griess ». Cette méthode est évidemment venue *compléter* l'invention première ; mais celle-ci est née en *dehors d'elle*, comme on le verra plus loin à la lecture des plis cachetés de 1875, déposés à l'Académie des sciences.

Caro et Witt, en découvrant presque simultanément la chrysoïdine, avaient été inspirés par la « méthode de Griess » ; ils ne devaient obtenir qu'un *jaune*, conformément aux résultats obtenus par Griess lui-même. Leur chrysoïdine n'était, en effet, qu'une heureuse variante de l'amidoazobenzol (Jaune de Griess et Martius) dont la valeur tinctoriale était presque nulle.

Les « Tropéolines » de Witt, le « Rouge solide » de Caro ne survinrent qu'après la chrysoïdine, et après les orangés de Z. Roussin et Poirrier. Il faut en outre prendre note que Z. Roussin avait déjà déposé quatre plis cachetés à l'Académie des sciences au moment de la découverte de la chrysoïdine par Caro et Witt (décembre 1875 et janvier 1876), et qu'il était entré depuis plusieurs mois (23 juillet 1875) en relations avec M. Poirrier pour exploiter sa découverte.

Dans l'invention française, *le rouge*, dérivé exclusivement de la naphtaline, est la *première* matière colorante obtenue ; il est bientôt suivi des orangés, dérivés à la fois de la naphtaline et de la benzine ; les *jaunes* qui, par leur origine, sont les composés similaires des azoïques de Griess, n'arrivent qu'en dernier lieu.

Z. Roussin *a débuté* par la découverte à laquelle les deux savants allemands *devaient aboutir*, pour l'unique raison qu'il était parti d'une observation toute personnelle, indépendante en quelque sorte de la « méthode de Griess ». *Il eût pu ignorer les travaux de Griess, il n'en aurait pas moins fait sa découverte.*

La genèse de l'invention, telle que la présente H. Caro, est donc inexacte, mais une autre rectification doit être faite. Pour Caro, comme pour un trop grand nombre de chimistes contemporains, français ou étrangers, la découverte des matières colorantes azoïques par Roussin date officiellement de l'année 1876, année du dépôt par l'auteur de son *cinquième* pli cacheté, à l'Académie des sciences, sur le même sujet ! Une erreur matérielle aussi grave ne peut provenir que de l'ignorance, où l'on est resté jusqu'ici, du contenu des plis cachetés déposés en 1875 par Roussin. Le pli le plus ancien, déposé le 6 juin 1875, porte le titre suivant : « procédé pour obtenir une matière colorante rouge dérivée de la naphtylamine ou de l'acide naphthionique, par Z. Roussin. »

Ce titre, s'il avait été connu par H. Caro en 1893, aurait certes suffi à modifier le langage de l'illustre professeur. Rien ne peut autoriser à croire que celui-ci ne se fût pas fait un honneur de reconnaître, d'une façon absolue, la priorité et l'originalité de la découverte de l'inventeur français. En effet, H. Caro ne signala la chrysoïdine qu'en décembre 1875 et Witt en janvier 1876, c'est-à-dire six et sept mois après le dépôt du premier pli cacheté de Roussin. La connaissance du contenu de ce premier pli cacheté aurait formellement contredit l'opinion accréditée, que l'on ne pouvait obtenir, par la méthode de Griess, que des matières colorantes jaunes. Une remarque cependant aurait dû éveiller l'attention de H. Caro, c'est que le « rouge solide » de la Badische Anilin und Soda Fabrik, découvert par lui en 1878, était déjà en vente dans le commerce plusieurs mois auparavant, sous le nom de « roccelline » et qu'il était dû à la collaboration de MM. Roussin et Poirrier. D'autre part, Caro paraît avoir perdu le souvenir, en 1893, du rapport officiel de M. Ch. Lauth sur les produits chimiques et pharmaceutiques à l'Exposition universelle de 1878 (1) ; il y est dit expressément que cinq plis cachetés, concernant les matières colorantes azoïques, ont été déposés par leur auteur à l'Académie des sciences, *le premier à la date du 6 juin 1875*, et qu'ils établissent, sans doute possible, la priorité, *à cette date*, de l'importante découverte.

A peine Z. Roussin a-t-il pu recueillir de son vivant le mérite de son invention, restée mal connue dans ses origines ; la mort est venue le frapper à son poste de travail, avant que le monde savant lui ait rendu un hommage en rapport avec l'importance de son œuvre. Celle-ci, en effet, ne fut récompensée que par une médaille d'argent, décernée par le Jury de l'Exposition universelle de 1878 (2) ; puis par un prix de 3000 francs, accordé le 24 décembre 1886 par la Société d'encouragement à l'Industrie, pour l'heureuse utilisation de la naphtaline. Les hommes furent réellement trop peu prodigues de récompenses pour le savant qui venait de donner l'impulsion la plus puissante à l'industrie des matières colorantes.

(1) *Rapport officiel* Ch. Lauth, 1878, p. 165, 166, 167 et suivantes.
(2) Le Jury de l'Exposition universelle de 1889 n'accorda aucune récompense à Roussin.

Une remarque peut prendre place ici. La science n'a certainement pas de patrie exclusive, mais elle garde, à chaque progrès, la marque des vertus de chaque race. Si l'on doit rendre pleine justice à la magnifique contribution de la science allemande au développement de l'industrie chimique, dans toutes ses branches, on doit aussi reconnaître, aux inventeurs français, un véritable génie d'intuition.

Il y aurait d'intéressantes observations psychologiques à faire en déterminant la part exacte du savoir, de la méthode et de l'imagination, dans ce domaine de conquêtes où la France, l'Angleterre et l'Allemagne ont si largement triomphé. Z. Roussin ne nous apparaîtrait-il pas comme l'un des types les plus accomplis de l'inventeur, — tirant toutes ses ressources de son propre fonds, savant à l'esprit largement ouvert aux connaissances les plus variées, — doué d'une imagination toujours en éveil, — secondé et guidé par un don d'observation éminemment subtil et un jugement très sûr ?

La découverte des matières colorantes azoïques donna, comme on le sait, un essor prodigieux à l'industrie des matières colorantes artificielles. Il n'est pas exagéré de dire, comme H. Caro, que les progrès se succédèrent « avec la rapidité de la pensée » ; ils furent considérables en Allemagne, tandis qu'ils furent relativement restreints en France, où était née pourtant l'invention. Comment expliquer une pareille anomalie? Je vais essayer de le faire, s'il m'est permis de sortir un instant de mon sujet, ne serait-ce que pour défendre la portée de l'œuvre du premier inventeur, œuvre considérable, à vues très larges dès le début, à résultats immédiats des plus brillants.

Dès son éclosion, en 1875-1876, la découverte de Roussin déborda, par son importance, les cadres des laboratoires français et des usines françaises. Tel est l'aveu que nous devons faire, si cruel soit-il. Où il eût fallu une armée, il ne se trouva qu'une phalange pour combattre. L'usine Poirrier était, en France, presque la seule fabrique de matières colorantes artificielles. Les grandes usines de produits chimiques, Saint-Gobain, Kuhlmann, Merle, Malétra, etc., étaient restées fermées aux études de chimie organique. Aussi l'anxiété fut-elle grande quand fut discutée, entre MM. Roussin et Poirrier, la question de prendre ou de ne pas prendre de brevets concernant les matières colorantes azoïques. Des raisons d'égale valeur, pour ou contre, pouvaient être prises en considération et, même avec le recul des années, l'hésitation serait encore permise. Quel choix judicieux devait-on faire pour prendre un brevet, quand les corps de la série à breveter se présentaient en nombre illimité ? Allait-on courir les risques de livrer à une concurrence étrangère, avide et formidablement armée, une semence aussi précieuse, avant d'avoir levé pour soi la première récolte ? Combien de jours la riche découverte resterait-elle secrète ? Aurait-on le temps de se munir suffisamment pour soutenir la lutte ? de s'assurer les réserves de matières premières avant que les produits, livrés au commerce, ne trahissent leur origine ou leur constitution chimique ? Ne savait-on pas que les nombreux et puissants laboratoires des usines et des universités allemandes, constamment à l'affût de toutes les nouveautés, depuis la célèbre découverte de l'alizarine artificielle, ne tarderaient pas à deviner la nature de matières colorantes venant au monde à l'état de pureté parfaite et parées d'une forme cristalline ?

Hofmann, en effet, quelques mois à peine après la livraison au commerce des premiers orangés, réussit à pénétrer le secret de leur origine ; « l'étincelle jaillit », comme le dit si bien H. Caro ; mais si ce fut pour mettre en branle toute l'armée des chimistes allemands, merveilleusement prête, ce fut aussi pour frapper au cœur l'industrie française, en faisant tomber dans le domaine public l'incomparable découverte de Roussin.

Il est curieux de voir, en quels termes, Hofmann présenta à la Société chimique de Berlin ses travaux sur les premiers colorants azoïques (1).

« A l'occasion d'une communication faite par nous, il y a quelques mois, sur la composition et la préparation de la chrysoïdine, j'ai insisté sur les grands avantages que l'industrie des matières colorantes peut tirer des travaux de Griess.

« Par la démonstration qu'il a donnée de la propriété des corps diazoïques de fixer des amines, des amides et des phénols, il a ouvert une voie dont aujourd'hui encore les bornes sont hors de notre vue.

« Et comme beaucoup de composés formés ainsi sont des matières colorantes (par exemple l'azodiphényldiamine, jaune d'aniline de MM. Griess et Martius, et la chyrsoïdine de MM. Caro et Witt), un nouveau champ, dont les limites ne sont pas connues encore, a été ouvert à l'industrie tinctoriale.

« Il résulte d'un certain nombre de recherches que je vais rapidement exposer à la société qu'on a déjà travaillé avec ardeur dans cette voie.

« Il y a quelques jours, M. Martius, dont l'amitié me tient au courant de toutes les nouveautés dans le cercle industriel des colorants, me remit quelques matières colorantes, non décrites encore, récemment mises en vente par l'industrie... etc. »

____

(1) *Berichte der deutschen chemischen Gesellschaft*, juillet 1877.

Il ressort de ces lignes que, si Griess avait largement ouvert la voie dans laquelle Hofmann conseille aux chimistes de s'engager, un chimiste français, Z. Roussin, avait pris l'avance ; — celui-ci avait « *déjà travaillé avec ardeur dans cette voie* », car les nouveaux produits remis par M. Martius au célèbre professeur allemand n'étaient autres que les orangés de Z. Roussin et Poirrier. Enfin on ne saurait trop insister sur l'intérêt pressant, que prenait l'un des plus savants chimistes de l'Allemagne, aux nouvelles inventions de l'industrie, — et sur l'aide personnelle qu'il ne dédaignait pas d'apporter aux producteurs, en publiant, à leur profit, les résultats de ses propres travaux.

MM. Roussin et Poirrier avaient bien eu conscience du péril, auquel ils allaient être exposés, si le secret de la constitution des matières colorantes azoïques venait à être divulgué, et, pour y parer, M. Poirrier fit preuve d'une initiative remarquable : bien avant la publication d'Hofmann, il organisa dans son usine .même, à Saint-Denis, un laboratoire de recherches générales ; il avait compris ce qui faisait la force de ses adversaires, il avait voulu leur opposer toute la résistance, que lui permettaient les ressources de son usine et le zèle de ses collaborateurs. L'usine Poirrier ne tarda pas, quelques années après, à s'unir à la fabrique d'aniline de M. Dalsace, pour devenir la société anonyme des matières colorantes et produits chimiques de Saint-Denis. Avec l'appui de cette association, elle fit un effort prodigieux, mais celui-ci devait rester insuffisant devant l'attaque formidable de l'industrie allemande. Il eût fallu, pour faire triompher un pareil effort, une usine dix fois aussi puissante que l'usine Poirrier, il eût fallu surtout pouvoir improviser une *armée* de chimistes compétents qui n'existaient pas en France (1).

La vaillante société de Saint-Denis maintint quand même ses positions ; elle réussit encore à ajouter quelques fleurons à sa couronne ; mais elle ne put conserver la première place dans une lutte aussi inégale : l'industrie française des matières colorantes dut subir la victoire du nombre, mais du nombre secondé, nous devons le reconnaître, par le savoir, l'intelligence et l'activité. En Allemagne, en effet, les efforts de l'industrie chimique étaient favorisés depuis longtemps par le concours des plus éminents professeurs des universités ; en France, au contraire, la pénurie de chimistes était encore aggravée par l'indifférence, à cette époque, des membres du haut enseignement à l'égard des recherches industrielles. Cette dernière affirmation se retrouve dans les propres paroles de M. Haller, le savant professeur de la Sorbonne, paroles prononcées dans une conférence qu'il fit à la Société industrielle de l'Est, quelques années avant d'être appelé à succéder, à Paris, au regretté Ch. Friedel. Il s'agissait des causes de la décadence de l'industrie chi-

(1) Voici, en quels termes, M. Charles Lauth constatait ce fâcheux état de choses, dans une lettre qu'il adressa au Ministre du commerce et qui fut reproduite dans son rapport du jury international de l'exposition universelle de 1878 (Cl. 47).

« L'exposition de 1878 a montré que, sur certains points considérés naguère comme invulnérables, nos industries nationales sont sérieusement battues en brèche par la concurrence étrangère. En ce qui concerne les arts chimiques, nous considérons le danger comme très grave ; il est d'autant plus redoutable que le mal n'est pas superficiel ; il tient à une cause profonde et radicale..... On ne saurait assez insister sur cette situation, parce que le patriotisme consiste, non à méconnaître les fautes, mais à les corriger. Elle provient, à notre avis, d'une seule cause : *le manque de chimistes.* » C'est à l'insistance de M. Ch. Lauth que l'on doit l'heureuse création de l'École de Physique et de Chimie de la Ville de Paris.

mique en France : « On a cherché à pallier cette défaite
en l'attribuant aux défectuosités de notre loi sur les brevets, aux droits exorbitants dont est grevé l'alcool, au
libre échange, que sais-je encore ? Non, une des causes de
cette déchéance et la principale, c'est le malentendu, le
désaccord progressif qui s'établit entre l'élément scientifique et l'industrie ; c'est l'indifférence que nos *hommes
de science* ont témoignée à l'égard de celle-ci. »

Aussitôt qu'Hofmann eut donc divulgué la constitution
des matières colorantes azoïques, dès juillet 1877, ce fut
une poussée fantastique vers les produits innombrables
que la théorie permettait de prévoir, grâce aux travaux
antérieurs de Griess et de Kékulé. Jamais mouvement
scientifique ne fut aussi général. L'invention de Roussin
mobilisa instantanément, derrière lui et *contre lui*, tout
ce que le monde entier possédait de chimistes et de fabricants de produits chimiques. On diazota tout ce qui
était diazotable et on combina les diazoïques formés
avec tout ce que la chimie comptait dans la série des
phénols et des amines. On imagina de même une foule
de corps nouveaux diazotables et on réussit à en préparer un grand nombre. On ne se borna pas, pour certains d'entre eux, à les diazoter une fois, deux fois, et
même plus, suivant leur constitution ; j'ajouterai même,
suivant leur bonne volonté. On put souvent fixer sur un
même phénol ou une même amine plusieurs molécules
de corps diazoïques semblables ou différents ; on parvint
à produire des azoïques mixtes infiniment complexes.
En résumé, le problème de la production des matières
colorantes azoïques fut étudié sous toutes ses faces.
D'autre part on découvrit de nombreux et précieux procédés d'application, sur toutes sortes de fibres, et l'em-

ploi de certains mordants métalliques causa de véritables
surprises.

Les deux naphtylamines, l'α naphtol et le β naphtol
(ce dernier employé, pour la première fois, dans la
fabrication de l'orangé II et de la roccelline), devinrent
des matières premières d'une importance capitale et
furent soumis à tous les traitements possibles. Il en
fut de même pour les phénols, les amines, les amido-
phénols, etc.

Une innombrable légion de corps chimiques nouveaux
a dû le jour à l'impulsion causée par la découverte de
Roussin. En 25 ans, l'office des brevets de Berlin eut,
en effet à enregistrer près de 1500 brevets, concernant
les couleurs azoïques et près de 300 brevets se rapportant
uniquement aux dérivés de la naphtaline.

Dans les plis cachetés déposés par Roussin, dans
ses brevets, dans ses notes de laboratoire, on trouve partout, soit en germe, soit en indications précises, les
grandes divisions de la vaste série des azoïques ; on y
trouve souvent le *premier emploi* de matières premières
uniquement connues jusque-là dans les laboratoires ;
Roussin tenta le *premier* (1) l'application des colorants
azoïques sur les fibres réfractaires, telles que le coton,
par génération de la couleur sur la fibre même qui la
retient ainsi mécaniquement.

Il ne faudrait pas croire que Roussin fut un inventeur
favorisé, à la manière d'un heureux joueur ; si le succès
voulut bien lui sourire un jour, ce ne fut qu'après
lui avoir imposé de longs efforts et de laborieuses recherches, conduites avec une intelligence remarquable et

(1) Brevet du 30 octobre 1878, n° 127221.

une obstination opiniâtre. A cet égard, l'histoire de la
carrière de chimiste de Z. Roussin est instructive ; on
pourra en suivre les phases principales dans la deuxième
partie de cette notice.

Mais, il faut encore emprunter à la conférence de
H. Caro et citer le passage relatif aux emplois industriels de la naphtaline, pour bien fixer la valeur de l'idée
première, qui ne cessa pas un seul instant d'occuper
l'esprit de Roussin, au cours de ses nombreux travaux : « arriver à un emploi rémunérateur de la naphtaline, ce déchet considérable et inutilisé de la fabrication
du gaz. »

Suivons donc H. Caro, dans sa visite à la Badische
Anilin und Soda Fabrik (1).

« Nous pénétrons dans les grands magasins de la
naphtaline pure. On nous apprend que cet hydrocarbure,
qui existe en quantité au moins décuple de l'anthracène,
dans les produits distillés du goudron de houille et qu'il
est si facile d'en isoler à l'état de pureté, n'a pourtant
acquis une réelle importance industrielle que depuis environ 16 années. Auparavant elle n'avait qu'un emploi
restreint pour la préparation du dinitronaphtol et du
rouge de Magdala. C'est par petites quantités qu'au début on préparait l'α-naphtylamine et l'α-naphtol. L'acide
chloroxynaphtalique et l'acide phtalique n'étaient que
des produits de laboratoire ; l'*alizarine artificielle* de
Roussin, la naphtazarine, n'avait pu réussir à se faire
place parmi les colorants utilisés dans la teinture et
l'impression. L'application des méthodes et des procédés de fabrication des couleurs d'aniline aux dérivés de
la naphtaline, aux naphtylamines, n'avait conduit qu'à
des couleurs ternes, sans éclat et sans solidité, si bien
que, pendant longtemps, la naphtaline passa pour une
matière première inutilisable et sans valeur.

(1) *Moniteur Scientifique Quesneville,* 1893, p. 508.

« Ce n'est qu'après la découverte des phtaléines et l'introduction du β-naphtol dans la fabrication des azoïques
que cette idée préconçue fut abandonnée. Dès ce moment, en même temps que progressait l'idée scientifique
des dérivés de la naphtaline, le nombre des matières colorantes naphtaliques, rivalisant de beauté et de solidité
avec les couleurs de benzine et d'anthracène, alla s'augmentant tous les jours. C'est parmi cette gamme de colorants, à la fois faciles à préparer et bon marché, qu'on
a trouvé les meilleurs succédanés des pigments des bois
de teinture et d'un grand nombre d'anciennes couleurs
d'aniline, plus coûteuses et moins solides. Les nitronaph-
talines servent aussi de base à de nombreux explo-
sifs. »

H. Caro ne peut pas parler de la naphtaline sans être
obligé de citer, au passage, quelque travail de Roussin :
c'est la *naphtazarine*, découverte en avril 1861, et qui brille
au premier rang, car toutes les autres tentatives d'utilisation de l'encombrant hydrocarbure, à la même époque,
sont restées stériles ; un procédé ingénieux d'application,
découvert en Allemagne, 40 ans plus tard, a fait de la naphtazarine, sans emploi au début, une matière colorante
utile et recherchée. — C'est le *β-naphtol* « employé pour
la première fois dans l'industrie pour la fabrication des
azoïques » (H. Caro). — On voit donc, tout d'un coup,
vers 1876, par l'essor même de l'invention de Roussin,
la naphtaline devenir l'une des matières premières les
plus utiles. Chaque année, l'industrie en consomme presque tout ce que les usines à gaz peuvent produire.

Jamais succès plus complet n'est venu confirmer une idée
juste, poursuivie par un inventeur opiniâtre, que quinze
années de recherches sans profit immédiat ne réussirent
pas à décourager. Le mérite de l'inventeur des couleurs
azoïques se trouve singulièrement rehaussé par cette victoire industrielle, qui échappa à tant d'autres chimistes,

français et étrangers, la *complète utilisation de la naphtaline.*

Tout ce qui précède était nécessaire à dire, pour dégager de son obscurité première la principale invention de Roussin et en démontrer la priorité évidente ; il fallait mettre en relief la puissante impulsion donnée à l'industrie des matières colorantes par la découverte des colorants azoïques ; il était bon surtout d'ajouter au témoignage d'admiration qui est légitimement acquis à Z. Roussin, en France, celui d'un savant étranger, dont les découvertes font autorité en Allemagne et qui fut, pour l'inventeur français, un concurrent redoutable dès l'avènement des azoïques (1). Il était indispensable que le public, insuffisamment averti par les trop modestes récompenses décernées à l'auteur, de son vivant, pût apprécier la grandeur de la perte que sa mort infligea à la science et à l'industrie françaises.

II

En 1860, au moment où Z. Roussin commença ses recherches sur l'utilisation de la naphtaline, le monde chimique était en pleine effervescence, à la suite de la découverte de la mauvéine par Perkin et de la fuchsine par Verguin. Les propriétés tinctoriales de l'acide picrique, connues depuis si longtemps, n'avaient pas suffi à éveiller l'attention des chimistes avant ces découvertes

(1) Parmi les savants français qui ont su reconnaître le mérite de l'invention de Roussin et en ont affirmé la priorité, il convient de citer MM. Lauth, Haller et Lefèvre : (Ch. Lauth, *Rapp. off. Expos. Univ.* 1878) ; (Haller, *Rapp. off. Expos. Univ.* 1900) ; (L. Lefèvre, *Traité des Matières Colorantes artificielles*).

sensationnelles ; le brillant avenir des matières colorantes artificielles apparaissait donc tout à coup. Chaque laboratoire se mit au travail, et, en peu d'années, de nombreuses et importantes inventions vinrent s'ajouter aux premières.

Le mérite des inventeurs, à cette époque, est considérable, car les grandes lignes d'une classification méthodique, en chimie organique, se dégageaient à peine des longues discussions des grands chimistes de la première moitié du xixe siècle ; elles apparaissaient, pour la première fois, dans le célèbre traité de chimie de Gerhardt. La constitution des hydrocarbures était mal connue. Berthelot n'avait pas encore réalisé la belle synthèse de la benzine par condensation de 3 molécules d'acétylène ; en 1865 seulement, Kékulé devait s'immortaliser par sa féconde théorie de l'hexagone, expliquant le mode de groupement des atomes de carbone dans la molécule de la benzine ; en 1866 seulement, Erlenmeyer établit la constitution de la naphtaline que Grœbe eut bientôt l'honneur de confirmer synthétiquement.

Privés de ces notions théoriques qui allaient, en quelques années, révolutionner la chimie organique, les chimistes d'alors devaient lutter d'ingéniosité dans leurs méthodes, redoubler de finesse dans leurs observations.

Aussitôt après les premiers travaux de Perkin et de Verguin, l'étude des hydrocarbures de la série aromatique prit un développement remarquable ; les efforts des chimistes portèrent autant sur les dérivés de la naphtaline que sur ceux de la benzine et de ses homologues. Laurent avait déjà préparé une foule de dérivés naphtaléniques ; en découvrant la *naphtase*, il avait démontré que la naphtaline pouvait, elle aussi, engendrer des matières colorantes, mais la voie qui devait aboutir à des

Le chimiste Roussin.   4

résultats pratiques restait obstinément fermée. La science ne s'enrichissait que d'observations d'un intérêt purement théorique ; seule, la préparation de certains dérivés profitait de perfectionnements remarquables. Roussin marqua sa trace dans ces travaux : il perfectionna le mode de préparation de la mononitronaphtaline (1) ; il indiqua un excellent procédé d'obtention de la dinitronaphtaline (2). En outre, il prépara la naphtylamine par un procédé original : la réduction de la mononitronaphtaline par l'étain et l'acide chlorhydrique (3). Il dota ainsi la science d'une des méthodes les plus parfaites de réduction des corps nitrés.

Beilstein et beaucoup d'autres chimistes, plus tard, firent usage de la nouvelle méthode de réduction ; Beilstein passa même pour en être l'inventeur (4). Une rectification à ce sujet fut faite le 20 juin 1879, à la Société chimique de Paris (5). Il fut reconnu que Beilstein avait, pour la première fois, employé l'étain comme réducteur en 1863, dans un travail sur de nouvelles combinaisons isomériques du groupe benzoïque (6), tandis que Roussin avait, dès 1861, signalé l'emploi de l'étain et de l'acide chlorhydrique pour la réduction de la nitronaphtaline et de l'acide picrique (7).

---

(1) *Bulletin Société Chimique*, 1861, p. 57.

(2) *Comptes rendus Académie des Sciences*, 1861, LII, p. 968.

(3) *Comptes rendus Acad. des Sc.*, 1861, LII, p. 797.

(4) Voir *Bulletin Société Chimique*, t. XXXI, 1879, p. 549. Réduction des composés organiques nitrés et dosage du groupe AzO^2, par M. H. Limpricht (*Deut. ch. Gesel.*, t. XI, p. 35 et 40).

(5) *Bulletin Société Chimique* t. XXXII, 1879, p. 51.

(6) *Annalen der Chemie und Pharmacie von Liebig*, 1863, t. CXXVIII, p. 264.

(7) *Comp. rend. Acad. des Sc.*, 1861, LII, p. 796 et *Bull. Soc. Ch.* 1861, p. 57 et suiv.

En 1861, Roussin obtint une matière colorante bleu-violet, dérivée de la binitronaphtaline par l'action des protosels d'étain dissous dans les alcalis caustiques (1).

Cette matière teignait très bien les étoffes et était assez solide, mais elle ne pouvait rivaliser avec les matières colorantes de la série benzénique. Il obtint également des couleurs analogues par l'action des sulfures et des cyanures alcalins sur la binitronaphtaline. Il poursuivit ses recherches, malgré leurs résultats peu encourageants, mais avec l'espoir d'arriver, conformément aux idées de Gerhardt, à obtenir artificiellement la matière colorante de la garance. Dumas lui-même partageait la manière de voir de Gerhardt et, à maintes reprises, il engagea Roussin à persister dans cette voie. La production de l'acide phtalique, dans l'oxydation du principe colorant de la garance, n'autorisait-elle pas à croire que cette substance dérivait de la naphtaline, puisque la plupart des composés naphtaléniques engendrent, dans les mêmes conditions, ce même acide phtalique?

L'action de la grenaille de zinc à 200° sur une dissolution de binitronaphtaline dans l'acide sulfurique, permit à Roussin d'obtenir le produit qu'il cherchait (2) ; c'était bien une matière colorante de propriétés chimiques et tinctoriales analogues à celles de l'alizarine, mais elle ne lui était pas identique ; c'était la *naphtazarine* et non l'*alizarine*. Les vues de Gerhardt n'étaient pas exactes. Quelques années plus tard, Grœbe et Liebermann démontrèrent que l'alizarine dérive de l'anthracène, et ils eurent la gloire de réaliser la synthèse de l'alizarine artificielle en partant de cet hydrocarbure.

(1) *Comp. rend. Acad. des Sc.*, 1861, LII, p. 968 et 1034.
(2) *Comp. rend. Acad. des Sc.*, 1861.

La découverte de Roussin n'en reste pas moins remarquable, car la naphtazarine et l'alizarine sont en tous points comparables dans leurs fonctions chimiques : l'une est la dioxy-*naphto*-quinone, l'autre est la dioxy-*anthra*-quinone. Il est certain que la découverte de la naphtazarine, venant démontrer que l'alizarine ne dérivait pas de la naphtaline, a pu rendre un grand service à Græbe et à Liebermann ; elle a pu encourager ces chimistes éminents à rechercher de quel autre hydrocarbure pouvait bien dériver l'alizarine ; ils eurent le mérite et le talent de démontrer qu'elle dérivait de l'anthracène.

L'oubli, dans lequel l'alizarine artificielle fit tomber la naphtazarine, inspira à Roussin quelques lignes de protestation dans son rapport à la Société d'encouragement à l'Industrie (23 décembre 1885), dans lesquelles il disait :

« Tous les chimistes savent que, jusqu'en 1868, l'alizarine était considérée comme dérivant de la série de la naphtaline, parce qu'elle se transformait facilement en acide phtalique, sous l'action de divers réactifs oxydants. Tous les traités de chimie de cette époque et notamment celui de Gerhardt (t. III, p. 478, 483, 489), en font foi. Bien des recherches eurent lieu dans cette voie qui devait longtemps égarer les chimistes. Les miennes, sur les conseils bienveillants et réitérés de M. Dumas, n'eurent pas d'autre point de départ. Sept ans après la découverte de la naphtazarine, MM. Græbe et Liebermann, appliquant à la réduction de l'alizarine une méthode nouvelle et énergique, démontrèrent enfin que l'alizarine dérivait de l'anthracène et non de la naphtaline, ainsi qu'on l'avait admis jusqu'alors. L'erreur ancienne, ainsi rectifiée, et le terrain des recherches correctement fixé, la préparation de l'alizarine véritable ne tarda pas à se réaliser entre les mains des deux habiles chimistes allemands. Je n'avais trouvé que l'alizarine de la naphtaline ; MM. Græbe et Liebermann eurent le mérite de découvrir l'alizarine de l'anthracène. J'ai tenu à faire ce retour

sommaire sur des faits déjà anciens et que beaucoup
de chimistes paraissent ignorer ou avoir oubliés, si j'en
juge par l'historique habituel de l'alizarine artificielle où
la mention de mes recherches est généralement omise. »

La protestation de Roussin est légitime, car la naphtazarine appartient inséparablement à l'histoire de l'alizarine artificielle ; elle découle des idées théoriques admises
par les chimistes les plus remarquables de l'époque,
Dumas et Gerhardt notamment ; elle marque donc la première étape parcourue par un chimiste français, vers la
vérité bientôt mise en lumière, d'une façon éclatante, par
deux chimistes allemands. Aucun auteur impartial ne
saurait l'oublier et la citation historique de la naphtazarine est nécessaire, pour mettre en relief le mérite
même des inventeurs de l'alizarine artificielle, puisque c'est
à l'un d'eux, à Liebermann, que l'on doit la détermina-
tion exacte de la constitution de la naphtazarine.

A l'époque de la découverte de la naphtazarine,
Roussin était professeur agrégé au Val-de-Grâce ; par
un scrupule qui l'honore, il ne crut pas pouvoir associer sa personnalité d'officier à une exploitation industrielle, si légitime et si honorable qu'elle fût ; il se con-
tenta de communiquer à l'Académie des sciences le
résultat de ses recherches, qui fut applaudi d'ailleurs par
tous les savants. Le directeur de l'École du Val-de-Grâce,
M. Michel Lévy, adressa aussitôt au maréchal Vaillant,
ministre de la guerre, la lettre suivante où il demandait,
en faveur du jeune professeur, la croix de la Légion
d'honneur.

Paris, 29 avril 1861.

« Monsieur le Maréchal,

« Un professeur agrégé de l'École du Val-de-Grâce, qui a déjà pris rang parmi les jeunes chimistes les plus brillants de cette époque, vient de se signaler par une découverte dont M. Dumas a bien voulu se faire l'interprète bienveillant auprès de l'Institut et qui sera une fortune pour l'industrie.

« D'une substance sans valeur qui encombre les usines à gaz (naphtaline), M. Roussin a su tirer deux matières colorantes, l'une rouge, l'autre violette, dont la fixité et la stabilité sont telles que la lumière, les alcalis, les acides faibles, etc., etc. n'ont aucune action sur elles ; attaquées par les acides concentrés, elles reprennent leur éclat par une simple immersion dans l'eau. Dans la prévision des plus larges applications immédiates, Roussin a réussi à rendre pratique et industrielle la préparation des matières colorantes ; il a institué des procédés de teinture aussi simples qu'élégants.

« Et cette source de richesse, l'agrégé du Val-de-Grâce n'a point voulu se l'approprier par un brevet, nonobstant les conseils de personnages élevés ; il a livré sa précieuse découverte à la publicité ; elle est dès aujourd'hui du domaine public, avantage si inespéré pour l'industrie que tel fabricant n'a voulu le croire et, persuadé que l'inventeur s'était muni d'un brevet, est venu lui offrir une somme de 250,000 francs pour le racheter.

« M. Roussin a donc renoncé à une grande fortune ; mais sa noble susceptibilité d'officier de santé militaire l'a fait reculer devant tout ce qui peut ressembler à une spéculation ; le gouvernement de l'Empereur ne laissera pas sans récompense une découverte qui se traduit immédiatement pour l'industrie par d'immenses économies, qui utilise d'une manière splendide un produit jusqu'alors infructueux des usines à gaz.

« Votre Excellence saura apprécier le talent uni au désintéressement, si elle daigne provoquer, en faveur de notre ingénieux collaborateur, une nomination exceptionnelle au grade de chevalier de la Légion d'honneur. Elle répondra à l'attente du monde savant, aux vœux de l'école du Val de Grâce, à la ¡seule ambition de l'inventeur qui n'en est pas à son coup d'essai et qui, entre autres travaux déjà remarqués, a doté la chimie d'une nouvelle classe de sels appelés nitro-sulfures de fer.

« Veuillez agréer...

Signé: Michel Lévy,

« Médecin Inspecteur, Directeur de l'Ecole d'application de médecine et de pharmacie militaires (Val de Grâce); membre de l'Académie de médecine. »

Il n'y a pas de commentaires à ajouter à une lettre aussi chaleureusement écrite en faveur du brillant agrégé du Val-de-Grâce. M. Michel Lévy fait ressortir, avec une louable sympathie, le caractère élevé du jeune savant qui devait, 15 ans plus tard, enrichir l'industrie des matières colorantes d'une découverte sensationnelle.

La naphtazarine n'eut pas le succès industriel que l'on avait espéré; elle ne valait pas l'alizarine et ne pouvait pas la remplacer. La découverte resta sans applications ; elle n'est sortie de son oubli que dans ces dernières années, à la suite d'un brevet, pris en Allemagne, pour appliquer à la teinture en noir, sur mordant de chrome, la matière colorante inutilisée. La naphtazarine est aujourd'hui un produit recherché en teinture.

Z. Roussin sut attendre, dans le rang, la croix de la Légion d'honneur qu'il n'obtint que plusieurs années après la lettre de M. Michel Lévy ; il mourut trop tôt, hélas ! pour pouvoir se réjouir du succès si mérité, mais si tardif, de sa première grande découverte.

Il y a lieu de citer, pour mémoire, les recherches de Roussin concernant l'action des nitrites ou de l'acide nitreux sur la naphtylamine ou sur ses sels (1), action

(1) *Comp. rend. Acad. Sc.*, 1861, LII, p. 796.

étudiée d'autre part par Perkin et Church (1), par Canahl et Chiozza (2), par Schützenberger et E. Willm (3). Le produit obtenu et dénommé nitroso-naphtyline n'était autre que l'amidoazonaphtaline, bien connue aujourd'hui, mais d'un intérêt tinctorial presque nul.

Z. Roussin avait encore signalé la formation d'une matière colorante rouge-violet dans l'action, à 230°-250°, d'un mélange de chlorures stanneux et stannique, sur le chlorhydrate de naphtylamine (4); cette matière était dépourvue d'éclat et de brillant.

En somme, aucune application sérieuse n'avait consacré la valeur de ces travaux. Les autres chimistes n'avaient pas été plus heureux. La naphtazarine était la pierre précieuse, mais elle était pour longtemps encore un diamant brut.

La naphtaline était condamnée à rester un résidu encombrant, sans valeur industrielle.

Un peu plus tard, la rosanaphtylanine (rouge de Magdala), découvert par Schiendl, d'une production très limitée, détermina la consommation d'une petite quantité de naphtylamine; enfin le binitronaphtol, découvert par Martius, fut fabriqué en quantité relativement faible, avec l'α-naphtylamine d'abord, puis avec l'α-naphtol.

Jusqu'en 1874, l'utilisation de la naphtaline fut ainsi restreinte. La découverte de l'éosine nécessita la transformation d'une certaine quantité de l'hydrocarbure en acide phtalique; mais ce nouveau débouché était bien insuffisant par rapport à la masse prodigieuse des stocks et à l'énorme production journalière des usines à gaz.

---

(1) *Quart. Journ. of. Ch. Soc.*, avril 1856.
(2) *Chem. Centralb.*, 1856.
(3) *Comp. rend. Acad. Sc.*, XLVI, p. 894.
(4) *Comp. rend. Acad. Sc.*, LII, p. 726.

Les nombreuses occupations de Roussin, depuis 1861, l'avaient mis dans l'impossibilité de poursuivre ses premières recherches ; la médecine légale y a gagné ce qu'a pu y perdre la chimie des matières colorantes. On sait quels minutieux et patients travaux Roussin a consacrés à cette science ardue. Le D' Tardieu a d'ailleurs rendu justice et hommage à son éminent collaborateur, en associant son nom au sien dans son traité magistral de toxicologie.

En 1875 seulement, vers la fin d'une carrière brillante dans l'armée, Roussin revint définitivement à son idée première pour ne plus l'abandonner ; il devait, cette fois, remporter une victoire complète.

La naphtylamine était restée, à ses yeux, la matière première préférée pour de nouvelles études ; c'était la base qu'il avait su, avec tant d'habileté, obtenir quantitativement et à l'état de pureté parfaite, base correspondant, dans la série de la naphtaline, à l'aniline dont les emplois industriels étaient si variés et si précieux. La naphtylamine pouvait, elle aussi, trouver d'heureuses applications ; Roussin en restait persuadé. L'action de l'acide nitreux sur la naphtylamine l'avait conduit, ainsi que d'autres chimistes, à une matière colorante orangée ; mais le résultat pratique était médiocre, la matière colorante insoluble dans l'eau. Il devait y avoir avantage, en vue d'obtenir une matière colorante soluble, à substituer, à la naphtylamine, son dérivé sulfoné, l'acide naphthionique. Tel fut incontestablement le point de départ de Roussin, *sa conception originale,* vers la belle découverte des matières colorantes azoïques, mais avec une garantie de succès toute spéciale et indispensable, la présence du radical sulfurique dans la molécule des matières colorantes obtenues.

L'acide naphthionique avait été préparé primitivement par Piria, en faisant réagir le sulfite d'ammonium sur la naphtylamine, puis, par Laurent, en réduisant l'acide nitronaphtylsulfureux par le sulfure d'ammonium (1). Cet acide était inconnu de la plupart des chimistes ; un bien petit nombre d'entre eux disposait de quelques grammes de naphtylamine. Personne n'avait encore mis en lumière les nombreux cas d'isomérie de l'acide naphthionique ; on ne se doutait pas que Piria et Laurent n'avaient pas obtenu le même produit. Schmidt et Schaal venaient, seulement en 1874, de sulfoner directement la base en la traitant par l'acide sulfurique (2). Clève ne publia ses recherches sur la réduction des acides nitronaphtylsulfureux isomériques qu'en 1876 (3).

Les travaux sur ce sujet étaient donc très restreints et incomplets, quand Roussin soumit la naphtylamine à l'action de l'acide sulfurique et prépara ainsi la matière première sulfonée, qu'il considérait comme indispensable à l'obtention de matières colorantes solubles. Il traita aussitôt l'acide naphthionique par l'acide nitreux et le transforma en son dérivé diazoïque ; c'est en étudiant les propriétés de ce corps, en le décomposant par la chaleur, qu'il observa, le *premier*, la formation d'une matière colorante *rouge*, soluble dans l'eau (1er pli cacheté déposé à l'Académie des sciences, le 6 juin 1875).

On voit donc, à l'origine même de l'invention de Roussin, apparaître la matière colorante rouge, que personne ne soupçonna dans la série de Griess, de l'aveu même de Witt et de Caro, avant la découverte du « rouge solide »

(1) *Comp. rend. Acad. Sc.*, XXXI, p. 537.
(2) *Berichte der deut. chem. Gesel.* VII, p. 1367.
(3) *Bull. Soc. Ch.*, XXVI, p. 241.

de la Badische anilin und soda Fabrik, en 1878. Seul, l'inventeur français avait obtenu une matière rouge *dès 1875*, c'est-à-dire *trois ans plus tôt* ; il allait bientôt, comme Griess, préparer toute une série de dérivés azoïques, mais de dérivés azoïques *nouveaux*, c'est-à-dire modifiés préalablement dans leur molécule par l'introduction d'un radical sulfonique ; les matières jaunes ou orangées, qui allaient sortir des mains de Roussin, devaient être de véritables matières colorantes.

On ne doit pas perdre de vue qu'en étudiant, dans leur ensemble, les corps diazoïques et les corps azoïques, Griess s'était préoccupé surtout du rôle fonctionnel du groupement $Az = Az$ dans leur molécule. Chaque dérivé, individuellement, faisait partie d'une immense série, à termes en nombre illimité. Pour l'auteur, il était d'un intérêt théorique médiocre que les corps azoïques fussent chlorés, brômés, nitrés, sulfonés, etc. ; ils restaient, à ses yeux, corps colorés ou corps colorants, confondus sur le pied d'égalité dans le même amas prodigieux de composés chimiques renfermant le groupe caractéristique Az^2. Griess ne sut pas voir quel immense parti l'industrie des matières colorantes pouvait tirer de l'utilisation des azoïques sulfonés.

Seul, Z. Roussin avait obtenu un rouge en premier lieu parce qu'il n'avait suivi la trace de personne ; il fut donc, dans cette circonstance, un véritable inventeur. Il n'avait pas eu pour programme une application de la « méthode de Griess » ; il n'eut de commun, avec le savant allemand, que de faire réagir l'acide nitreux sur une amine ; mais, en faisant cela, il continuait, sur de nouvelles bases (c'est-à-dire en partant de l'acide naphthionique), ses propres expériences, vieilles de 15 ans, sur la naphtylamine. C'est par une coïncidence particulière, attribuable aux propriétés mêmes du diazodérivé de l'acide naphthionique, qu'il devait se rencontrer, dans ses conclusions, avec Griess ; mais il y arriva par ses propres expériences. En réalité, il ne dut son éclatant succès qu'à son admirable intuition.

Dans la première expérience de Roussin, la méthode de combinaison des diazodérivés de Griess se trouvait singulièrement dissimulée. En effet, la seule matière en réaction était le diazodérivé de l'acide naphthionique ; il n'y avait pas, à côté de lui, le second corps, amine ou phénol, exigé par Griess pour engendrer le dérivé complexe azoïque. Roussin vit bien que le second corps, nécessaire à la formation de la matière colorante, se formait aux dépens du diazodérivé décomposé par la chaleur, et qu'il se combinait, au fur et à mesure, au reste non décomposé, pour fournir la matière colorante rouge ; il remarqua même que l'addition de potasse ou de soude caustique activait ou favorisait la réaction. Il lui fut bientôt permis d'interpréter les faits avec exactitude, grâce à de nouveaux résultats, d'une importance capitale, qui absorbèrent toute son attention ; il dut pénétrer dans le domaine ensemencé par Griess, il appliqua *la méthode de Griess*, mais avec une *maîtrise* que personne, dans l'industrie, n'avait possédée avant lui. Notons, en passant, qu'il dut être vivement frappé de la parenté certaine avec le naphtol du produit de décomposition du diazodérivé de l'acide naphthionique ; aussi ne devons-nous éprouver aucun étonnement à le voir, dès le mois de mars 1876, mentionner l'emploi des naphtols pour la préparation des matières colorantes azoïques.

Quelques jours à peine après le dépôt de son premier

pli cacheté, Roussin remarqua que le diazodérivé de l'acide naphthionique était capable de se combiner directement à l'acide naphthionique lui-même en solution alcaline (2e pli cacheté, du 28 juin 1875). Cette fois la matière colorante, différente de la première, se produisait en extrême abondance et avec la plus grande facilité. Elle était soluble dans l'eau et teignait également bien la laine et la soie en rouge-orangé.

Tous ceux qui ont gardé le souvenir de leur impression quand ils ont assisté à une réaction semblable, peuvent juger de l'émotion et de l'enthousiasme de l'inventeur dans cette circonstance. Les nombreuses désillusions antérieures furent vite oubliées, le succès était certain ; Roussin n'en douta pas et, par un sentiment de tendresse fort touchant, il donna le nom de sa fille unique à la nouvelle matière colorante rouge-orangé, qu'il appela le « rouge Amélie ». Il associait ainsi, dans le même espoir heureux, sa charmante fille et sa brillante découverte.

Un 3e pli cacheté, déposé à l'Académie des sciences, en juillet 1875, compléta aussitôt les deux premiers par l'introduction de procédés plus avantageux pour obtenir les produits déjà signalés. Roussin jugea opportun de soumettre à un fabricant de matières colorantes les produits qu'il venait d'obtenir ; il entra en relations avec M. Poirrier (1), dont l'usine de Saint-Denis occupait le premier rang en France, et qui avait su tirer un parti magnifique des découvertes françaises, dans cette branche importante de l'industrie chimique.

(1) Par trois traités successifs en date des 23 juillet 1875, 18 janvier 1876 et 16 avril 1876.

Historiquement, le rouge Amélie fut la *première* matière colorante azoïque présentée à l'industrie. Je me rappelle avoir eu en mains les premiers échantillons de laine teinte avec le rouge Amélie et j'ai gardé encore très vif le souvenir de mon appréciation. J'ignorais la nature du produit et même sa provenance ; je fus surtout frappé du pouvoir colorant considérable de la nouvelle matière. On pouvait lui reprocher un défaut d'unisson assez marqué ; mais la couleur était belle, pleine, à reflet velouté, rappelant assez le rouge garance. Malheureusement le rouge Amélie ne résistait pas à la lumière ; il ne devait être que le messager du succès.

Les teinturiers de Lyon, grands arbitres à l'époque de toutes les nouveautés en matières colorantes, reçurent des échantillons du produit ; ils le déclarèrent bon à être jeté au Rhône ! La défaite semblait complète, mais la partie n'était pas perdue ; l'inventeur se remit courageusement à l'œuvre et, bientôt après, il produisit les nouveaux azoïques dont la valeur devait être universellement reconnue. Là encore on peut constater l'originalité des recherches de Roussin et son obstination à ne pas abandonner les dérivés de la naphtaline, qui ne lui avaient causé pourtant que des échecs ; là encore il n'est le plagiaire de personne, il suit méthodiquement la voie qu'il s'est tracée lui-même. C'est grâce à cette persévérance, jointe à une intuition merveilleuse, que nous le voyons arriver d'abord à l'utilisation du naphtol α, employé uniquement jusque-là dans la préparation du Jaune d'or, — puis à l'emploi industriel du β naphtol que quelques chimistes seulement avaient pu étudier dans les laboratoires.

Par l'importance de ses découvertes dans la série de la naphtaline, Roussin a le plus contribué à pousser les

chimistes du monde entier vers l'étude de cette série,
devenue depuis l'une des plus belles, des plus complètes et
des plus riches de la chimie organique. En fait la science
a autant profité, que l'industrie, de sa féconde initiative.

Dès son 4e pli cacheté, déposé à l'Académie des Sciences, le 15 novembre 1875, Roussin commence à géné-
raliser sa découverte et il indique qu'il peut obtenir
un grand nombre de matières colorantes par l'action
du dérivé diazoïque de l'acide naphthionique sur diverses
substances, sur le phénol notamment (Jaune de Philadelphie, exposé dans la vitrine de la maison Poirrier
à l'exposition universelle de Philadelphie, en 1876), sur
la naphtylamine, sur l'aniline. Il signale, en passant, un
procédé inédit et excellent d'obtention du binitronaphtol (Jaune d'or), par l'action ménagée de l'acide nitrique
sur le diazodérivé de l'acide naphthionique.

Dans le 5e pli cacheté (1) la série des colorants azoïques
dérivés de la naphtylamine et de l'acide naphthionique est
déjà développée dans ses lignes principales. Notons que
personne, à cette époque, ne soupçonne encore la découverte des couleurs azoïques sulfonées, que personne ne sait
non plus que les amines de la série benzénique et l'acide
sulfanilique, en particulier, fournissent de superbes matières colorantes (premiers orangés Poirrier). Roussin signale parmi les produits capables de donner des
matières colorantes par leur union avec un dérivé diazoïque, benzénique ou naphtalénique, les phénols en général : phénol, résorcine, orcine ; l'acide salicylique ; les deux
naphtols ; quelques amines : aniline, toluidines, naphtyla-

(1) Académie des sciences, 22 mars 1876.

mine, et leurs dérivés sulfonés : acide sulfanilique, acide naphthionique.

Toutes les matières colorantes obtenues possèdent, dans leur molécule, le radical sulfo qui est leur caractéristique ; l'inventeur les a obtenues à l'état de pureté, cristallisées. La chrysoïdine de Caro et Witt n'a qu'un rapport lointain avec elles, car elle n'est pas une matière sulfonée ; quoique soluble dans l'eau et applicable de ce fait à quelques emplois dans la teinture du coton, elle n'est soluble que « grâce à la solubilité propre de la phénylènediamine qui se transmet partiellement au dérivé azoïque » (Roussin).

Le 5ᵉ pli cacheté de Roussin ne contient donc pas seulement le « produit nouveau », attendu par les teinturiers, comme le dit H. Caro, mais la « méthode nouvelle » et la « série nouvelle », que tous les chimistes allemands utiliseront bientôt, au grand détriment de l'industrie française, dès 1877, aussitôt que la nature des nouvelles matières colorantes aura été dévoilée par Hofmann.

Il serait trop long d'énumérer toutes les matières colorantes obtenues par Roussin, dès le mois de mars 1876 ; un grand nombre d'entre elles est resté sans application, mais nous devons citer celles qui sont les plus remarquables de la série, celles qui, 30 ans plus tard, demeurent encore les produits les plus estimés en teinture.

Le *Nacarat* qui est, en réalité, la première matière colorante azoïque obtenue par Roussin et qui provenait de la décomposition du diazodérivé de l'acide naphthionique par la chaleur, en milieu neutre ou faiblement alcalin ; on le fabrique aujourd'hui, dans les meilleures conditions, en préparant de toutes pièces l'α-sulfo-α-na-

phtol et en le combinant au diazodérivé de l'acide naphthionique.

La *Roccelline*, rouge obtenu par combinaison du diazodérivé de l'acide naphthionique avec le β-naphtol en
solution alcaline.

L'*Orangé I*, obtenu par combinaison du diazodérivé
de l'acide parasulfanilique avec l'α-naphtol, en milieu
acide.

L'*Orangé II*, obtenu par combinaison du diazodérivé
de l'acide parasulfanilique avec le β-naphtol en milieu
alcalin.

La *Chrysoïne*, jaune obtenu par combinaison du
diazodérivé de l'acide parasulfanilique avec la résorcine
en milieu acide.

La Roccelline, l'Orangé I, l'Orangé II et la Chrysoïne
furent, dès l'année 1876, mis à l'étude à l'usine Poirrier.
Les premiers kilog. fabriqués furent discrètement soumis à l'appréciation des teinturiers qui les accueillirent
avec les plus vifs éloges ; la victoire de Roussin était
définitive.

Pendant qu'à l'usine Poirrier on travaillait avec
ardeur à organiser la fabrication, Roussin continuait
ses recherches. Le 14 mai 1876, à la Société industrielle
de Rouen, il déposait un pli cacheté relatif à l'Orangé I.

Le 5 juin 1876, à la Société industrielle de Mulhouse,
il déposait deux plis cachetés, l'un relatif à l'Orangé I
et à l'Orangé II, l'autre relatif à la Chrysoïne.

Le 13 juillet 1877, à la Société industrielle de Rouen,
il déposait un pli cacheté pour signaler la multitude des
matières colorantes parfaitement définies, cristallisées,
de nuances variant du jaune à l'orangé et au rouge,
qu'il avait obtenues en faisant réagir le diazodérivé de

l'acide sulfanilique sur cinq classes de composés chimiques : les phénols, les amines primaires, les amines secondaires, les alcalamides et les diamines aromatiques. L'Orangé IV, dérivé du diazodérivé de l'acide parasulfanilique combiné à la diphénylamine, est le produit le plus remarquable à noter parmi ces nombreuses matières colorantes.

Voici les propres paroles de l'inventeur, au sujet des premières matières colorantes découvertes par lui et dévoilées par Hofmann (1).

« Dès leur première apparition, ces produits eurent le plus grand succès et, comme ils étaient absolument inconnus et qu'aucun brevet n'en pouvait faire connaître la préparation, aucune contrefaçon ne put se produire pendant plusieurs mois. Mais l'attention et les intérêts des industriels étrangers et notamment des Allemands étaient trop excités, pour que cet état de choses pût longtemps durer. Dès le mois de juillet 1877, M. Hofmann, l'éminent chimiste de Berlin, publiait dans le *Berichte* (23 juillet 1877) l'analyse de l'Orangé I et de l'Orangé II, déjà lancés dans l'industrie par l'usine de M. Poirrier, depuis plus de huit mois. A cette analyse était joint le mode de génération et de fabrication de ces produits. Par cette publication inattendue, je fus du même coup dépossédé du droit de faire breveter mes découvertes et M. Poirrier, après de longs et onéreux sacrifices d'installation, se trouva du jour au lendemain désarmé devant la concurrence des fabricants étrangers, gratuitement éclairés par la publication de Hofmann. »

Voici, d'autre part, comment était organisé le travail à l'usine Poirrier, à l'époque de la découverte des azoï-

______

(1) *Rapport à la Société d'encouragement à l'Industrie,* le 23 décembre 1885.

ques (1) : « Le chef de la maison a la haute direction de la production et de la vente. — Le laboratoire de recherches fonctionne sous les ordres d'un chimiste qui a, en outre, la direction générale de l'usine. — Chaque branche est dirigée par un chimiste spécial qui a des contre-maîtres sous ses ordres. — Un ingénieur est chargé de la direction des ateliers de construction et d'entretien du matériel de l'usine. »

On comprendra quelle lutte inégale l'usine de Saint-Denis dut avoir à soutenir désormais contre les usines allemandes, éminemment prospères depuis la découverte de l'alizarine artificielle, et secondées *par un personnel colossal* de chimistes expérimentés. Par le développement extraordinaire que prit en quelques années la fabrication des couleurs azoïques, on peut juger quel préjudice immense Hofmann causa à MM. Roussin et Poirrier. Il serait profondément regrettable que l'opinion ne rendît pas, au moins, au talent de l'inventeur et à l'initiative de l'industriel, un hommage d'autant plus vif que les intérêts de l'un et de l'autre furent plus profondément et plus injustement lésés. Ni les travaux antérieurs de Griess, ni les travaux postérieurs des chimistes étrangers, ne sauraient atténuer l'éclat de la découverte française, car celle-ci est bien la source même où chacun est venu puiser à partir de 1877.

Z. Roussin céda les droits d'exploitation de sa découverte à M. Poirrier dès les derniers mois de l'année 1875. Les premières livraisons aux teinturiers datent de novembre 1876 ; en avril 1877 l'usine Poirrier était en mesure de satisfaire à toutes les demandes. L'orangé I

---

(1) *Notice présentée à l'Exposition universelle de 1878*, Vᵉ groupe, A. Poirrier, à Paris.

apparut d'abord, bientôt suivi de l'orangé II, puis ce fut l'orangé III (dérivé de la diméthylaniline) ; mais ce dernier ne tarda pas à être remplacé avantageusement par l'orangé IV (dérivé de la diphénylamine). La chrysoïne (dérivé de la résorcine) vint ensuite faire une active concurrence aux jaunes employés jusqu'alors et en grande quantité à Roubaix, à Reims, etc. Ce ne fut pas sans avoir causé une alerte sérieuse : « vos nouveaux jaunes, orangé IV et Chrysoïne », écrivait un important teinturier du Nord, « détruisent l'indigo ; ils ne peuvent pas nous convenir ». En réalité, les nouveaux jaunes ne détruisaient pas l'indigo, mais ils étaient doués d'un pouvoir colorant que les teinturiers ne soupçonnaient pas et ils laissaient loin derrière eux tous les anciens produits, employés journellement. Les contre-maîtres des teintureries étaient encore habitués à se régler, pour teindre, sur un nombre plus ou moins bien déterminé de *cassins* de la solution de couleur à employer ; ils en étaient encore à apprécier avec la langue l'acidité des bains de teinture ; ils furent aisément désorientés, en présence de couleurs nouvelles, si riches et si éclatantes ; leur talent de coloristes fut gravement pris en défaut : ils avaient employé une proportion dix fois trop grande des jaunes nouveaux, l'indigo avait donc disparu dans le résultat, comme s'il avait été détruit. Il fut facile et même amusant de leur montrer leur erreur ; les jaunes furent réhabilités et appréciés désormais à leur juste et *riche* valeur. Peut-être cette aventure eut-elle une salutaire influence sur les teinturiers pour leur faire abandonner leurs habitudes routinières ? Aujourd'hui, dans les grandes usines de teinture, tout est pesé, mesuré et dosé avec exactitude ; personne ne pourrait soupçonner l'empirisme qui régnait en maître dans les ateliers, il y a 30 ans.

La fabrication de la roccelline (dérivée de l'acide naphthionique et du β-naphtol) débuta en 1877, une année par
conséquent avant la découverte du « Rouge solide » par
Caro, à la Badische Anilin und Soda Fabrik (1). On sait
déjà que les deux produits sont identiques. L'usine allemande n'en prit pas moins un brevet aux Etats-Unis, à
la date du 24 avril 1878, pour son rouge solide et un
conflit ne tarda pas à s'élever entre elle et la maison
Poirrier qui vendait déjà sa roccelline en 1877 ! L'Ingénieur Armengaud fut chargé, dans cette circonstance, de
préparer la défense des intérêts de MM. Roussin et Poirrier.
Roussin lui adressa tous les renseignements nécessaires, pour démontrer la priorité incontestable de sa découverte de la roccelline ; il terminait par les lignes
suivantes :

« Ce simple exposé des faits démontre en conséquence
que M. Caro n'a aucun droit de se dire l'inventeur de la
matière colorante résultant de la réaction du dérivé diazoïque de l'acide naphthionique sur le naphtol.

« Il est manifeste que la publication de M. Hofmann,
faite en 1877, et consacrée exclusivement à l'analyse et à la
préparation des produits de la maison Poirrier, déjà livrés
au commerce, a révélé en son entier ma nouvelle méthode
générale de production des matières colorantes dont la
couleur rouge, objet du brevet de M. Caro, n'est qu'une
déduction immédiate et un produit simplement détaché
de ceux que j'avais indiqués nominativement dès le mois
d'avril 1876. M. Hofmann, après avoir déterminé la composition élémentaire des premiers produits livrés au commerce, constata immédiatement que toute l'importance
de ces découvertes résidait dans l'introduction du groupe
sulfurique. M. Hofmann, ignorant par quel procédé l'introduction de la molécule sulfurique était pratiquée à
l'usine de M. Poirrier, indiqua successivement dans sa
publication toutes les méthodes théoriquement possibles

(1) D R P. 5411, 12 mars 1878.

de cette introduction. Or, M. Caro, copiant fidèlement
le mémoire de M. Hofmann, énumère, à son tour, dans
son brevet, les méthodes indiquées par ce chimiste et
les applique simplement à la matière colorante rouge en
question. »

Dès 1877, une lutte fabuleuse, à coups de brevets de
toutes sortes, ne tarda pas à surgir dans l'industrie des
matières colorantes. Tout produit nouveau, tout procédé
nouveau, furent brevetés, quelle que fût leur valeur. Il
devint bientôt très difficile de réaliser le moindre progrès,
sans être tributaire de près ou de loin d'un brevet quelconque ; les seules usines, — assez riches ou assez importantes pour pouvoir s'assurer, à grands frais, la propriété
d'un grand nombre de travaux chimiques, garantis par
des brevets, même morts-nés, — avaient une chance d'ac-
quérir le monopole de découvertes nouvelles fructueuses;
elles seules pouvaient utiliser, à cette course d'un nouveau
genre, des laboratoires assez puissants et un nombre de
chimistes assez considérable. La méthode d'accaparement
réussit au delà de toute espérance, au profit de quelques
grandes usines allemandes. Toutefois on doit reconnaître
que certaines de ces usines comprirent admirablement
leur intérêt, en stimulant le zèle de leurs chimistes: quelle
que fût l'invention, quelle qu'en fût la minime valeur,
dût même l'invention rester sans application, tout chimiste découvrant un produit ou un procédé nouveau, —
était gratifié d'une prime en rapport avec l'importance
de sa découverte.

Tout ce qui précède peut donner à réfléchir à ceux
que préoccupent, à juste titre, les questions touchant à
la propriété scientifique et industrielle, car le brevet ne
semble plus donner à l'inventeur même qu'une garantie
très précaire. L'inventeur est exposé à ne pas pouvoir

tirer de son travail un bénéfice en rapport avec son mérite ; souvent la publicité donnée à son brevet a le seul effet de lui assurer un *démarquage immédiat*. N'est-il pas à craindre que, dans de telles conditions, les inventeurs aient le plus à se plaindre d'un système établi pourtant dans le but exclusif de les protéger ? N'est-il pas souverainement injuste que l'institution des brevets, destinée à favoriser *celui qui invente*, en arrive, en fait, à ne favoriser que *celui qui tire profit de l'invention ?*

La publication d'Hofmann avait donc mis MM. Roussin et Poirrier dans la nécessité de prendre des brevets en France et à l'étranger, et de délimiter ainsi, plus étroitement, mais à leur grand désavantage, le champ de leurs investigations. La loi française ne leur permettant pas de prendre de brevets pour les premières couleurs azoïques, parce qu'elles avaient déjà été livrées au commerce, ils durent subir, en France, la libre concurrence des usines étrangères, pour l'orangé I, l'orangé II, l'orangé IV, la chrysoïne, la roccelline, etc., produits d'une consommation très importante.

Deux brevets français furent demandés le 30 octobre 1878 ; le premier, inscrit sous le n° 127.220, avait trait à la formation de nouvelles matières colorantes produites par la réaction des dérivés diazoïques des toluidines et xylidines sulfoconjuguées sur les amines, les phénols, etc... ; le second, inscrit sous le n° 127.221, avait trait à la formation de matières colorantes nouvelles obtenues par la réaction du dérivé diazoïque de la nitraniline sur les amines, les phénols, etc... Ces brevets furent garantis en Angleterre, le 6 novembre 1878, sous les n°s 4490 et 4491 ; en Belgique, le 30 novembre 1878, sous les n°s 46.550 et 46.551.

Cinq brevets furent pris aux États-Unis sur les mêmes sujets. Enfin le 19 novembre 1878, en Allemagne, sous le n° 6715, un brevet revendiqua la propriété des matières colorantes obtenues par la réaction du dérivé diazoïque de la nitraniline sur les amines de toutes classes, les corps amidés et phénols simples ou sulfoconjugués (1).

En dehors des matières colorantes azoïques, Roussin avait encore déposé un pli cacheté à la Société industrielle de Mulhouse, le 28 janvier 1878, au sujet d'un jaune qu'il avait obtenu en nitrant jusqu'à refus la diphénylamine. Il avait, en fait, reproduit le jaune Aurantia, déjà préparé en Allemagne, par Kopp, en 1874, et par Gnehm, en 1876; mais il signalait en même temps une matière gris-marron, obtenue par l'action du cyanure de potassium sur le jaune en question.

Les difficultés d'application de la roccelline, à cause de son défaut *d'unisson* sur laine, occasionnèrent de nombreuses recherches. Roussin sulfona de nouveau la roccelline et obtint ainsi un rouge beaucoup plus soluble et de qualité tinctoriale supérieure, mais qui resta sans emploi à cause de son prix trop élevé. D'autre part, il transforma l'acide naphthionique en un acide disulfoné, un peu moins insoluble dans l'eau, qui fut breveté plus tard par Dahl, en 1886, sous la dénomination d'acide III (2). Le diazodérivé de l'acide naphtylamine-disulfonique fut combiné aux naphtols et à leurs dérivés

---

(1) Dans la troisième partie de cette notice, on trouvera le texte des divers plis cachetés déposés par Roussin, ainsi que l'objet des brevets qu'il prit soit avec M. Poirrier, soit avec MM. Poirrier et Rosenstiehl; les détails renfermés dans ces documents ne sauraient tous trouver place ici et leur longue énumération deviendrait fastidieuse.

(2) DRP., 41.957.

sulfonés : le β-naphtol, le monosulfo-β-naphtol et le bi-sulfo-β-naphtol donnèrent ainsi des matières colorantes rouges intéressantes par leur éclat et leur richesse ; mais celles-ci n'eurent pas le succès des ponceaux de xylidine qui furent lancés, à la même époque, dans le commerce par Meister Lucius. Quelques années plus tard, les ponceaux de xylidine virent leur emploi restreint à la fabrication des laques, car ils durent céder leur place, en teinture, aux ponceaux dérivés de l'acide naphthionique, par combinaison de son diazodérivé, soit au monosulfo-β-naphtol de Rumpf, soit au disulfo-β-naphtol G. Ces derniers ponceaux, de teinte carminée et brillante, laissaient loin derrière eux tous les ponceaux connus. Enfin l'acide naphtylamine disulfonique, préparé en réalité, pour la première fois, par Roussin, devint, par de nombreuses applications, une matière première très importante.

Dans la série des jaunes, la substitution à l'acide parasulfanilique de son isomère l'acide méta-sulfanilique donna, avec la diphénylamine, un nouveau produit le jaune M (jaune de métanile), de nuance un peu plus jaune que l'orangé IV et de qualité très appréciée pour la teinture du papier. Le jaune M fut transformé de son côté en dérivé brômé et donna ainsi le jaune G, premier azoïque brômé de la série et premier azoïque sulfoné applicable directement sur coton. La substitution de l'acide paratoluidine-sulfonique à l'acide parasulfanilique devait encore donner avec la diphénylamine un jaune intéressant, le jaune N, remarquable par sa teinte verdâtre et son brillant particulier.

Un peu plus tard, on soumit, de divers côtés, en même temps, l'orangé IV à l'action de l'acide nitrique ; l'usine Poirrier, comme les autres usines, lança dans le commerce le jaune indien et la citronine qui supplantèrent complètement l'orangé IV dans la teinture de la soie, à cause de leur solidité.

L'industrie est encore redevable à Roussin des premiers emplois des amines nitrées dans la préparation des couleurs azoïques. L'usine Poirrier fabriqua pendant quelques mois, en 1878, des ponceaux préparés par combinaison du diazodérivé de la nitro-paratoluidine avec les sulfodérivés, du β naphtol ; mais les produits obtenus n'avaient pas la solidité des ponceaux de xylidine et furent abandonnés. Par contre, le diazodérivé de la paranitraniline, combiné à l'acide naphthionique de Piria, donna le *Substitut d'Orseille*, qui eut un grand succès comme rouge de fond pour remplacer l'Orcéine. Ce produit, breveté par la maison Poirrier, triompha pendant longtemps de tous les succédanés que tentèrent de lui opposer les maisons concurrentes.

En collaboration avec M. Rosenstiehl, Roussin breveta les matières colorantes, peu solubles dans l'eau, provenant de la combinaison des diazodérivés des acides aromatiques carboxylés avec les naphtols et les amines ; deux d'entre elles furent bien accueillies par les imprimeurs sur étoffes, l'orangé MG et le jaune MG, dérivés tous deux de l'acide métamidobenzoïque, associé dans le premier cas au β naphtol, dans le second à la diphénylamine.

Dès le mois d'avril 1880, Roussin prépara des azoïques dérivés de la benzidine ; il était *le premier* à faire emploi de cette nouvelle matière première, peu connue de la plupart des chimistes à cette époque ; il reconnut l'affinité pour le coton des azoïques produits. Sa correspondance particulière avec M. Poirrier en fait foi. Dans une lettre, datée du 8 avril 1880, conservée dans les archives de l'usine Poirrier, il écrivait : « J'ai obtenu un violet dérivé de la benzidine et qui teint le coton sans mordants ; ce violet paraît assez résistant à la lumière et il ne se dissout pas dans l'eau, une fois fixé sur coton. »

Un échantillon teint accompagnait la lettre ; mais la faible coloration violette du coton et la nuance désavantageuse du nouveau produit détournèrent l'attention des azoïques dérivés de la benzidine.

Il y avait alors une telle affluence de matières colorantes nouvelles qu'un choix s'imposait chaque jour ; on ne retenait que les produits dont les qualités paraissaient être indiscutables. Beaucoup de colorants furent abandonnés, dans le principe, qui devaient plus tard être appliqués, grâce à de nouvelles observations, ou grâce à des artifices de teinture, tels que l'intervention de mordants métalliques.

Encore une fois, Roussin avait fait preuve d'une louable initiative ; mais il ne lui avait pas été donné de faire l'observation capitale qui devait assurer le succès du rouge Congo, lancé par Bœttiger en 1884 (1). Bœttiger avait remarqué, en effet, que le Congo (dérivé du tétrazodiphényle et de l'acide naphthionique), devait être appliqué en teinture, en milieu alcalin et en bain de savon, et qu'il fournissait ainsi, sur coton, la nuance du sel de la matière colorante et non la nuance de son acide. Le coton teint dans ces conditions ne présente plus la nuance violette, observée par Roussin, mais une nuance orangée ou rouge-orangé riche et brillante. On reconnut bientôt qu'il en était de même pour tous les azoïques dérivés de

____

(1) DRP. 28.753.

la benzidine et de ses homologues qui prirent le nom
spécial de « colorants substantifs.

Il n'est pas difficile de comprendre que plusieurs découvertes importantes, dans la série des couleurs azoïques, durent être presque simultanées en France et en
Allemagne ; ainsi les matières colorantes, à double fonction azoïque, firent leur apparition à de très courts inter-
valles et sur plusieurs points à la fois. La priorité bien
établie en revient à un Français M. Léo Vignon (pli
cacheté du 22 août 1878).

On vit successivement apparaître le rouge de Biebrich,
les crocéines, le noir naphtol, puis le bleu indigo de
Roussin. Ce bleu, signalé dans le pli cacheté, déposé à la Société industrielle de Rouen, le 16 avril 1886,
était obtenu en préparant d'abord l'azoïque dérivé du
diazo de la paratoluidine sulfoconjuguée combiné à la
naphtylamine, puis, en diazotant le produit ainsi formé
et en le combinant au bisulfo-β-napthol R. Il était le
terme le plus intéressant de toute une série de couleurs
tétrazoïques ou bis-azoïques nouvelles ; mais il eut fort
à souffrir de la concurrence de divers bleus noirâtres ou
de noirs violâtres, de même nature, brevetés en Allemagne.

Il n'est plus possible, à partir de cette époque, de
suivre avec ordre et surtout avec clarté, l'évolution de
l'industrie des matières colorantes azoïques, tant les travaux de toutes sortes se succèdent de toutes parts avec
rapidité ; mais il est permis de dire que la chance joua
désormais le plus grand rôle dans le succès des nouveaux
produits. Quelques mots pourtant doivent être ajoutés
au sujet du pli cacheté déposé par M. Roussin, le 27 mai
1888, à la Société industrielle de Rouen. Il a trait à la

fixation directe des matières colorantes azoïques (solubles ou insolubles) sur le coton, en donnant naissance à la couleur sur la fibre même : le coton, imprégné au préalable d'une solution de β-naphtol sodique, par exemple, est séché, puis plongé dans un bain renfermant un dérivé diazoïque ou tétrazoïque, suivant la couleur à obtenir. Dans ce pli cacheté Roussin signalait, parmi les diazoïques utilisables de cette façon, le dérivé diazoïque de la paranitraniline, qui donne en effet, avec le β-naphtol, un rouge magnifique.

Beaucoup de chimistes avaient déjà tenté de résoudre le même problème, Horace Kœchlin notamment. La littérature des brevets accordés ou refusés à cet égard, en Allemagne, est très confuse, et il est très difficile de déterminer surtout à qui revient la priorité du succès définitif dans le mode d'application. Mais la priorité de l'idée de développer la couleur directement sur les tissus revient assurément à Roussin.

Au paragraphe V du brevet du 30 octobre 1878 (n° 127.221) il est dit textuellement : « En imprégnant un tissu d'une solution aqueuse du dérivé diazoïque de la nitraniline, puis en immergeant ce tissu dans une solution aussi faiblement alcaline que possible de naphtol α ou β, on colore le tissu en rouge. Cette opération peut se répéter de la même manière, sur le même tissu, jusqu'à ce qu'on atteigne le ton convenable.

Le pli cacheté du 27 mai 1888 est fidèle à l'idée dominante du 30 octobre 1878 ; il notifie une nouvelle manipulation inverse de la première, par laquelle le tissu de coton atteint d'emblée l'intensité de couleur désirable ; il n'y a là qu'un perfectionnement dans le mode opératoire, un moyen d'application plus heureux.

Ce qu'il est important de mettre en relief, c'est que

Roussin produisit, *le premier*, les azoïques dérivés des nitramines aromatiques ; qu'il eut, *le premier*, l'idée de les appliquer à la teinture en les développant directement sur la fibre, sur le coton notamment ; que *dès 1878*, il recommandait à cet effet l'emploi du *diazodérivé de la nitraniline et du β-naphtol* ; qu'en 1888, la solution pratique du problème présentait encore le plus vif intérêt, puisque M. Poirrier, dans une lettre du 30 juin 1888, lui écrivait ceci : « un certain nombre de teinturiers à qui nous avons soumis vos échantillons, obtenus par le développement de la coloration sur le tissu, s'y intéressent à cause de la solidité au savonnage ; quelques-uns voudraient faire des essais au plus tôt. Je viens donc vous prier de vouloir bien faire breveter votre procédé et nous autoriser à l'offrir. » (1)

Les considérations probantes qui précèdent permettent d'affirmer que Roussin est le *véritable inventeur du rouge de nitraniline*, dont l'emploi est aujourd'hui considérable, — à tel point, que la paranitraniline destinée à sa production est vendue par milliers de kilogrammes.

On voit, par l'énumération des travaux de Roussin, qu'il n'a pas seulement apporté à l'industrie chimique une merveilleuse invention ; il en a encore assuré le développement par ses recherches ultérieures et leurs brillants résultats. Il est un de ceux qui ont le plus contribué à la production industrielle d'un grand nombre de matières premières, parmi lesquelles il convient de citer : la naphtylamine, l'α et le β-naphtol, l'acide naphthionique, l'acide α-naphtylamine disulfonique, les nitramines aromatiques : nitranilines, nitrotoluidines, nitroxylidines,

_____

(1) Brevet français n° 191808, à la date du 13 Juillet 1888.

les acides sulfaniliques, sulfotoluidiques, sulfoxylidiques.

Les premiers azoïques, obtenus par Roussin, sont toujours parmi les plus estimés et leur prix peü élevé (2 fr. le kg. environ) leur assure encore une longue carrière; ils ont représenté, pour la durée des traités entre MM. Roussin et Poirrier, un chiffre d'affaires global de 20 millions de francs.

Parvenu à réaliser l'idée qui le hantait depuis 20 ans, « l'utilisation de la naphtaline », Roussin réussit à doter l'industrie chimique de la découverte la plus féconde que l'on puisse signaler dans l'histoire des matières colorantes; il fut l'instigateur des prodigieux travaux de chimie organique qui illustrèrent la fin du xixe siècle.

L'histoire et la science honoreront la mémoire de Z. Roussin dont la France a le droit d'être fière.

On a pu juger le savant inventeur, à l'analyse de ses travaux; on sait que sa vaste érudition lui permit d'entreprendre avec un égal succès les recherches les plus variées : en chimie inorganique, en chimie organique, en analyse chimique, en chimie industrielle. Il est intéressant de connaître à quelles qualités personnelles il dut de triompher partout où il appliqua ses efforts.

La chimie fut toujours, pour Roussin, la science favorite : il y consacrait même ses loisirs ; on a vu, avec quelle méthode et quelle persévérance, il suivait l'idée directrice de ses travaux. Il savait se contenter des moyens d'action les plus réduits, d'un laboratoire improvisé souvent dans son propre domicile. Rien ne pouvait l'arrêter dans ses investigations ; il ne se préoccupait même pas du danger de certaines préparations ; des produits éminemment explosibles, des poisons foudroyants, restaient à la portée de sa main, sans qu'il s'en

émût le moins du monde ; l'horreur des expertises légales
les plus répugnantes ne parvenait même pas à le troubler, ni à le détourner de son sujet.

Roussin était, en outre, un manipulateur d'une rare
habileté ; il réussissait à obtenir, dans les conditions les
plus défavorables, les corps à un état de pureté parfaite ;
il savait improviser à propos les procédés nécessaires
pour y parvenir ; enfin il n'allait vers l'inconnu qu'en
partant de produits chimiquement purs.

Tous ceux qui ont eu l'honneur de collaborer aux travaux de Roussin peuvent témoigner de son irrépro-
chable conscience scientifique, de la rigoureuse exactitude
dont il s'efforçait d'entourer ses moindres communica-
tions. Je terminerai en rappelant avec quelle affabilité
il accueillait les jeunes chimistes, avec quelle indulgence
il jugeait leurs efforts ; combien il se plaisait à stimuler
par ses encouragements ses collaborateurs, si modestes
qu'ils fussent. On sait enfin qu'il n'imposa jamais l'autorité de son savoir qu'avec la plus parfaite bonne grâce.

Je viens de rendre, dans cette notice, l'hommage légitimement dû au savant, j'ajouterai que j'ai gardé le plus
respectueux et le plus affectueux souvenir de l'homme
de cœur qui voulut bien m'honorer de son amitié et de
son appui.

III

PLIS CACHETÉS ET BREVETS

I. — PLIS CACHETÉS DÉPOSÉS
A L'ACADÉMIE DES SCIENCES, PAR Z. ROUSSIN

1er PLI. — Nᵒ 2916, accepté le 7 juin 1875,
ouvert le 4 février 1907.

Académie des Sciences. — Archives.

Paris, 6 juin 1875.

Procédé pour obtenir une nouvelle matière colorante rouge dérivée de la napthylamine ou de l'acide napthionique, par M. Z. Roussin (1).

On chauffe, durant quelques minutes, entre 140° et 150°, une partie de napthylamine et quatre parties d'acide sulfurique à 66°. Ce liquide est versé dans une grande masse d'eau et le précipité qui se forme est lavé pour lui enlever l'excès d'acide sulfurique.

Ce précipité est redissous dans une quantité suffisante de solution de potasse ou de soude caustiques et dans la liqueur saline qui en résulte (napthionate alcalin), on mélange d'abord une proportion convenable d'azotite

---

(1) M. Roussin, qui prononçait très correctement les mots *napthylamine, naphtol* et *naphthionique*, comme si un *f* occupait la place de *ph*, avait la singulière habitude d'écrire ces mots en supprimant l'*h*, après la lettre *p*. Pour rester fidèles à une exactitude rigoureuse, dans la transcription des plis cachetés déposés à l'Institut, nous croyons devoir respecter cette façon d'écrire, en contradiction avec l'orthographe phonétique.

Le chimiste Roussin.

de potasse, puis on verse brusquement sur ce mélange, en agitant vivement, de l'eau acidulée par de l'acide sulfurique. Il se précipite ainsi immédiatement une poudre ténue, jaune paille, assez pesante que l'on recueille lorsqu'elle est bien lavée.

Cette matière azodérivée, étant sèche, se décompose brusquement par la chaleur lorsqu'on y touche avec un corps en ignition. Elle est insoluble dans l'eau, l'alcool et les liqueurs acides. Si on la délaie dans l'eau et qu'on porte la liqueur à l'ébullition, il se dégage de l'azote et le liquide devient limpide, en se colorant peu à peu en rouge vif, on accélère cette transformation en ajoutant successivement au liquide bouillant quelques gouttes de soude ou de potasse caustiques. Lorsque la réaction est terminée et que le liquide, devenu complètement limpide, est refroidi, on y verse un grand excès d'acide chlorhydrique qui détermine la précipitation d'un corps rouge floconneux que l'on recueille et qu'on lave avec de l'eau acidulée par de l'acide chlorhydrique.

Cette matière colorante est soluble dans l'eau et dans l'alcool; elle précipite les sels terreux et métalliques, elle teint directement en rouge la laine et la soie, sans addition d'aucun mordant et au milieu d'un bain acide.

Signé : Z. ROUSSIN.

Copie certifiée conforme,

Le chef du secrétariat,

R. REGNIER.

Paris, le 4 mai 1907.

2ᵉ PLI. — Nᵒ 2919, accepté le 28 juin 1875,
ouvert le 4 février 1907.

Académie des Sciences. — Archives.

Paris, 27 juin 1875.

**Nouvelle matière colorante dérivée de la napthylamine
ou de l'acide napthionique.**

On chauffe durant quelques minutes, entre 140° et 150, une partie de napthylamine et quatre parties d'acide sulfurique très concentré. Le liquide est versé dans une grande masse d'eau et le précipité qui se forme est lavé, puis redissous tout humide dans une quantité suffisante de potasse ou de soude caustiques.

Cette liqueur est divisée en deux parties. Dans la première, on ajoute une quantité convenable d'azotite de potasse et on la verse brusquement dans de l'eau acidulée par de l'acide sulfurique. Le dépôt blanc jaunâtre qui se forme, suffisamment lavé, est délayé dans la seconde partie de la solution de napthionate alcalin.

On porte ce mélange à l'ébullition, en ajoutant peu à peu au liquide une quantité convenable de potasse ou de soude caustiques, de manière à obtenir une solution limpide.

Le liquide se colore en rouge orangé très foncé et peut se dessécher complètement au bain-marie.

On peut purifier ce produit brut par l'acide acétique cristallisable qui laisse indissoutes plusieurs matières fauves.

Cette matière colorante est fort soluble dans l'eau et, légèrement acidulée, teint en rouge orangé la laine et la soie.

Signé: Z. Roussin

Pharmacien en chef de l'hôpital militaire
du Gros-Caillou.

Copie certifiée conforme,

Le chef du secrétariat,

R. Regnier.

Paris, le 4 mai 1907.

3ᵉ PLI. — Nᵒ 2933, accepté le 26 juillet 1875,
ouvert le 4 février 1907.

Académie des Sciences. Archives.

Nouvelle matière colorante dérivée de la napthylamine.

Cette nouvelle note a pour but d'indiquer un notable progrès dans le mode de production et de purification de la matière colorante signalée dans le pli cacheté déposé à l'Académie, le 28 juin 1875.

La napthylamine, chauffée entre 140° et 150° avec de l'acide sulfurique concentré, est versée dans l'eau froide. Le précipité, recueilli et lavé, est mis en contact avec un azotite soluble et la bouillie est chauffée jusqu'à complète transformation. Dans le liquide très coloré qui en résulte, on verse un grand excès d'eau fortement acidulée par l'acide sulfurique et on fait bouillir un instant. On filtre lorsque la température est revenue à 50° et on lave le précipité avec l'eau acidulée. Lorsque les liqueurs filtrées n'ont plus qu'une teinte violette très claire, on dessèche le précipité, soit sur une aire plâtrée, soit à la turbine, on délaye la masse et on sature par un petit excès de carbonate de baryte. Le liquide porté à l'ébullition et filtré laisse déposer des cristaux du sel barytique que l'on transforme, si on le juge convenable, ensuite en sel de soude, lequel cristallise en aiguilles rouges orangées, très solubles dans l'eau et l'alcool.

Ce sel teint en rouge-ponceau, de diverses nuances, la laine, la soie et le coton.

L'acide de ce sel se produit dans des conditions qui permettent dès aujourd'hui de le regarder comme le dérivé de l'acide napthionique, correspondant à la nitrosonapthaline.

Paris, le 24 juillet 1875.

Signé : Z. ROUSSIN

Pharmacien en chef
de l'Hôpital militaire du Gros-Caillou.

Copie certifiée conforme.

Le chef du secrétariat,

R. REGNIER.

Paris, le 4 mai 1907.

4ᵉ **PLI**. — Nᵒ 2964, accepté le 15 novembre 1875, ouvert le 4 février 1907.

Académie des sciences. — Archives.

Pli cacheté déposé à l'Institut le 15 novembre 1875.

L'azo dérivé de la napthylamine, décrit dans les plis cachetés précédents, obtenu par l'action d'un azotite

sur le napthionate de soude (j'obtiens l'acide napthionique en versant dans une grande masse d'eau le produit
de la réaction à + 145 de 1 partie de napthylamine sur
4 parties d'acide sulfurique à 66°) fournit un grand
nombre de matières colorantes par son action sur diverses substances :

1° Une matière colorante jaune cristallisée que l'on
obtient en faisant réagir, même à froid, l'azo dérivé de
la napthylamine sur l'acide phénique additionné d'un
alcali ;

2° Une matière colorante rouge, dont les sels sont
miroitants, que l'on obtient par la réaction de l'azodérivé de la napthylamine sur la napthylamine ou les sels
de cette base ;

3° Une matière colorante orangée par la réaction même
à froid de l'azodérivé de la napthylamine sur l'aniline.
La même action se passe avec les deux toluidines α et β.
Dans ces réactions il se produit une matière colorante
rouge, différente de toutes celles que j'ai déjà découvertes et que l'on peut isoler de la matière orangée par
divers procédés et notamment par l'action du sel marin ;

4° Enfin par l'action ménagée de l'acide azotique
étendu sur l'azodérivé de la napthylamine on peut obtenir directement le binitronapthol ou jaune de Martius.

J'ai obtenu toutes ces matières pures et cristallisées.
Toutes teignent directement la laine et la soie.

Paris, le 12 novembre 1875.

Le pharmacien principal,

Signé : Z. ROUSSIN,

118, rue Saint-Dominique-Saint-Germain.

Copie certifiée conforme.

Le chef du secrétariat,

R. REGNIER.

Paris, le 4 mai 1907.

5e **PLI**. — Nº 2990, accepté le 27 mars 1876,
ouvert le 4 février 1907.

Académie des sciences. — Archives.

Paris, le 22 mars 1876.

Note déposée à l'Académie des sciences le 22 mars 1876 et relative à la production d'un grand nombre de matières colorantes artificielles.

Dans les plis cachetés que j'ai déposés à l'Institut :
1º le 6 juin 1875 ; 2º le 28 juin 1875 ; 3º en juillet 1875 ;
4º le 15 novembre 1875, j'ai indiqué une source aussi
nouvelle qu'abondante de matières colorantes artificielles.
La matière première et la base de ces couleurs est un
azodérivé de l'acide napthionique.

Cet azodérivé s'obtient de la manière suivante : on
chauffe à $+$ 140 un mélange de 1 partie de napthylamine et de 4 à 6 parties d'acide sulfurique à 66º. Le
produit de la réaction est versé dans l'eau, l'acide napthionique produit se dépose, et après lavages convenables, est transformé en napthionate alcalin. Pour produire l'azo dérivé on verse, en agitant vivement, une
solution de napthionate alcalin, additionnée d'azotite de
potasse dans un liquide acidulé par l'acide sulfurique.
L'azodérivé se dépose aussitôt sous la forme d'une poudre
cristalline, d'un jaune paille, insoluble dans l'eau, l'éther,
l'alcool, etc.

1º Cet azodérivé dégage de l'azote par son ébullition
dans l'eau et produit une matière colorante rouge, précipitable par un excès d'acide chlorhydrique et cristallise dans l'acide acétique monohydraté.

2º L'azodérivé mélangé à une solution alcaline de napthionate se dissout sans dégagement de gaz et donne un
liquide extrêmement coloré, précipitable par l'eau salée
acidulée qui isole un acide, dont tous les sels sont cris-
tallisables.

3º L'azodérivé, par sa réaction sur la napthylamine
ou sur les sels de cette base, produit une matière colorante rouge dont les sels possèdent une cristallisation
miroitante et sont peu solubles dans l'eau froide.

4° En remplaçant la napthylamine ou ses sels par la toluidine (ortho ou para) ou ses sels, on produit de nouvelles matières colorantes rouges, distinctes des précédentes.

5° En faisant réagir à chaud l'acide azotique sur une bouillie aqueuse d'azodérivé, il se dégage de l'azote et on produit directement le binitronapthol, ou jaune d'or de Martius.

6° L'azodérivé a une action spéciale et spécifique sur tous les phénols en solution alcaline. La réaction a lieu à froid et sans dégagement de gaz. Les liqueurs sont limpides mais fortement colorées. Les matières colorantes jaunes et rouges, produites ainsi, sont purifiées soit par l'action du sel marin et des acides soit par leur transformation en sels qui cristallisent aisément. Avec l'acide phénique on obtient une matière colorante jaune, légèrement orangée. Avec l'orcine on obtient une matière colorante rouge, et avec la résorcine une matière colorante orangée. Tous les phénols connus réagissent sur l'azodérivé et produisent des matières colorantes. Le napthol lui-même est dans ce cas, et même l'acide salicylique qui donne un corps cristallisé jaune.

La préparation de toutes ces matières a lieu à froid et se fait avec une facilité remarquable. La purification est extrêmement simple.

Je viens de découvrir qu'en traitant l'acide sulfanilique comme je traite l'acide napthionique pour obtenir l'azodérivé ci-dessus, on produit un azodérivé anilique qui présente des propriétés analogues. Cet azodérivé anilique est beaucoup plus soluble que l'azodérivé de l'acide napthionique et ne se dépose qu'au bout de quelque temps. C'est un corps blanc, bien cristallisé et explosionnant, lorsqu'il est sec, par le contact d'un corps en ignition. Comme l'azodérivé de l'acide napthionique, il se décompose au sein de l'eau vers + 100 en dégageant de l'azote ; si l'on acidule l'eau par l'acide azotique le liquide se colore à l'ébullition et produit un corps cristallisé, jaune orangé, correspondant au binitronaphtol.

L'azodérivé de l'acide sulfanilique produit soit avec la napthylamine et ses sels, soit avec l'aniline, les deux toluidines et leurs sels, soit avec les napthionates ou les sulfanilates alcalins, des matières colorantes rouges, orangées ou jaunes analogues à celles que l'on obtient avec l'azodérivé de l'acide napthionique. Il en est de même des divers phénols : l'azodérivé de l'acide sulfanilique donne avec l'acide phénique une matière colorante jaune cristallisée, avec l'orcine et la résorcine des matières colorantes rouges et orangées cristallisées. Tous les napthols réagissent de même.

Toutes les matières colorantes ci-dessus, tant celles qui dérivent de l'acide napthionique, que celles qui dérivent de l'acide sulfanilique teignent la soie, la laine et quelquefois le coton dans des bains acides. D'autres au contraire et notamment toutes celles qui résultent de la réaction des azodérivés napthionique et sulfanilique sur les phénols, résistent bien à l'action des rayons lumineux.

J'ai obtenu à l'état de pureté et bien cristallisés, tous les produits précédents. Les sels calciques et barytiques se prêtent très bien aux purifications par cristallisation. Je ne crois pas utile d'entrer dans des détails plus circonstanciés touchant la préparation de tous ces produits. Ils prennent presque tous naissance, soit à froid, soit par une faible élévation de température et par le simple mélange des corps réagissants.

Le présent pli cacheté a pour but de me garantir la priorité de toutes ces découvertes, la possibilité d'en continuer l'étude et le droit d'en doter exclusivement l'industrie française.

Paris, le 22 mars 1876.

Signé : Z. ROUSSIN
Pharmacien militaire,
188, rue Saint-Dominique-Saint-Germain.

Copie certifiée conforme.

Le chef du secrétariat,

R. REGNIER

Paris, le 4 mai 1907.

Dans le cahier de notes de laboratoire de Roussin, se trouve, à la suite de la transcription littérale des plis cachetés qui précèdent, à la date du 12 avril 1876, le tableau suivant :

Récapitulation faite des matières colorantes décou-
vertes par moi à cette date (12 avril 1876) et communiquée
à M. Poirrier par les signes seulement:

1° Rouge A, Rouge direct provenant de l'ébullition de l'azodérivé naphthionique ;

2° Rouge Amélie, provenant de l'action de l'azodérivé naphthionique sur l'acide naphthionique ou sur naphthionate;

3° Rouge θ, provenant de l'action de l'azodérivé un naphthionique sur un sel d'aniline ;

4° Rouge O, provenant de l'action de l'azodérivé naphthionique sur la naphtylamine ou ses sels ;

5° Orangé R, provenant de l'action de l'azodérivé naphthionique sur l'aniline ou les deux toluidines ;

6° Orangé S, provenant de l'action de l'azodérivé naphthionique sur l'acide sulfanilique ou un sulfanilate alcalin ;

7° Jaune phénique n° 1, provenant de l'action de l'azodérivé naphthionique sur l'acide phénique et les phénates ;

8° Jaune phénique n° 2, provenant de l'action de l'azodérivé sulfanilique sur l'acide phénique et les phénates ;

9° Jaune d'or, nouveau procédé pour l'obtenir ;

10° Rouge Orphée, provenant de l'action de l'azodérivé naphthionique sur l'orcine ;

11° Orangé X, provenant de l'action de l'azodérivé naphthionique sur la résorcine ;

12° Rouge N, provenant de l'action de l'azodérivé naphthionique sur le naphtol ;

13° Orangé V, provenant de l'action de l'azodérivé sulfanilique sur l'orcine ;

14° Jaune ψ, provenant de l'action de l'azodérivé sulfanilique sur la résorcine ;

15° Orangé Y α et β, provenant de l'action de l'azodérivé sulfanilique sur les naphtols α et β ;

16° Orangé ω, provenant de l'action de l'azodérivé sulfanilique sur l'acide naphthionique et les naphthionates ;

17° Rouge orangé T, azodérivé sulfanilique sur les sels de naphthylamine ;

18° Orangés K, azodérivé sulfanilique sur les sels d'aniline, les deux toluidines et sur l'acide sulfanilique.

II. — PLIS CACHETÉS DÉPOSÉS
PAR Z. ROUSSIN
A DIVERSES SOCIÉTÉS SAVANTES

SOCIÉTÉ INDUSTRIELLE DE ROUEN

PLI n° 13, à la date du 14 mai 1876.
Ouvert en 1887 et publié dans le *Bulletin* de 1887.

Nouvelle matière colorante rouge-orangé.

Je dépose le présent pli cacheté afin de bien établir ma découverte et mes droits d'antériorité.

La nouvelle matière colorante résulte de la réaction du naphtol sur le dérivé azoïque de l'acide sulfanilique. Elle s'obtient de la manière suivante : une solution aqueuse de sulfanilate alcalin, mélangée avec un petit excès d'un azotite soluble, est décomposée à froid par un acide étendu. Il se fait un dépôt cristallin, grenu, blanc ou très légèrement jaunâtre ; c'est le dérivé azoïque. Il se décompose au sein de l'eau bouillante et explosionne assez fortement lorsqu'il est sec et touché par un corps en ignition.

Ce dérivé azoïque, délayé dans l'eau et traité à froid par du naphtol divisé, produit, après quelques heures et une agitation convenable, la matière orangée qui fait l'objet de cette note. La réaction se produit à froid et sans dégagement gazeux. Lorsqu'elle est achevée, si l'on porte la matière à l'ébullition dans quantité suffisante d'eau, on obtient par refroidissement une grande abondance de cristaux mordorés qui se lavent à l'eau froide avec facilité.

Cette matière colorante teint la laine et la soie en rouge-orangé sans addition de mordant et sur bain acide.

Cette couleur résiste bien à l'action de la lumière.

SOCIÉTÉ INDUSTRIELLE DE MULHOUSE

PLI n⁰ 229, à la date du 5 juin 1876.
Ouvert en séance le 30 octobre 1889.

Nouvelles matières colorantes rouge-orangé.

Je dépose le présent pli cacheté afin de bien établir ma découverte et mes droits d'antériorité.

Les deux nouvelles matières colorantes résultent de la réaction des naphtols α et β sur le dérivé azoïque de l'acide sulfanilique.

Le dérivé azoïque s'obtient en décomposant par un acide étendu une solution mixte renfermant un sulfanilate soluble et un azotite soluble. Ce corps est blanc-jaunâtre ; il se décompose au sein de l'eau bouillante ; sec, il explosionne par l'approche d'un corps en ignition.

Ce dérivé azoïque, délayé dans l'eau froide et additionné de naphtol α divisé se transforme au bout de quelques heures et même à froid en une matière colorante que l'addition d'un acide énergique précipite à chaud, sous forme de cristaux verts mordorés.

Avec le naphtol β, le dérivé azoïque ci-dessus réagit mieux par une élévation de température ménagée entre 50⁰ et 80⁰ centésimaux. Quand tout est dissous, on sature par la soude ou le carbonate de soude et on laisse cristalliser. Tout se prend en une bouillie cristalline jaune qu'il suffit de comprimer et de sécher.

Les deux matières colorantes teignent la laine et la soie en rouge-orangé, sans addition de mordant et sur bain acide.

Ces couleurs résistent bien à l'action de la lumière.

SOCIÉTÉ INDUSTRIELLE DE MULHOUSE

PLI n⁰ 230, à la date du 5 juin 1876.
Ouvert en séance le 30 octobre 1889.

Nouvelles matières colorantes rouge-orangé

Je dépose le présent pli cacheté afin de bien établir ma découverte et mes droits d'antériorité.

La nouvelle matière colorante résulte de la réaction

de la résorcine sur le dérivé azoïque de l'acide sulfanilique.

Le dérivé azoïque s'obtient en décomposant, par un acide étendu, une solution mixte renfermant un sulfanilate soluble et un azotite soluble. Ce corps est blanc-jaunâtre ; il se décompose au sein de l'eau bouillante ; sec, il explosionne par l'approche d'un corps en ignition.

Ce dérivé azoïque, mis en contact avec une solution concentrée de résorcine, se transforme au bout de quelques heures, même à froid, en une bouillie cristalline qu'on lave à l'eau faiblement acidulée. Pour l'obtenir cristallisée, on la redissout dans l'eau bouillante et on y ajoute un petit excès d'acide sulfurique.

Cette matière colorante teint la laine et la soie en jaune très intense, sans addition de mordant et sur bain acide.

SOCIÉTÉ INDUSTRIELLE DE ROUEN

PLI nº 27, à la date du 13 juillet 1877.
Ouvert en 1887 et publié dans le *Bulletin* de 1887.

Dans sa séance du 2 juin 1876 la Société a bien voulu recevoir le pli cacheté que je lui avais adressé et qui avait pour objet l'obtention d'une nouvelle matière colorante, résultant de la réaction du dérivé azoïque de l'acide sulfanilique sur le naphtol.

Il m'est permis aujourd'hui d'étendre considérablement la nomenclature des matières colorantes obtenues à l'aide du dérivé azoïque ci-dessus. Je me bornerai à signaler les suivantes :

Réaction directe par simple mélange du dérivé azoïque de l'acide sulfanilique :

1º Sur tous les phénols connus jusqu'à ce jour et notamment sur les deux naphtols et la résorcine ;

2º Sur toutes les monamines primaires : aniline, toluidine, etc. ;

3º Sur toutes les monamines secondaires et notamment la diphénylamine ;

4º Sur les alcalamides ;

5º Sur les diamines aromatiques : la phénylènediamine et ses isomères.

J'ai obtenu de la sorte une multitude de produits parfaitement définis, bien cristallisés, dont les nuances varient du jaune à l'orangé et au rouge.

Ces matières colorantes résistent parfaitement à la lumière et se prêtent fort bien à la teinture de la laine et de la soie.

SOCIÉTÉ INDUSTRIELLE DE MULHOUSE

PLI n° 259, à la date du 28 janvier 1878.
Ouvert en séance le 30 octobre 1889.

Matières colorantes dérivées de la diphénylamine.

MATIÈRE COLORANTE JAUNE. — J'obtiens cette matière en épuisant à chaud sur la diphénylamine l'action de l'acide azotique monohydraté. Lorsqu'il ne se dégage plus de vapeurs rouges, on arrête l'opération. La diphénylamine est transformée en un acide nitré cristallisé, très pesant, de couleur jaune, dont une grande partie est souvent précipitée à l'état grenu et l'autre reste en solution dans la liqueur acide. On additionne cette liqueur d'un excès d'eau, qui précipite le dérivé nitré, et on le lave par décantation. Ce composé est presque insoluble à froid dans l'eau, mais s'y dissout assez notablement lorsqu'elle est chaude. Il s'enflamme avec une légère explosion et brûle avec production d'une grande quantité de fumée noire.

Ce dérivé diffère complètement de tous les dérivés nitrés connus de la diphénylamine. Il ne se colore en bleu ni par l'addition de l'acide chlorhydrique, ni par celle de l'acide sulfurique. Il se dissout dans les alcalis. Avec l'ammoniaque notamment il donne un sel magnifiquement cristallisé.

Cette matière colorante teint la laine et la soie en jaune. La laine teinte ne dégorge rien à l'eau froide.

MATIÈRE GRIS-MARRON. — Par l'action du cyanure de potassium sur le dérivé nitré précédent on obtient une nouvelle matière colorante qui teint en gris-marron la laine, la soie et même le coton non mordancé.

SOCIÉTÉ INDUSTRIELLE DE ROUEN

PLI n° 136, à la date du 15 avril 1886.
Retiré le 17 janvier 1897.

Le dépôt de ce pli cacheté a pour but de m'assurer la propriété de nouvelles matières colorantes artificielles obtenues par la méthode générale dont l'exemple suivant peut servir de type.

Si l'on mélange ensemble et à froid le diazo de la paratoluidine sulfoconjuguée avec une solution d'un sel de naphtylamine α ou β, il se produit un précipité immédiat, lequel, lavé et essoré, se redissout entièrement dans une solution alcaline. Cette nouvelle combinaison, traitée par le nitrite de soude et un acide, donne un diazo qu'une solution de bisulfo-β-naphtol transforme, par simple mélange, en une matière colorante bleu-violacé, facile à purifier par simple lévigation ou précipitation par le sel marin.

Cette matière colorante teint la laine, la soie et le coton.

Le diazo de la paratoluidine sulfoconjuguée peut, dans cette réaction, être remplacé soit par le diazo de l'orthotoluidine sulfoconjuguée, soit par le diazo de l'acide sulfanilique, soit par celui de la xylidine sulfoconjuguée, sans modifier beaucoup la nuance de la matière colorante produite.

Si, dans la réaction précédente, on substitue au sel de naphtylamine un sel de xylidine, la matière colorante obtenue prend une nuance rouge et cesse d'être bleue.

Si l'on précipite tel diazo d'amine sulfoconjuguée que l'on voudra, par un sel de naphtylamine ou par un sel de xylidine, on peut, après avoir diazoté la combinaison produite, traiter ce dernier diazo par un phénol, soit libre, soit sulfoconjugué. On obtient, dans tous les cas, une matière colorante d'une très grande intensité, dont la solubilité varie suivant la solubilité du phénol lui-même et dont les nuances vont du bleu au jaune, en passant par le violet et le rouge.

On comprendra qu'il soit impossible d'énumérer ici tous les produits que j'ai préparés et ceux que la théorie indique. Je me bornerai donc à signaler ceux qui suivent:

1° Diazos d'aniline, de paratoluidine, d'ortholuidine, de xylidine sulfoconjuguées, réagissant sur les sels de naphtylamine α et β, donnent une combinaison laquelle, après avoir été diazotée, fournit avec les bisulfo-β-naphtols des matières colorantes bleues-violettes très riches.

2° En substituant dans les réactions précédentes les monosulfo-β-naphtols aux bisulfo-β-naphtols on obtient des matières colorantes rouges ou rouge-violacé.

Dans la genèse de ces matières colorantes l'introduction de la molécule sulfurique peut se faire à d'autres moments que ceux indiqués ci-dessus.

En résumé ce que je renvendique comme ma propriété c'est :

1° La découverte de matières colorantes bleues-violettes obtenues en faisant réagir les diazos de l'aniline, toluidine ortho et para et xylidines sulfoconjuguées sur les sels de naphtylamine α et β, diazotant les produits ainsi obtenus et finalement en combinant ce dernier diazo avec les bisulfonaphtols;

2° La découverte de matières colorantes rouges et violacées obtenues en substituant dans la réaction précédente les sels de xylidine aux sels de naphtylamine.

3° Enfin la découverte de matières colorantes rouges et violacées en substituant, dans les deux réactions qui précèdent, aux bisulfonaphtols, les divers phénols sulfoconjugués ou non et notamment les monosulfo-β-naphtols (1).

SOCIÉTÉ INDUSTRIELLE DE ROUEN

PLI n° 141, à la date du 16 juin 1886.
Retiré le 7 janvier 1897.

Le dépôt de ce pli cacheté a pour but d'assurer la propriété des nouvelles matières colorantes obtenues ainsi qu'il suit :

(1) Copie adressée, le 14 avril 1886, à M. Poirrier qui doit en faire le dépôt chez un notaire allemand.

Si, dans une bouillie de diazo de l'acide naphthionique, on verse un petit excès d'aniline et qu'on agite durant environ 4 heures, il se produit une combinaison qu'on lave à l'eau acidulée, puis à l'eau pure.

Ce produit, redissous dans un alcali, est diazoté par les méthodes ordinaires. Le diazo mixte formé fournit avec les divers phénols connus, sulfoconjugués ou non, des matières colorantes qui varient du jaune au rouge et au grenat, suivant la nature du phénol employé. Toutes ces matières colorantes sont d'une grande intensité et résistent pour la plupart au savonnage.

Il va sans dire que l'aniline peut être préalablement dissoute dans un acide, avant d'être mise en contact avec le diazo de l'acide naphthionique.

Je me réserve, dans le même but, les diazos des acides naphthioniques isomères, le diazo de la naphtylamine α disulfonique, le diazo de la naphtylamine β-monosulfonique et le diazo de la naphtylamine β-disulfonique.

De même l'aniline peut, dans ces réactions, être remplacée par l'une de ses homologues ou les dérivés substitués.

SOCIÉTÉ INDUSTRIELLE DE ROUEN

PLI n° 194, à la date du 27 mai 1888.
Ouvert en 1899 et publié dans le *Bulletin* de 1899.

Beaucoup de matières colorantes artificielles sont insolubles et ne peuvent servir à colorer les tissus, le coton entre autres.

La découverte suivante permettra de faire un grand pas dans une voie nouvelle.

Dans une solution alcaline de naphtol α ou β, froide ou chaude, on laisse digérer durant quelque temps un tissu ou un écheveau de coton, et, après bonne expression, on laisse sécher à l'air libre. On pourrait supposer qu'en lavant ensuite ces fibres à l'eau froide et renouvelant plusieurs fois ces lavages, il ne restera aucune portion de naphtol adhérente au tissu. Or, j'ai remarqué qu'il n'en est pas ainsi. Les fibres ainsi lavées jusqu'à cessation de toute réaction alcaline, puis séchées ensuite, sont parfaitement aptes à se colorer, si on les plonge dans un composé diazoïque ou tétrazoïque d'une amine de la série aromatique.

Or, si l'on fait usage d'un diazo non sulfoné, la matière colorante, qui prend ainsi naissance sur le tissu même, est insoluble dans l'eau, adhérente à la fibre et ne vire ni aux acides, ni aux alcalis.

J'ai obtenu de la sorte une foule de matières colorantes variant du jaune à l'orangé, au violet et au rouge. Les intensités de tons sont proportionnelles :

1° A la quantité de naphtol retenue par la fibre ; — 2° à la durée de l'immersion des fibres imprégnées de naphtol dans le diazo mis en usage.

Tous les phénols peuvent être employés. Pour ceux qui sont solubles dans l'eau, on lavera peu ou pas les fibres, après leur passage en liquide alcalin et leur dessiccation.

J'ai observé que les tissus, imprégnés de phénols, se colorent d'une manière bien plus nette et plus régulière, si le diazo, dans lequel on les plonge, conserve le moins d'acidité possible. Aussi, dans beaucoup de cas, est-il préférable d'ajouter au diazo acide, que l'on vient de produire, un petit excès de craie et de filtrer après saturation.

Les vapeurs de phénol peuvent également se fixer sur les fibres végétales ou animales.

Inutile de dire que la réaction des tissus imprégnés de phénols sur les diazos se fait toujours à froid. Elle est terminée dans un temps relativement court, variant, suivant la concentration, de quelques minutes à 1 à 2 heures.

Les principaux diazos que j'ai expérimentés sont :

1° Le diazobenzol ;

2° Le diazo de la paratoluidine et de l'ortho-toluidine ;

3° Le diazo de la métaxylidine et isomères ;

4° Le diazo de la pseudocumidine ;

5° Le diazo de l'amidoazobenzol ;

6° Les diazos des deux naphtylamines α et β;

7° Les diazos des nitranilines, des nitrotoluidines, des nitroxylidines ;

8° Les tétrazos de la benzidine et de la tolidine.

Parmi les phénols, les naphtols α et β, surtout le dernier, donnent les meilleurs résultats.

Le chimiste Roussin.

7

III. — BREVETS FRANÇAIS CONSÉCUTIFS AUX TRAVAUX DE Z. ROUSSIN, SEUL OU EN COLLABORATION, ET PRIS AUX NOMS DE MM. ROUSSIN, POIRRIER ET ROSENSTIEHL, OU AU NOM DE LA SOCIÉTÉ ANONYME DES MATIÈRES COLORANTES ET PRODUITS CHIMIQUES DE SAINT-DENIS.

Brevet n⁰ 127.220 du 30 octobre 1878.

A MM. Roussin et Poirrier pour de nouvelles matières colorantes produites par la réaction des dérivés diazoïques des toluidines et des xylidines sulfoconjuguées sur les amines de toute classe, éthylées et méthylées, sur les phénols et sur les corps amidés.

La préparation des dérivés diazoïques s'exécute de la manière suivante :

Les toluidines (ortho et para) sont toutes transformées d'abord en acide sulfoconjugué, à une température de 180° centigrades, au moyen d'acide sulfurique concentré ou fumant.

La réaction est achevée lorsque quelques gouttes du liquide versées dans l'eau alcaline ne donnent plus lieu à un précipité de toluidine. L'acide sulfoconjugué ainsi obtenu est précipité par l'addition d'eau froide, et la masse cristalline est, après essorage, transformée en sel sodique.

Ce sel sodique, en dissolution aqueuse est mélangé ensuite avec une solution aqueuse de nitrite de soude. Ces deux sels sont pris à équivalents égaux.

Dans ce mélange, on verse, en agitant vivement, une solution au cinquième d'acide sulfurique concentré jusqu'au moment où toute la soude des deux sels est transformée en sulfate sodique. Le dérivé diazoïque ainsi formé reste en solution si la liqueur est peu concentrée ; dans le cas contraire, il se précipite partiellement.

Préparation des matières colorantes

1° Réaction des dérivés diazoiques ci-dessus sur le naphtol alpha. — On fait réagir à froid, au sein de l'eau, les deux matières précédentes, et l'on agite vivement durant au moins 24 heures.

Au bout de ce temps, la matière colorante est produite. On jette la bouillie sur une toile, on égoutte, on lave à l'eau froide et l'on comprime. La masse compacte qui en résulte est mise à dessécher et réduite en poudre.

On peut également la transformer en combinaison sodique plus soluble.

Cette matière teint la laine et la soie en rouge ponceau.

2° Réaction du dérivé diazoïque sur le naphtol bêta. — Le dérivé diazoïque et le naphtol bêta se mélangent à équivalents égaux.

Le naphtol est préalablement dissous dans la proportion d'eau alcaline nécessaire. La matière colorante orangée se forme instantanément et peut se purifier, soit par cristallisation, soit par précipitation au sel marin. Les cristaux sont exprimés et desséchés.

3° Réaction du dérivé diazoïque sur la diphénylamine. — Un équivalent de diphénylamine très finement divisée est agité, durant vingt-quatre à quarante-huit heures, avec une solution aqueuse renfermant un équivalent du dérivé diazoïque de la toluidine sulfoconjuguée.

La réaction est terminée, lorsqu'une petite portion du mélange se dissout intégralement dans l'eau ammoniacale. Le précipité qui s'est formé est recueilli sur une toile, lavé à l'eau froide et transformé en sel ammoniacal ou en sel sodique. Cette matière colorante donne des nuances d'un beau jaune éclatant.

Un composé jaune analogue s'obtient, dans les mêmes conditions, en remplaçant la diphénylamine, soit par l'aniline, soit par les toluidines, soit même par les xylidines.

En substituant l'acide phénique au naphtol bêta et opérant comme il est dit au 2e paragraphe, on obtient une matière colorante jaune.

En substituant à la diphénylamine la phénylènediamine et opérant comme au 3e paragraphe, on obtient
une matière colorante jaune-brun. La dinaphtylamine et
la naphtylphénylamine, substituées à la diphénylamine,
donnent, dans les mêmes conditions, des matières colorantes rouges.

Enfin un équivalent de sulfate de méthylaniline, réagissant à froid sur une solution de 1 équivalent du dérivé
diazoïque de la toluidine sulfoconjuguée, donne une matière colorante rouge-orangé qui cristallise facilement
dès que le liquide, préalablement porté à l'ébullition, est
refroidi.

Les dérivés diazoïques des toluidines et des xylidines
sulfo-conjuguées donnent des matières colorantes qui ne
diffèrent pas très sensiblement de nuance.

Les alcaloïdes liquides donnent des composés en général beaucoup plus solubles.

Dans les combinaisons qui précèdent et qui constituent autant de matières colorantes, la molécule sulfurique est préalablement fixée sur les alcaloïdes.

Cette condition n'est pas indispensable, et l'on conçoit
aisément qu'on obtiendrait les mêmes produits :

1° En transportant aux phénols, aux amines et aux
corps amidés le groupe sulfurique ;

2° En faisant réagir les dérivés diazoïques des toluidines et xylidines sur les phénols, les amines ou les corps
amidés, puis finalement, sulfo-conjuguant les composés
ainsi produits.

En résumé, dans la production des matières colorantes ci-dessus, nous revendiquons non seulement les
dérivés azoïques des toluidines, mais les mêmes dérivés
des xylidines, leurs homologues supérieurs, lesquels
donnent des composés de nature et de nuance analogues.

Brevet n° 127.221, en date du 30 octobre 1878 (1) à **MM**. Roussin et Poirrier, pour de nouvelles matières colorantes produites par la réaction des dérivés diazoïques de la nitraniline sur les amines de toute classe, les corps amidés et les phénols simples ou sulfoconjugués.

La nitraniline obtenue par les procédés connus, et notamment par l'action des alcalis sur l'acétanilide nitrée, est transformée en dérivé diazoïque par son mélange, en quantités équivalentes, avec une solution aqueuse d'azotite de soude et addition à ce mélange d'acide sulfurique étendu d'eau.

PRÉPARATION DES MATIÈRES COLORANTES

1° RÉACTION DU DÉRIVÉ DIAZOIQUE CI-DESSUS SUR L'ACIDE NAPHTHIONIQUE. — Une solution aqueuse de l'équivalent du dérivé diazoïque de la nitraniline, réagissant à froid sur l'équivalent d'acide naphthionique, donne lieu instantanément à la production d'un produit coloré peu soluble qu'on lave et qu'on peut transformer en sel sodique ou ammoniacal.

Cette matière colorante teint la laine et la soie en rouge analogue à l'orseille.

2° RÉACTION DU DÉRIVÉ DIAZOIQUE SUR L'ACIDE PHÉNIQUE. — L'acide phénique, en solution alcaline, réagissant, à équivalents égaux, sur le dérivé diazoïque de la nitraniline, donne instantanément et même à froid, naissance à une matière colorante qui cristallise très facilement sous forme de sel sodique.

Ce corps teint en jaune un peu rougeâtre.

3° En remplaçant, dans la préparation précédente, l'acide phénique alcalin par une solution aqueuse de résorcine, on obtient une matière colorante jaune-orangé sous la forme d'un précipité facile à laver et à dessécher.

4° Des équivalents égaux de phénylènediamine et du

(1) Brevet allemand, DRP. 6715, en date du 19 novembre 1878.

dérivé diazoïque de la nitraniline réagissent instantanément au sein de l'eau et donnent naissance à une matière colorante jaune qu'on lave et qu'on transforme en sel sodique.

Cette matière colorante teint, en jaune un peu rougeâtre, la laine, la soie et le coton.

3° RÉACTION DU DÉRIVÉ DIAZOÏQUE SUR LES NAPHTOLS ALPHA ET BÊTA. — En faisant réagir à froid et à équivalents égaux une solution alcaline des naphtols sur une solution acide du dérivé diazoïque, on obtient un précipité rouge, insoluble dans l'eau, les acides et les alcalis. Ce précipité se lave et se purifie facilement par l'eau froide.

En imprégnant un tissu d'une solution aqueuse du dérivé diazoïque de la nitraniline, puis immergeant ce tissu dans une solution aussi faiblement alcaline que possible du naphtol alpha ou bêta, on colore le tissu en rouge. Cette opération peut se répéter de la même manière sur le même tissu jusqu'à ce qu'on atteigne le ton convenable. Ces matières colorantes insolubles se sulfoconjuguent facilement par les procédés ordinaires et deviennent alors solubles dans l'eau. En faisant réagir le dérivé diazoïque de la nitraniline sur l'un ou l'autre des naphtols, préalablement sulfoconjugués, on obtient par simple mélange, à froid et à équivalents égaux, des solutions aqueuses de ces substances des matières colorantes rouge-orangé solubles dans l'eau. Ces matières sont recueillies sur des toiles, lavées à l'eau froide, comprimées, puis transformées en sel sodique.

Les dérivés diazoïques de la nitronaphtylamine, des nitrotoluidines, des nitroxylidines, se comportent, avec les substances ci-dessus, comme les dérivés diazoïques de la nitraniline et fournissent des matières colorantes analogues.

Ce procédé est applicable aux différentes nitranilines isomères.

Brevet n° 127.266 en date du 4 novembre 1878, à MM. Poirrier, Rosenstiehl et Roussin pour de nouvelles matières colorantes dérivées de la phtalamine.

Nous appelons *phtalamine* un alcaloïde qui accompagne la naphtylamine brute et qui domine particulièrement

dans les produits liquides qui imprègnent cette dernière ;
elle se distingue de cette dernière par son dérivé sulfoconjugué qui est soluble dans l'eau, tandis que dans les
mêmes conditions l'acide naphthionique ne l'est pas. En
donnant cette définition, nous n'entendons nullement
examiner la question de savoir, si ce corps est identique
avec celui de même nom, découvert par MM. Schützenberger et Willm en 1859 dans la naphtylamine brute.

Nous obtenons une série de matières colorantes, en
partant de la phtalamine, dont nous faisons le dérivé
sulfoconjugué, puis à l'aide de l'acide azoteux, le dérivé
diazoïque, suivant en ceci les procédés bien connus des
chimistes.

Ce dérivé diazoïque sulfoconjugué s'unit directement
aux phénols et aux amines de toutes classes, pour donner
naissance à une série de matières colorantes.

Il est bien entendu qu'au lieu de sulfoconjuguer la
phtalamine, on peut préparer directement son dérivé
diazoïque et le combiner aux phénols et aux amines sulfoconjuguées, ou bien encore faire agir le dérivé diazoïque
sur les phénols et les amines de toutes classes, et sulfoconjuguer la matière colorante résultante.

Quelle que soit la voie à laquelle on donne la préférence, on obtient une série de matières colorantes ; ces
dernières sont encore susceptibles d'une transformation
spéciale.

Par l'action de la chaleur, notamment avec le concours
de l'eau et d'un alcali ou d'un alcalin, elles se transforment en d'autres matières colorantes.

Nous distinguons parmi elles celle qui est obtenue
avec le naphtol bêta.

Cette matière teint la laine en rouge très intense, bien
uni, et nous paraît apte, pour ce motif, à remplacer
l'orseille dans ses applications.

En résumé, nous revendiquons l'observation :

1° Que la phtalamine peut donner naissance à une
série de matières colorantes par les procédés décrits ci-
dessus ;

2° Que ces matières donnent elles-mêmes naissance à
des produits dérivés, sous l'action de la chaleur, avec ou
sans le concours d'eau alcaline, jouissant de la propriété
d'être des matières colorantes.

Brevet n° 152.374, en date du 29 novembre 1882 (1), à la Société anonyme des Matières colorantes et Produits chimiques de Saint-Denis, pour de nouvelles matières colorantes résultant de l'action du brôme sur les matières colorantes azoïques.

Le brôme agit rapidement sur les matières colorantes azoïques et il se forme des produits de substitution, dont la couleur ne diffère pas toujours de celle de la matière colorante génératrice ; quelquefois, cependant, il y a modification de la nuance et le produit de la réaction est, tantôt plus voisin du rouge, tantôt plus verdâtre que le point de départ.

Mais si la modification de la couleur n'est pas de nature à fixer l'attention, il n'en est pas de même des qualités des nouvelles matières colorantes, quant à leurs aptitudes à s'unir avec les fibres végétales.

Les matières colorantes azoïques brômées se fixent généralement mieux, sur la fibre végétale, que les matières non brômées qui ont servi à les préparer.

C'est cette propriété qui paraît devoir donner à certaines d'entre elles une valeur industrielle.

Comme exemple d'une opération, nous citerons la transformation de l'Orangé I (naphtol α sur l'acide diazophénylsulfureux) : 100 kilogrammes d'orangé I sont dissous dans 6500 litres d'eau ; on y ajoute 60 kilogrammes de brôme dans 500 litres d'eau alcaline, puis on acidifie la liqueur avec 130 kilogrammes d'acide sulfurique ; on neutralise, quand la réaction est terminée, avec une base appropriée, et l'on précipite la matière colorante de la manière habituelle par le sel marin.

Le procédé, que nous venons de décrire, s'applique, avec peu de modifications, aux autres matières colorantes azoïques connues, et donne des produits analogues.

Nous n'entendons nullement nous limiter aux proportions indiquées plus haut, ni à la manière de faire agir le brôme que nous venons de décrire.

Nous pouvons brômer préalablement l'un ou l'autre

(1) Brevet allemand DRP. 26.642, en date du 14 décembre 1882.

des constituants de la matière colorante. Par exemple, nous préparons l'acide amidophénylsulfureux brômé, nous le transformons en composé diazoïque, et nous faisons agir ce corps dans les conditions habituelles sur les phénols, les naphtols, les amines et nous obtenons, de la sorte, des matières colorantes azoïques bromées, isomères ou identiques avec les précédentes.

Inversement, nous pouvons employer les dérivés brômés des phénols. des naphtols et des amines, et y faire réagir un dérivé diazoïque ; nous obtenons ainsi des matières colorantes isomères ou identiques avec les précédentes.

En résumé, nous revendiquons l'introduction du brôme dans les matières colorantes azoïques sulfoconjuguées ou non, quel que soit, d'ailleurs, l'ordre dans lequel on ait mis en présence les corps constituants des nouvelles matières colorantes.

Brevet n° 157.755, en date du 23 septembre 1883 (1), à la Société anonyme des Matières colorantes et Produits chimiques de Saint-Denis, pour la préparation de matières colorantes jaunes, orangées et même rouges, par l'action des acides aromatiques, carboxylés et diazotés, sur les phénols, les naphtols et les amines aromatiques primaires, secondaires et tertiaires (Invention Z. Roussin et A. Rosenstiehl).

La plupart des matières colorantes azoïques employées dans l'industrie doivent leur solubilité dans l'eau à la présence du radical de l'acide sulfurique.

Nous avons remarqué qu'en remplaçant le groupe SOH, par le radical de l'acide carbonique, c'est-à-dire COH, un certain nombre de ces matières colorantes possèdent une solubilité dans l'eau qui est suffisante pour permettre leur emploi industriel.

Nous opérons de la manière suivante:

20 kgr. de paramidobenzoate de soude, en dissolution dans 500 litres d'eau, sont mélangés à froid avec une solution contenant 8 k. 600 de nitrate de soude pur et 19 kgr. d'acide sulfurique à 66°. Il se forme de l'acide

____

(1) Brevet allemand DRP. 29991, en date du 25 mars 1884.

diazobenzoïque auquel on ajoute une dissolution aqueuse de 13 kgr. de résorcine et on sature avec une base appropriée (soude ou ammoniaque). La matière colorante se forme dans ce milieu neutre ou légèrement alcalin. Elle est en dissolution dans l'eau, et, pour l'en séparer, on acidifie. On l'obtient ainsi à l'état d'acide insoluble dans l'eau ; elle est recueillie, lavée, exprimée et saturée par de l'ammoniaque ou du carbonate de soude.

Par ce procédé nous avons obtenu les matières colorantes suivantes :

Matières teignant la fibre textile en jaune :

$$1° \text{ Par l'action des acides} \begin{cases} \text{diazo-métabenzoïque} \\ \text{— parabenzoïque} \\ \text{— orthocinnamique} \\ \text{— paracinnamique} \\ \text{— phtalique} \\ \text{— orthobenzoïque} \\ \text{— diphénique} \end{cases}$$

sur le phénol, la résorcine, la diphénylamine, la méthyl et l'éthyl-diphénylamine, la diméthylaniline, la diéthylaniline, la dibenzylaniline.

Matières teignant de l'orangé jusqu'au rouge :

$$2° \text{ Par l'action des acides} \begin{cases} \text{diazo-métabenzoïque} \\ \text{— parabenzoïque} \\ \text{— orthocinnamique} \\ \text{— paracinnamique} \\ \text{— phtalique} \\ \text{— orthobenzoïque} \\ \text{— diphénique} \end{cases}$$

sur l'α naphtol, le β naphtol et l'α naphtylamine.

En résumé, nous entendons, par le présent brevet, nous assurer l'exploitation exclusive de notre procédé de préparation de matières colorantes, variant du jaune à l'orangé et jusqu'au rouge, et nous revendiquons, comme caractère nouveau et distinctif de notre invention, la substitution des acides amidés carboxylés, tels que l'acide amidobenzoïque $C^6H^4.AzH^2.CO^2H$ aux acides correspondants sulfonés, tels que l'acide sulfonique $C^6H^4.AzH^2.SO^3H$, dans la fabrication des matières colorantes azoïques ; à l'état d'acides libres, ces matières colorantes sont insolubles dans l'eau, mais leurs sels alcalins sont suffisamment solubles.

Nous revendiquons également comme produits nouveaux les matières colorantes jaunes, orangées et rouges, obtenues par notre procédé, à l'aide de deux séries de combinaisons définies dans le cours de ce mémoire.

Brevet n⁰ 184.501 en date du 28 juin 1887, à la Société Anonyme des Matières colorantes et Produits chimiques de Saint-Denis, pour la production de matières colorantes azoïques allant du jaune à l'orangé et du rouge au violet (Invention Poirrier, Roussin et Rosenstiehl).

Notre invention a pour objet la reproduction de matières colorantes, allant du jaune à l'orangé et du rouge au violet, au moyen de l'acide métanitrobenzine sulfoné.

Le point de départ pour l'obtention de ces deux catégories de couleurs est le même. On commence toujours par soumettre à la réduction, en milieu alcalin, l'acide métanitrobenzinesulfoné, et à soumettre à l'action de l'acide nitreux le produit ainsi obtenu.

Pour obtenir des matières colorantes, on traite le dérivé polyazoïque ainsi obtenu, directement dans un cas et indirectement dans l'autre. Ainsi, pour obtenir les matières colorantes allant du jaune à l'orangé, on combine le dérivé polyazoïque susmentionné avec la métaphénylènediamine, la métacrésylènediamine, ou la métaxénylènediamine. Mais, pour préparer les matières colorantes allant du rouge au violet, on combine d'abord ledit dérivé polyazoïque avec l'α-naphtylamine, on soumet de nouveau cette combinaison à l'action de l'acide nitreux et ensuite on combine le composé ainsi obtenu avec les phénols, les oxyphénols, les naphtols, les oxynaphtols, les amines primaires, secondaires et tertiaires, les diamines, ainsi que les dérivés alkylés, sulfonés et carboxylés de tous ces corps.

Pour bien faire comprendre notre invention, nous allons décrire successivement la préparation du produit de réduction, en milieu alcalin, de l'acide métanitrobenzinesulfoné, la préparation du dérivé polyazoïque qui en dérive et la préparation des deux séries de matières colorantes, les unes orangées, les autres violettes, obtenues au moyen de ce dérivé polyazoïque.

I. — PRÉPARATION DU PRODUIT DE RÉDUCTION EN MILIEU ALCALIN DE L'ACIDE MÉTANITROBENZINESULFONÉ ET PRÉPARATION DU DÉRIVÉ POLYAZOIQUE. — 20 kg. d'acide métanitrobenzinesulfoné sont dissous dans 2000 litres d'eau. A cette solution on ajoute 60 kgr. de soude caustique à 36° B et le tout est porté à l'ébullition. On introduit alors dans le mélange 28 kg. 500 de poudre de zinc, par petites portions et successivement. La masse, colorée d'abord en brun, se décolore peu à peu et lorsque la coloration brune a disparu, on coule le produit dans une cuve contenant 140 kgr. d'acide chlorhydrique à 20° Bé et on porte à l'ébullition pendant une demi-heure environ. Pour éliminer le zinc, on sature par du carbonate de soude, on filtre, et la dissolution refroidie est additionnée de 16 kgr. 500 d'une solution de nitrite de soude à 33 0/0 et de 20 kgr. d'acide chlorhydrique, quantité nécessaire pour décomposer le nitrite et le sel de soude du dérivé amidosulfoné.

II. — PRÉPARATION DES MATIÈRES COLORANTES ORANGÉES. — La liqueur obtenue, comme il vient d'être dit, provenant de 20 kgr. d'acide métanitrobenzinesulfoné, est additionnée de 10 kgr. 800 de métaphénylènediamine, dissous dans 1000 litres d'eau. La combinaison est complète au bout de 2 jours. La matière colorante se précipite d'elle-même. Elle est recueillie sur un filtre. Dans cet état elle est insoluble dans l'eau et les acides. Elle possède, entre autres propriétés tinctoriales, celle de teindre le coton non mordancé, en bain de savon, en jaune-orangé.

En remplaçant les 10 kgr. 800 de métaphénylènediamine par 12 kgr. 200 de métacrésylènediamine, on obtient des matières colorantes ayant, au point de vue de leur emploi en teinture, les mêmes propriétés que la précédente, mais d'une nuance se rapprochant davantage du rouge.

III. — PRÉPARATION DU DÉRIVÉ POLYAZOIQUE DE LA COMBINAISON DE L'α-NAPHTYLAMINE AVEC LE DÉRIVÉ POLYAZOIQUE DU PRODUIT DE LA RÉDUCTION DE L'ACIDE MÉTANITROBENZINESULFONÉ. — La liqueur obtenue, comme il est dit en I et provenant de 20 kgr. d'acide métanitrobenzinesulfoné, est additionnée de 14 kgr. d'α-naphtylamine, dissous dans 12 kgr. d'acide chlorhydrique à 20° Bé et 1000 litres d'eau.

IV. — PRÉPARATION DE MATIÈRES COLORANTES VIOLETTES.
— A cette solution du dérivé polyazoïque, obtenu comme il est indiqué en III, nous ajoutons 22 kgr. 400 d'α-sulfo-α-naphtol, à l'état de sel de soude, dissous dans 500 litres d'eau et on neutralise par le carbonate de soude. Il se précipite par le sel une matière colorante violette. Cette matière colorante, ainsi que celle qui se prépare, en remplaçant l'α-sulfo-α-naphtol par la quantité équivalente d'un des corps énumérés plus loin, possède, entre autres propriétés tinctoriales, celle de teindre, en bain alcalin, le coton non mordancé. Voici les nuances de ces matières colorantes :

L'α-sulfo-α-naphtol donne une matière colorante Violet foncé.
Le β-sulfo-β-naphtol   —   —   id.
Le bisulfo-β-naphtol   —   —   id.
La résorcine   —   —   Violet rouge.
La métaphénylènediamine ⎫
La métacrésylènediamine ⎬ —   —   Violet presque
La métaxénylènediamine   ⎭   noir.

Par la description qui précède nous n'entendons nullement nous limiter aux proportions des réactifs indiqués et à la nature de l'agent réducteur employé.

En résumé, nous revendiquons comme notre propriété :
1° Le procédé décrit de réduction en milieu alcalin de l'acide méta-nitrobenzinesulfoné;
2° L'application du dérivé polyazoïque de ce produit de réduction de l'acide métanitrobenzinesulfoné à la fabrication des matières colorantes :
a) En le combinant avec la métaphénylènediamine, la métacrésylènediamine, la métaxénylènediamine, si l'on veut obtenir des matières colorantes allant du jaune à l'orangé ;
b) En le combinant avec l'α-naphtylamine, en soumettant ensuite la combinaison obtenue à l'action de l'acide nitreux et en combinant le dérivé polyazoïque en résul-

tant avec les phénols, les naphtols, les oxyphénols, oxynaphtols, les amines primaires, secondaires et tertiaires,
les diamines, ainsi que les dérivés alkylés, sulfonés et
carboxylés de tous ces corps.

3° A titre de produits nouveaux, les matières colorantes
sus-énoncées, ainsi que le dérivé polyazoïque du composé
résultant de la combinaison de l'α-naphtylamine avec le
dérivé polyazoïque du produit de la réduction de l'acide
métanitrobenzolsulfoné.

**Brevet n° 184.524 en date du 29 juin 1887 (1) à la Société ano-
nyme des Matières colorantes et Produits chimiques de Saint-
Denis, pour la production de nouvelles matières colorantes
azoïques (Invention Poirrier, Roussin et Rosenstiehl).**

Notre invention a pour objet la production de matières
colorantes azoïques, que nous obtenons en combinant les
dérivés diazoïques des acides métasulfanilique, parasulfanilique, ortho et para-toluidine-sulfonés, sulfoxylidique,
naphtylaminesulfonés (mono et disulfonés) avec l'α-naphtylamine, puis en diazotant de nouveau et en combinant
à la métaphénylènediamine, la métacrésylènediamine, la
métaxénylènediamine ou la résorcine.

Parmi ces matières colorantes, celles qui dérivent de
la résorcine teignent en violet, les autres teignent en un
violet foncé allant jusqu'au noir.

Le mode de préparation est le même pour tous ces
produits. En voici un exemple :

10 kgs de métasulfanilate de soude (ou la quantité
équivalente du sel de soude d'un autre des acides sulfonés énumérés plus haut), sont dissous dans 200 litres
d'eau et 13 kgs d'acide chlorhydrique à 20° Bé. On ajoute
alors, en agitant et en refroidissant, une solution de
3 kgs 400 de nitrite de soude dans 10 litres d'eau. La
liqueur obtenue contient le dérivé diazoïque, on l'additionne d'une solution de 9 kgs de chlorhydrate d'α-naphtylamine dans 250 litres d'eau.

La réaction terminée, on filtre ; le produit recueilli est
délayé dans 500 litres d'eau et on ajoute 13 kg. d'acide

____

(1) Brevet allemand DRP. 42992, en date du 24 août 1887.

chlorhydrique, puis une solution de 3 kg. 400 de nitrite de soude dans 10 litres d'eau. Le dérivé diazo-azoïque se précipite. On le recueille sur le filtre, puis on le verse dans une solution de 5 kg. 400 de métaphénylènediamine dans 500 litres d'eau. On a soin d'ajouter une quantité de carbonate de soude suffisante pour qu'après la réaction la liqueur soit légèrement alcaline. Enfin, on précipite la matière colorante par le sel.

On opère de la même façon en remplaçant la métaphénylènediamine par la métacrésylènediamine, la métaxénylènediamine ou la résorcine.

Par la description qui précède, nous n'entendons nullement nous limiter aux proportions des réactifs indiqués.

En résumé, nous revendiquons comme notre propriété :

1° Notre procédé de préparation de matières colorantes azoïques, consistant à combiner les dérivés diazoïques des acides métasulfanilique, parasulfanilique, ortho et para-toluidine sulfonés, sulfoxylidiques, naphtylamine-sulfonés (mono et di-sulfonés), avec l'α-naphtylamine, puis à diazoter le produit de cette combinaison et à combiner avec la métaphénylènediamine, la métacrésylènediamine, la métaxénylènediamine ou la résorcine, ainsi qu'il a été décrit ci-dessus.

2° Comme produits nouveaux les matières colorantes ainsi obtenues.

Brevet n° 185.918. en date du 17 septembre 1887 (1), à la Société anonyme des Matières colorantes et Produits chimiques de Saint-Denis, pour les matières colorantes, obtenues par la réaction des dérivés diazoïques de la nitraniline et des autres amines nitrées, sur les divers isomères de l'acide naphthionique (perfectionnement au brevet n° 127.221, en date du 30 octobre 1878).

Dans le brevet n° 127.221, pris le 30 octobre 1878 par MM. Poirrier et Roussin se trouve décrite la fabrication de matières colorantes azoïques, par la réaction des dérivés diazoïques de la nitraniline, de la nitrotoluidine et

---

(1) Brevet allemand DRP. 45.787, en date du 25 septembre 1887.

de la nitronaphtylamine, sur les amines, les phénols et les naphtols et les composés sulfoconjugués de ces corps. Parmi les nouvelles matières colorantes, décrites dans ce brevet, se trouvent, notamment, celles qui résultent de l'action des dérivés diazoïques des diverses nitranilines, nitrotoluidines, nitroxylidines, etc., sur l'acide naphthionique.

Par la présente demande de brevet, nous venons nous assurer la propriété des matières colorantes obtenues par la réaction des dérivés diazoïques des mêmes nitranilines, nitrotoluidines, nitroxylidines, etc., sur les différents isomères de l'acide naphthionique, qui étaient encore inconnus, lors de la prise du brevet n° 127.221 du 30 octobre 1878, et, particulièrement, sur l'acide naphthionique isomère qui a été décrit par Witt. Cet acide isomère de Witt se prépare de la façon suivante.

Dans un appareil en fonte, à agitateur, et muni d'un réfrigérant, on introduit 100 kg. d'α-naphtylamine, à l'état de sel, et 325 kg. d'acide sulfurique fumant à 28-30 0/0 d'anhydride. Le mélange intime et la sulfoconjugaison doivent se faire à une température maxima de 25° cg. Après 2 ou 3 jours, la réaction est terminée ; on coule dans l'eau, sature à la chaux et transforme ensuite en sel de soude.

La solution du sel de soude, acidulée, abandonne un acide γ-naphtylamine monosulfonique ou acide naphthionique isomère, sous forme de flocons peu solubles. Cet acide naphthionique est, par sa solubilité, intermédiaire entre l'acide de Piria et celui de Schmidt, Clèves ou Scholl, encore appelé « soluble », et plus soluble que celui que viennent de décrire Ewer et Pick.

PRÉPARATION DES MATIÈRES COLORANTES. — On prépare, par le procédé ordinaire, le nitrodiazobenzol, en partant de 13 kg. 800 de nitraniline et l'on verse le composé diazo dans une solution de 22 kg. 300 de l'acide naphthionique de Witt, à l'état de sel de soude. La réaction doit se faire dans un milieu légèrement acide. On a soin d'agiter le mélange pendant 2 ou 3 heures et on obtient une matière colorante peu soluble dans ce milieu ; on la recueille sur filtre. on l'essore convenablement. La pâte ainsi obtenue est délayée dans un peu d'eau et une quan-

tité suffisante de carbonate de soude, pour obtenir le sel
de soude de la matière colorante ; on peut la passer et la
sécher.

Avec la paranitraniline on obtient une matière colorante plus violacée que celle décrite dans le brevet
127.221 du 30 octobre 1878 ; la métanitraniline et les
autres isomères donnent aussi des nuances plus violacées que les correspondants du même brevet.

Les nouvelles matières colorantes décrites sont, à l'état
de sels, parfaitement solubles dans l'eau et peuvent, plus
facilement que leurs isomères du brevet précité, être livrées en poudre à la teinture.

Dans la description qui précède, nous n'entendons nullement nous limiter aux proportions des réactifs indiqués
et nous désirons étendre le perfectionnement décrit aux
différents isomères de l'α-naphtylamine sulfoconjuguée.
Nous ne nous limitons pas non plus aux isomères de l'acide
naphthionique, qui sont des acides monosulfoniques de
l'α-naphtylamine, et nous revendiquons aussi, comme
rentrant dans notre invention, la production de matières
colorantes par la combinaison des dérivés diazoïques des
nitranilines, nitrotoluidines, nitroxylidines, nitronaphty-
lamines, avec les différents acides α-naphtylaminedisul-
foniques, comme avec les acides α-naphtylamine monosulfoniques.

En résumé, nous revendiquons comme notre propriété,
à titre de perfectionnement au brevet n° 127.221 du 30
octobre 1878 :

1° La généralisation de la combinaison des différents
nitrodiazobenzols, nitrodiazotoluols, nitrodiazoxylols,
etc., avec les différents acides naphthioniques, en vue de
la production de matières colorantes azoïques.

2° La production de matières colorantes, à propriétés
et nuances nouvelles, à savoir : une solubilité plus grande
du produit en pâte ou en poudre et des nuances différentes des correspondantes, dérivées de l'acide naphthionique, décrites au brevet n° 127.221, en combinant les
différents nitrodiazobenzols, nitrodiazotoluols, nitrodiazoxylols, etc., avec l'acide naphthionique isomère de
Witt.

Brevet n° 187.477 en date du 8 décembre 1887, à la Société anonyme des Matières colorantes et Produits chimiques de Saint-Denis, pour la fabrication de matières colorantes azoïques orangées et rouges (Invention Roussin et Poirrier).

Cette invention a pour but la préparation de matières colorantes azoïques, en combinant avec certains dérivés sulfonés de l'α-naphtol les diazoïques des amines primaires simples, sulfo-conjuguées ou nitrées, des amido-azo, simples ou mélangés, et leurs dérivés sulfonés, des acides amidés, des diamines, etc., etc.

Préparation des dérivés sulfonés de l'α-naphtol.

Les dérivés de l'α-naphtol sont ou mono- ou bi-sulfoconjugués.

Le monosulfoconjugué, le plus important pour nous et revendiqué dans ce brevet, est celui qu'on obtient par la décomposition de l'α-naphtylamine monosulfonée décrite par Witt (1).

Nous diazotons l'α-naphtylamine sulfonée de Witt, essorons le diazo peu soluble sur filtre. La combinaison diazotée, provenant de 3 kg. du sulfoconjugué, est délayée dans 60 litres d'eau et 3 kg. 500 d'acide sulfurique à 53°. On fait bouillir quelques minutes et on filtre. La liqueur obtenue, décolorée avec un peu de poudre de zinc, est filtrée et peut être employée directement pour la préparation des matières colorantes.

Ce nouvel α-naphtol monosulfoné se distingue de l'α-naphtol sulfoné dérivé de l'acide de Piria :

1° Par les réactions et les matières colorantes qu'il donne ;

2° Par les colorations qu'il donne avec le perchlorure de fer. Avec ce réactif, le nouvel α-naphtol sulfoné donne une coloration violette franche à froid ; à chaud elle disparaît. On sait que les deux α-naphtol monosulfonés connus colorent le perchlorure de fer, l'un en bleu à froid et vert à chaud, l'autre en bleu-verdâtre à froid et rouge à chaud.

(1) *Berichte der deutschen chemischen Gesellschaft*, 1886, XIX, p. 578.

Les bisulfonés de l'α-naphtol, dérivés des trois acides α-naphtylamine bisulfonés décrits par Schultz, Schoellkopf et Dahl, s'obtiennent comme le précédent.

PRÉPARATION DES MATIÈRES COLORANTES

Nous donnons, comme exemple de préparation de matière colorante, celle que l'on obtient, en combinant le diazobenzol avec le monosulfo-α-naphtol, dérivé de l'acide α-naphtylamine monosulfoné de Witt.

Le diazo, provenant de 9 kg. 300 d'aniline dans 1000 litres d'eau, est coulé dans une solution alcaline, renfermant 22 kg. 500 du nouvel α-naphtol monosulfoné. L'opération a lieu dans une cuve à agitateur mécanique. Après quelques heures la réaction est terminée ; on insolubilise au sel marin et on coule le tout sur filtre.

La matière colorante est pressée, séchée. Elle se présente sous la forme d'une poudre orangée, soluble dans l'eau et teignant les tissus, laine, laine et coton, soie et coton, en rouge orangé.

Si on remplace l'aniline par les corps suivants, on aura avec :

L'orthotoluidine, une matière colorante		ponceau.
La paratoluidine	— —	ponceau-jaune.
La xylidine	- —	ponceau-violacé.
L'α-naphtylamine	— —	bordeaux.
La β-naphtylamine	— —	rouge-violacé.
L'aniline parasulfonée	— —	orangé.
L'aniline métasulfonée	—	orangé moins rouge.
La paratoluidine sulfonée	—	orangé plus rouge.
L'acide naphthionique de Piria	—	bordeaux.
L'acide naphthionique de Witt	—	bordeaux très violet.
L'amidoazobenzol monosulfoné	—	cochenille.
L'amidoazotoluol monosulfoné	—	cochenille plus violette.

Toutes ces matières colorantes possèdent, entre autres propriétés, celles de teindre en bains très légèrement alunés les tissus mélangés, soie et coton, laine et coton, et, en bain acide, la laine seule.

Ces propriétés spéciales sont d'autant plus accusées que la molécule est moins sulfoconjuguée. Ainsi, les matières colorantes, dérivées des amines simples et de l'α-naphtol monosulfoconjugué, teignent mieux la soie et le coton mélangés que celles qui dérivent de l'α-naphtol bisulfoné. De même, celles qui proviennent des amines sulfonées et diazotées teignent moins bien que celles dérivées des amines non sulfonées.

Dans les descriptions qui précèdent, il est bien entendu que nous n'entendons nullement nous limiter aux proportions des réactifs indiquées.

En résumé, nous revendiquons l'obtention de matières colorantes de nuances et de propriétés spéciales, ci-dessus décrites, par l'emploi de nouveaux α-naphtols sulfonés sur les amines, les diamines, les amidoazo, les acides amidés et les dérivés sulfonés de ces corps.

Brevet n⁰ 191.808 en date du 13 juillet 1888 à la Société anonyme des Matières colorantes et Produits chimiques de Saint-Denis, pour une addition au brevet pris le 30 octobre 1878, par MM. Z. Roussin et A. F. Poirrier. relatif aux matières colorantes, produites, par la réaction des dérivés diazoïques de la nitraniline, sur les amines, corps amidés et phénols simples ou sulfoconjugués.

Dans notre brevet du 30 octobre 1878, au paragraphe 5, nous disions textuellement ; « en imprégnant un tissu d'une solution aqueuse du dérivé diazoïque de la nitraniline, puis immergeant ce tissu dans une solution aussi faiblement alcaline que possible de naphtol α ou β, on colore le tissu en rouge. Cette opération peut se répéter, de la même manière, sur le même tissu, jusqu'à ce qu'on atteigne le ton convenable. »

Il est donc incontestable que, dès le mois d'octobre 1878, nous avions trouvé le moyen de développer directement, sur la fibre elle-même, et d'y fixer les matières colorantes insolubles.

Depuis cette époque, nous avons découvert que ce mode de fixation des matières colorantes peut s'appliquer aux dérivés diazoïques de toutes les amines, soit simples, soit sulfoconjuguées, et que ce procédé peut être généralisé. Nous avons, en outre, constaté que, dans cette opération de teinture nouvelle, la manipulation inverse est pos-

sible et fort souvent avantageuse. C'est ainsi, par exemple,
qu'un tissu, préalablement trempé dans une solution
de naphtol ou de tout autre phénol, puis immergé dans
un diazo d'amine, se colore aussi vivement qu'en l'imprégnant préalablement de diazo et le plongeant ensuite
dans une solution alcaline de naphtol.

Nos observations personnelles nous ont en outre démontré que les fibres du coton, préalablement trempées
dans une solution de naphtol, puis complètement dessé-
chées à l'air libre, peuvent être lavées à grande eau, sans
perdre en totalité le naphtol, dont la majeure partie demeure ainsi fixée sur la fibre.

Les phénols peuvent aussi être fixés sans l'intermédiaire des alcalis. Pour les phénols volatils, on obtient
de bons résultats en les laissant, durant un temps convenable, dans une atmosphère chargée de ces produits. Un
dissolvant neutre, où les phénols sont préalablement dissous, laisse également sur les fibres, après leur impré-
gnation, une quantité de matière utile suffisante à la
coloration ultérieure.

Les matières colorantes développées de la sorte sont
insolubles dans l'eau et résistent au savonnage.

En conséquence, nous entendons nous réserver et nous
revendiquons comme notre propriété le procédé ci-dessus indiqué qui consiste :

1° Soit à imprégner la fibre d'un diazo d'amine, puis
à la plonger dans la solution d'un phénol ;

2° Soit à imprégner la fibre d'un phénol quelconque,
puis à la plonger dans un diazo d'amine.

IV

LES ÉCRITS DE Z. ROUSSIN

Par A. BALLAND

Lorsque Madame Z. Roussin, cédant aux sollicitations pressantes de plusieurs amis de son mari, se décida à dédier quelques pages à sa mémoire, elle me pria de vouloir bien lui donner un exposé sommaire de ses publications scientifiques, ou du moins, des principales. J'acceptai cette offre avec reconnaissance.

En 1873, jeune aide-major, j'ai servi à Lyon, pendant seize mois seulement, sous les ordres de Roussin ; il me proposa pour le grade de pharmacien-major de 2ᵉ classe et sa proposition me valut d'être classé en 1ʳᵉ ligne.

Seize ans plus tard, les hasards de la carrière m'appelant à Paris me rapprochèrent de mon ancien chef. L'âge n'avait pas affaibli ses qualités physiques et intellectuelles. Je retrouvais la noblesse de son caractère et le charme de sa personne qui lui valurent tant de sympathies. Il était resté fort distingué et fin causeur. Son esprit, toujours alerte, s'intéressait à toutes les questions d'actualité touchant les sciences, les lettres, les arts ou la politique.

C'était avec un vif plaisir, plaisir partagé, je le savais, que j'allais parfois le surprendre dans son petit laboratoire de la rue de Grenelle, dont les murs et le plafond, maculés d'éclaboussures attestant les plus dangereuses réactions chimiques, contrastaient singulièrement avec les allures si douces et si sereines du Maître.

Sa mémoire fidèle me rappelait son passé, ses premiers pas dans la science, ses luttes, ses succès, les injustices aussi qui ne lui furent pas ménagées ; comment, placé par une mesure arbitraire entre le souci de son avenir et celui de sa dignité, il avait dû quitter le service de santé de l'armée.

La conversation revenait souvent sur la pharmacie militaire, sur ses démêlés avec la médecine, sur l'avenir dont il n'a jamais désespéré (1).

J'ai la dernière lettre qu'il ait écrite, quelques heures avant sa mort. Mme Roussin a tenu à faire reproduire ici ces lignes qui me font tant d'honneur (2).

Aujourd'hui, dans le recul des années, le cher disparu m'apparaît plus grand. L'étude, si instructive et si complète, consacrée par M. Luizet aux travaux de Roussin sur les matières colorantes artificielles prouve, d'une manière irréfutable, que ses mémorables recherches ont exercé dans cette branche de l'activité humaine une

---

(1) Il m'écrivait, au sujet d'un article sur *Les Pharmaciens militaires* paru dans *La Nouvelle Revue* du 1er mai 1887 : « Merci pour tout ce que vous faites en faveur de la pharmacie militaire à laquelle j'ai appartenu si longtemps et à laquelle je resterai toujours sincèrement attaché. Je vous estime autant pour votre valeur personnelle que pour la persistance de vos revendications, l'ardeur de vos espérances et le soin que vous mettez à conserver le nobiliaire de notre profession. Je voudrais vivre assez longtemps pour assister à l'ère de réparation qui, n'en doutez pas, succédera à l'état de choses actuel aussi inique que contraire à la sécurité de notre armée. Vos écrits préparent cette résurrection qui, dans ma pensée, est inévitable. »

(2) La lettre me fut adressée au sujet des *Recherches sur les blés, les farines, et le pain* qui venaient d'être publiées.

Paris 7 Avril 1894

Cher Monsieur Balland,

Je ne veux pas attendre pour
vous remercier bien vivement
de votre gracieux envoi.

Je vais assurément lire avec
toute l'attention qu'il mérite
le recueil de vos principales
publications dont le plus
grand nombre m'est déjà
familier.

A la fin de ma carrière
c'est pour moi une joie
mêlée d'orgueil de vous avoir
connu, apprécié et, laissez
moi vous le dire, aimé entre
tous vos camarades. La

Droiture de votre Caractère
est en rapport avec votre
grand talent.

Agréez, je vous prie,
l'assurance des sentiments avec
lesquels vous savez que je
vous suis Dévoué.

L. Roussin

influence aussi décisive que les géniales expériences de
Bayen sur les précipités de mercure qui, en 1774, ont
ouvert la voie à la chimie moderne. La postérité rappro-
chera ces deux grands noms de la pharmacie militaire.

I. — *Chimie pure et appliquée à l'industrie.*

I. — Sur la présence de la mannite dans les feuilles de lilas ordinaire.

(1851)

Dans ce travail entrepris pendant son internat en pharmacie, Z. Roussin signale la présence de la mannite dans
les feuilles du lilas ordinaire. Il expose minutieusement
les procédés qu'il a employés pour obtenir ce principe
sucré retiré pour la première fois de la manne des phar-
macies.

II. — Sur la préparation du nitro-prussiate de soude.

(1852)

Les modifications apportées par l'auteur à la préparation du nitro-prussiate de soude, d'après les procédés
de Playfair et de Schlomberger, consistent principalement
dans l'emploi d'une quantité moindre d'acide azotique,
l'introduction de l'eau alcoolisée, et la facilité plus
grande d'opérer ainsi la séparation du nitro-prussiate
formé d'avec les grandes masses cristallines de nitrate
de potasse et de nitrate de soude. Le procédé modifié
par Roussin permet de préparer en quelques jours des
quantités considérables de nitro-prussiate de soude.

III. — Sur l'iodate de chaux et l'acide iodique.

(1855)

Pour préparer ces produits, l'auteur part d'une simple
solution de chlorure de chaux avec de l'iode pulvérisé
ou dissous dans l'iodure de potassium. Il se précipite

aussitôt de l'iodate calcaire, qu'il suffit de traiter par l'acide sulfurique alcoolisé pour isoler l'acide iodique. A défaut de machine pneumatique pour la concentration et la cristallisation de ce produit, Roussin a imaginé le moyen suivant : « un vase à large ouverture est rempli au quart de chaux vive concentrée ; un petit cylindre de bois reposant sur le fond du vase s'élève du milieu de la chaux jusqu'au milieu du vase et reçoit à son sommet la capsule en verre, où se trouve l'acide iodique à évaporer. On colle alors sur l'ouverture une feuille de papier résistante, sur laquelle on pose une ou deux couches d'huile de lin. Au bout de quelques jours la chaux a doublé de volume et l'acide commence à cristalliser. »

IV. — Sur l'acide hippurique et sur son absence dans quelques urines de cheval.

(1856)

En analysant d'une part les urines des chevaux provenant du dépôt de remonte de Teniet-el-Haad, et, d'autre part, les urines de chevaux venant d'effectuer un long parcours, Roussin a constaté que les chevaux qui travaillent produisent beaucoup d'acide hippurique et peu d'urée, tandis que le contraire a lieu pour les chevaux oisifs et bien nourris. L'activité respiratoire et l'emploi des forces musculaires transforment l'urée en acide hippurique, tandis que le repos laisse l'urée presque intacte. C'est du moins ce qui semble résulter des expériences suivantes :

	Azotate d'urée pour 1 litre	Acide hippurique pour 1 litre
1. Etalons arabes à l'époque du rût, sur 6 litres.	32 gr.	0 gr.
2. Mêmes chevaux — —	35	0
3. — — sur 20 litres.	33	0
4. — en dehors du rût, sur 10 litres.	34	0
5. Chevaux de spahis, sur 4 litres.	18	10
6. — —	21	5
7. Cheval venant de parcourir 75 km. en 7 heures	12	13
8. — 80 —	15	14

V. — Sur l'iodure de plomb photographique.

(1857)

L'action de la lumière sur l'iodure jaune de plomb n'a été contestée ou méconnue par la plupart des observateurs que par la seule difficulté de mettre cette action elle-même en évidence. Ce but peut être atteint en faisant intervenir l'amidon et pratiquant le dépôt d'iodure plombique à la surface du papier ordinaire encollé à l'amidon.

Après avoir préparé une certaine quantité d'iodure de plomb nous l'avons mélangé, encore humide, avec une gelée épaisse d'amidon et nous en avons barbouillé quelques feuilles de papier blanc. Cette opération était faite à la lumière d'une bougie. Après avoir étendu sur un carton une de ces feuilles, le côté jaune en dessus, nous avons déposé à la surface une dentelle noire et nous avons porté le tout brusquement à la lumière. Au bout d'une minute d'exposition, nous avons regardé le résultat à la lumière d'une bougie. Les détails de la dentelle étaient reproduits avec une netteté remarquable. Nous avons reproduit de la sorte des feuilles d'arbres, des plumes d'autruche, etc. Après bien des essais pour fixer les épreuves, nous avons donné la préférence à une dissolution saturée de chlorhydrate d'ammoniaque.

Voici le procédé que nous employons ; nous préparons les trois solutions suivantes :

```
1o Acétate de plomb neutre.  . . .   300
   Eau distillée.  . . . . . . . .   900
   Acide acétique au dixième.  . .     5

2o Iodure de potassium . . . . .    300
   Eau distillée.  . . . . . . . .   900
```

      3º Chlorhydrate d'ammoniaque . .   500
        Eau distillée, quantité suffisante pour une disso-
        lution saturée à la température ordinaire.

Ces trois liquides doivent être limpides et conservés dans des flacons bouchés à l'émeri. La solution d'iodure de potassium doit, autant que possible, être conservée dans l'obscurité : si elle devenait légèrement ambrée il faudrait y ajouter une ou deux gouttes de solution de potasse.

Le choix du papier est très important ; les papiers collés au moyen de l'amidon et du savon de résine conviennent parfaitement ; ceux qui sont collés à la gélatine ne donnent aucune image. Les feuilles sont coupées de la grandeur convenable et marquées d'une croix sur la partie où la trame est visible.

On entre ensuite dans une pièce éclairée seulement par la lumière d'une bougie et l'on y dispose toutes les opérations suivantes :

1º La solution d'acétate plombique est versée dans une grande cuvette plate et doit y atteindre quelques millimètres de hauteur ;

2º La solution d'iodure de potassium est versée dans une autre cuvette semblable et doit y atteindre une hauteur égale ;

3º La solution de chlorhydrate d'ammoniaque est également versée dans une cuvette où elle doit atteindre une hauteur de quelques centimètres.

Une grande terrine remplie d'eau ordinaire, acidulée par quelques gouttes d'acide acétique, doit se trouver à proximité de l'opérateur et compléter tout le matériel nécessaire.

On prend alors une feuille de papier que l'on dépose
sur le bain d'acétate de plomb, le côté opposé à la trame
en contact avec le liquide. L'essentiel, dans cette opération, est d'empêcher que le liquide n'envahisse le côté
supérieur et qu'il s'interpose des bulles d'air entre
le liquide et le papier. Après que la feuille s'est bien
aplatie, c'est-à-dire après cinq minutes de repos, on la
retire par un des angles et on la laisse égoutter quelques
instants par l'angle opposé. On la dispose sur un
cahier de papier buvard bien propre ; puis, appliquant
par dessus quelques feuilles du même papier, on tam-
ponne le tout légèrement jusqu'à ce qu'il ne reste plus
de dépôt de liquide par place. La feuille est alors déposée sur la surface du bain d'iodure de potassium, le côté
imprégné d'acétate en contact avec le liquide. Après trois
ou quatre minutes, on la retire par un des angles et on
se débarrasse, comme ci-dessus, du liquide excédant. La
feuille est prête à servir.

Pour la reproduction d'un objet, on n'a plus qu'à recourir aux manipulations ordinaires employées dans le
tirage d'une épreuve positive de photographie sur papier.
On applique donc la feuille de papier préparée sur une
surface noire bien propre et bien plane, le côté jaune en
dessus ; pardessus est déposé l'objet à reproduire et le
tout, recouvert d'une glace épaisse et bien nette, est porté
à la lumière.

Le temps nécessaire pour obtenir une bonne épreuve
varie suivant l'objet à reproduire et l'intensité de la lumière. Au soleil, il suffit d'une exposition de une à quatre
secondes ; à l'ombre le temps varie entre quelques
secondes et une minute.

Après le contact de la lumière, l'image est visible

mais ne doit être regardée qu'à la lumière d'une bougie.
Pour la fixer, on plonge l'épreuve dans la dissolution de
chlorhydrate d'ammoniaque et on l'y maintient jusqu'à
disparition de tous les points jaunes. Il suffit alors de la
laisser tomber dans la terrine d'eau et de la laisser dé-
gorger une demi-heure pour qu'elle n'ait plus rien à
craindre de l'action de la lumière. On la suspend ensuite
par un de ses angles, on la laisse sécher et l'on dépose
à la surface, à l'aide d'un pinceau, un léger vernis de
gomme arabique.

VI.— Recherches sur les nitrosulfures doubles de fer.

(1858)

Les chimistes savent que dans les prussiates ou cyanures
doubles de fer, la molécule du fer est maintenue par le
cyanogène dans un tel état de dépendance que toutes ses
propriétés métalliques et salines disparaissent. Cette
union intime et puissante de la molécule du fer tient-
elle au mode de groupement ? Tient-elle au cyanogène
exclusivement ?

D'après nos expériences, la première supposition seule
est probable. Nous venons de découvrir, en effet, une
nouvelle classe de sels où les propriétés du fer sont dis-
simulées de la manière la plus complète par un autre
groupement que le groupement cyanuré. Dans ces nouveaux composés, le fer, le soufre et le bioxyde d'azote
se réunissent en une molécule complexe, remarquable
au plus haut point par toutes ses propriétés, et dont
nous allons tracer l'histoire.

Si l'on mêle deux dissolutions, l'une de sulfhydrate
alcalin, soit le sulfhydrate d'ammoniaque, par exemple,

et l'autre d'azotite de potasse, et que dans cette liqueur mixte on vienne à verser goutte à goutte, et en agitant sans cesse, une solution de perchlorure ou de persulfate de fer, on remarque qu'en portant le mélange à la température de l'ébullition presque tout le volumineux précipité noirâtre entre en dissolution. Si, après une ébullition de quelques minutes, on vient à filtrer la solution, le liquide qui passe est d'une intensité de couleur extraordinaire et dépose par le refroidissement une grande quantité de cristaux noirs, tantôt arénacés, tantôt aiguillés. La liqueur surnageante ne conserve plus qu'une légère teinte jaunâtre. Il reste sur le filtre un dépôt de soufre assez considérable.

Si l'on remplace le persel de fer par du protosulfate, la réaction s'opère également bien et paraît tout aussi nette ; dans ce cas seulement, il ne se fait aucun dépôt de soufre, et si l'on a pris le soin de laisser un peu de sulfure alcalin non décomposé, presque tout le précipité se dissout par l'ébullition dans l'eau. Nous indiquerons plus loin, divers autres modes de génération.

Les cristaux qui se déposent par un refroidissement lent de la liqueur bouillante, acquièrent quelquefois 1 ou 2 centimètres de longueur. Généralement, ils sont fort nets, admirablement isolés, se détachant du vase et se lavant avec la plus grande facilité. La forme de ces cristaux est le prisme oblique à base rhombe. Ils sont extrêmement lourds, et quoique très ténus dans bien des circonstances, ils gagnent avec rapidité le fond du vase où l'on peut les agiter avec de l'eau. Ils sont solubles dans ce véhicule beaucoup plus à chaud qu'à froid. L'eau bouillante en dissout environ la moitié de son poids, et par le refroidissement laisse déposer la majeure partie à l'état cristallin. Ils sont extrêmement solubles dans l'alcool, l'esprit de bois, l'alcool amylique, l'acide acétique cristallisable ; légèrement dans l'huile de naphte et l'essence de térébenthine. Ils sont solubles en toute proportion dans l'éther ordinaire, et cette dissolution est accompagnée de circonstances vraiment curieuses. Si l'on vient à disposer deux verres de montre, à quelque distance l'un de l'autre ; que dans l'un on mette quelques cristaux et dans le second quelques gouttes d'éther, puis qu'on recouvre le tout d'une petite cloche, presque immédiatement les cristaux sont liquéfiés. Une exposition de quelques secondes, au contact de l'air, suffit pour volatiliser l'éther, et les cristaux reparaissent tapissant l'intérieur du verre de longues et belles aiguilles.

L'expérience peut être répétée d'une façon encore plus simple. On verse dans un verre de montre quelques centigrammes de cristaux, puis on incline au-dessus de ce verre un flacon d'éther en vidange, c'est-à-dire contenant une atmosphère saturée de vapeurs d'éther ; presque subitement chaque cristal se résout en une goutte noire liquide. L'éther se conduit, vis-à-vis de ce corps, comme l'air saturé de vapeur d'eau, vis-à-vis de cristaux de chlorure de calcium ou de carbonate de potasse. Seulement avec l'éther la réaction est instantanée. Si véritablement il était nécessaire de créer un mot pour caractériser ce phénomène, ces cristaux pourraient être dits *éthérométriques*, de même que, par rapport à la vapeur d'eau, plusieurs corps sont dits *hygrométriques*.

Ces cristaux, d'une teinte extrêmement foncée avec un reflet métallique brillant ressemblent beaucoup à l'iode ; ils sont absolument insolubles dans le sulfure de carbone et le chloroforme. Leur pouvoir colorant est si considérable que 5 centigrammes dissous dans 1 litre d'eau distillée suf-

fisent pour communiquer au liquide une teinte d'eau-de-vie
ordinaire. Leur saveur est légèrement styptique et
atramentaire, c'est la première impression ; cette impression dure peu : elle est suivie immédiatement
d'une amertume persistante. 5 décigrammes administrés à un lapin l'ont rendu fort malade pendant plusieurs
jours, mais ne l'ont pas tué.

Ce corps est inaltérable à l'air et se conserve parfaitement si les liqueurs, d'où il s'est déposé, ont conservé
une réaction alcaline. Une bandelette de papier imprégné
gnée d'ammoniaque, introduite dans le flacon, suffit du
reste pour le préserver de toute altération. Si ce corps
était acide, il pourrait se décomposer à la longue ; le flacon
se remplirait insensiblement de vapeurs rutilantes de bioxyde d'azote. A la température de 100°, il ne s'altère pas ;
il ne se décompose qu'à une température comprise entre
115° et 140°. Vers 115°, la cornue se remplit de vapeurs
rutilantes qui augmentent jusqu'à 130°. Au delà, il se
forme un sublimé blanc, vers la voûte et le col de la cornue. L'allonge et le récipient se tapissent de cristaux
prismatiques, quelquefois très volumineux. Les vapeurs
rutilantes n'apparaissent qu'au commencement de l'opération ; bientôt elles disparaissent, et si, à la fin de la
distillation, l'on vient à briser l'appareil, on ne perçoit
qu'une forte odeur ammoniacale.

Le sublimé blanc cristallin, qui tapisse le col de la
cornue, est composé presque exclusivement de soufre et
de sulfite d'ammoniaque. Les cristaux prismatiques de
l'allonge et du récipient sont des cristaux d'azotate
d'ammoniaque, imprégnés d'acide azotique. Dans quelques cas, il se produit du sulfate d'ammoniaque, dans
d'autres il ne se produit que du sulfite. Nous avons même
vu une fois se produire des cristaux d'acide azoto-sul-

furique. Un mélange de bioxyde d'azote, d'oxygène, d'hydrogène sulfuré et d'acide sulfureux peut, suivant la température et la disposition des vases, donner tous ces produits.

Rappelons seulement pour mémoire, que le bioxyde d'azote et l'acide sulfhydrique produisent de l'ammoniaque par leur réaction réciproque. Si au lieu de chauffer la matière au bain d'huile, et progressivement, on la chauffe sans ménagement, il se produit une déflagration et la matière est quelquefois projetée hors du tube. Elle brûle avec incandescence et dégagement de fumées blanches, qui rappellent l'odeur de la poudre. Le résidu est toujours composé de soufre et de fer. La meilleure méthode, pour étudier les produits de décomposition, consiste à mélanger la substance avec de la pierre ponce en petits morceaux et à chauffer la cornue au bain d'huile. La décomposition marche alors avec la plus grande régularité.

Les acides sulfurique, chlorhydrique, azotique concentrés, attaquent vivement cette substance, soit à la température ordinaire, soit par une légère élévation de température. Les acides tartrique, oxalique, acétique paraissent être sans action.

L'ammoniaque liquide précipite cette substance de sa solution d'une façon à peu près complète; par la volatilisation de l'ammoniaque, le corps reprend sa solubilité dans l'eau. La potasse caustique en solution, à froid, produit le même effet.

Le chlore et l'iode décomposent cette substance; il se dégage du bioxyde d'azote et il se forme du chlorure ou de l'iodure de fer avec un dépôt de soufre.

Le permanganate de potasse, l'oxyde puce de plomb,

le bioxyde de mercure décomposent immédiatement les solutions de ce composé. Avec le permanganate, il se précipite du sesquioxyde de manganèse ; avec l'oxyde puce, il se forme de l'azotate de plomb, ainsi que du sulfure de fer ; avec l'oxyde de mercure, il se dégage du bioxyde d'azote.

Le sulfhydrate d'ammoniaque, l'hydrogène sulfuré, les prussiates jaune et rouge, l'acide tannique n'ont aucune action sur ce corps. La molécule du fer y est absolument latente. A moins de briser sans retour l'édifice du composé, il est impossible d'en constater la présence.

Nous ne mentionnerons pas ici toutes les réactions diverses de ce corps avec les sels métalliques. Nous signalerons seulement les suivantes :

Avec le chlorure d'or, dégagement d'AzO^2 et précipité d'or métallique.

Avec l'azotate d'argent, précipité noir de sulfure d'argent et de sulfure de fer, dégagement d'AzO^2.

Avec le bichlorure de mercure, précipité noir et dégagement d'AzO^2.

Avec le sulfate de cuivre, même réaction.

Avec le protosulfate de fer, pas d'action.

Avec le perchlorure de fer, précipité noir et dégagement d'AzO^2.

Avec l'azotate de plomb, précipitation, au bout de quelque temps, de prismes obliques rhomboïdaux, peu solubles dans l'eau, solubles dans l'alcool, déliquescents avec la vapeur d'éther. Ces cristaux contiennent du soufre, du plomb et du bioxyde d'azote. Ils sont remarquables par la netteté de leurs formes et portent souvent des troncatures à leurs angles opposés.

La réaction suivante est surtout remarquable et caractéristique. Elle ouvre la voie à de nouveaux corps dérivés. Si l'on met ces cristaux en contact avec une solution concentrée de potasse ou de soude caustique, on n'observe à froid aucune réaction. La matière ne dégage aucune odeur et demeure insoluble au fond du ballon. Vient-on à élever la température ? Un vif dégagement d'ammoniaque s'opère vers 100°, et il se dépose une poudre rouge cristalline très pesante.

L'analyse de cette poudre donne la formule Fe^2O^3, HO. C'est du sesquioxyde de fer hydraté, mais se présentant ici dans un grand état de pureté et parfaitement défini.

La liqueur après filtration reste toujours fortement colorée : sa coloration a seulement légèrement viré au jaune. Mise à évaporer au bain-marie, elle laisse bientôt déposer de gros cristaux noirs, disposés en trémies. Nous étudierons plus loin cette réaction et ces cristaux après avoir établi la composition du corps qui lui donne naissance.

Si l'on purifie, par plusieurs dissolutions dans l'éther et l'eau distillée, les cristaux obtenus par l'action des sels de fer sur l'azotite de potasse et le sulfure d'ammonium, on finit par les avoir dans un état de pureté nécessaire à l'analyse. Ces cristaux desséchés à 60°, dans un courant d'air sec, ne perdaient plus de leur poids au bout d'une demi-heure. Ils contiennent du fer, du soufre, du bioxyde d'azote et de l'hydrogène. Le fer a été dosé à l'état de sesquioxyde calciné, et nous a toujours fourni des résultats concordants. Le soufre, transformé en sulfate de potasse par sa déflagration ménagée avec un mélange de nitrate de potasse et de carbonate de soude purs, a pu être facilement dosé à l'état de sulfate barytique. L'ébullition prolongée de la matière avec un excès d'eau régale ne suffit pas pour transformer tout le soufre en acide sulfurique.

Nous avons profité de la facile décomposition de ce corps au moyen du sulfate de cuivre ou de l'iode pour doser le bioxyde d'azote. A cet effet, un poids connu de la matière était introduit dans un ballon contenant quelques cristaux d'iode ou de sulfate de cuivre, et rempli d'eau distillée bouillie. Le tube à dégagement était également rempli d'eau bouillie et le gaz qui se dégageait se rendait sous une éprouvette graduée, placée sur le mercure. La réaction ne commence qu'à une température de 30° à 40° et ne se produit point tumultueusement, condition éminemment favorable. Les corrections de pression et de température ont été rigoureusement faites. Le gaz était du bioxyde d'azote pur, car il était absorbé complètement par une dissolution de permanganate de potasse ou de sulfate ferreux. L'hydrogène n'a été dosé directement que dans deux expériences. La matière a été brûlée avec de l'oxyde de cuivre, dans un tube en verre entouré de clinquant. On a procédé comme pour une analyse organique, en prenant la précaution de remplir de cuivre gratté le dernier tiers du tube, afin de décomposer les vapeurs nitreuses et les produits sulfurés.

Nous donnons ici les résultats, en y joignant la moyenne déduite des quatre analyses. Chaque expérience a été pratiquée avec des quantités de matière variant depuis 0^{gr},50 jusqu'à 2 gr. Pour la simplicité de la lecture, nous les avons ramenées à une même unité.

	1ʳᵉ expér.	2ᵉ expér.	3ᵉ expér.	4ᵉ expér.	Moyenne.
Fer	0,184	0,184	0,186	0,184	0,185
Soufre	0,178	0,175	0,175	0,174	0,176
Bioxyde d'azote. .	0,132	0,132	0,132	0,131	0,132
Hydrogène . . .	0,002	»	»	0,0025	0,0022
	0,496	»	»	0,4915	0,4952

En divisant chacun de ces membres par son équivalent, on trouve les chiffres suivants :

$$\frac{0,185}{350} = 528 \text{ fer.}$$

$$\frac{0,176}{200} = 880 \text{ soufre.}$$

$$\frac{0,132}{375} = 352 \text{ bioxyde d'azote.}$$

$$\frac{0,0022}{12,5} = 175 \text{ hydrogène.}$$

Ces chiffres correspondent presque exactement à la formule $Fe^3S^5H\,(AzO^2)^2$, ainsi que peut le démontrer le tableau suivant :

	Chiffres trouvés.	Chiffres calculés.
Fer	0,185	0,187
Soufre.	0,176	0,178
Bioxyde d'azote .	0,132	0,133
Hydrogène . . .	0,0022	0,002

et nous proposons d'appeler ce corps *Binitrosulfure de fer*. La formule rationnelle la plus simple de ce composé serait la suivante :

$$Fe^2S^3AzO^2 + FeSAzO^2 + SH$$

Cette formule correspondrait alors à celle de l'oxyde magnétique hydraté, à celle du bleu de Prusse.

Revenons à l'action des alcalis caustiques sur ce binitrosulfure de fer. Nous avons vu que, par une ébullition de quelques minutes avec la soude caustique, il se dégage de l'ammoniaque en abondance, et qu'il se dépose de l'hydrate de sesquioxyde de fer cristallin. L'ammoniaque provient sans doute de l'action réciproque du bioxyde d'azote et de l'acide sulfhydrique. La liqueur filtrée laisse, au bout de quelque temps, déposer de gros cristaux noirs parfaitement nets, disposés en trémies. Ils m'ont paru appartenir au premier système cristallin. Ces cristaux ont une saveur extrêmement amère, sont fort solubles dans l'eau, très solubles dans l'alcool, mais absolument insolubles dans l'éther ; ils se décomposent vers 120°, en donnant à peu près les mêmes produits que le binitrosulfure de fer, c'est-à-dire du sulfure de fer pour résidu, un dégagement d'acide sulfureux et du bioxyde d'azote ; il reste du sulfate et du sulfure alcalin mêlés au sulfate de fer.

La potasse et l'ammoniaque précipitent de la solution de ce corps des cristaux parfaitement définis ; la soude caustique n'y opère aucun changement.

L'iode, le chlore et le bioxyde de mercure le décomposent, comme le binitrosulfure de fer, avec dégagement de bioxyde d'azote.

L'azotate de plomb donne avec ce nouveau sel un précipité rougeâtre soluble dans la potasse ; la liqueur reste légèrement colorée.

Le bichlorure de mercure et le sulfate de cuivre y occasionnent un précipité noir, avec dégagement de bioxyde d'azote.

Le sulfate de zinc donne un précipité brun, ne se décomposant pas à l'ébullition. Ce précipité renferme du zinc, du fer, du soufre et du bioxyde d'azote.

Le perchlorure de fer donne également un précipité

noir qui ne se décompose pas à la température de l'ébullition.

Le sulfhydrate d'ammoniaque, le tannin, le prussiate jaune n'y occasionnent aucun trouble.

Le prussiate rouge détruit ce corps : il se fait un vif dégagement de bioxyde d'azote et il se produit du bleu de Prusse. Mais la réaction la plus curieuse est celle qui se manifeste en présence des acides.

Tous les acides précipitent d'une solution de ce composé un corps rougeâtre, floconneux, qui se dépose et se lave avec facilité ; si l'on a employé l'acide sulfurique, la liqueur surnageante ne contient que du sulfate de soude. Il est bon de laver ce corps avec une solution d'acide sulfhydrique, car il tend constamment à se décomposer et perd pendant tous les lavages une certaine quantité d'hydrogène sulfuré. Nous avons essayé, malgré ces difficultés, d'en faire une analyse élémentaire ; nous n'avons pu y réussir complètement ; nous ne proposons la formule $Fe^2S^3, Azo^2, 4HS$, que sous toutes réserves.

Les cristaux en trémies, analysés de la même manière que le binitrosulfure de fer, nous ont donné pour résultat des chiffres qui s'accordent assez bien avec la formule $Fe^2S^3, Azo^2, 3NaS$. Nous proposons de donner au précipité rouge le nom de *nitrosulfure sulfuré de fer* et au sel cristallisé en trémies qui lui donne naissance, le nom de *nitrosulfure sulfuré de fer et de sodium*.

Les propriétés du nitrosulfure sulfuré de fer sont assez curieuses. C'est, comme nous l'avons dit, un précipité rouge sale qui a une certaine tendance à perdre son hydrogène sulfuré par les lavages ; lorsqu'il est sec, il se conserve très difficilement sans altération : il dégage du bioxyde d'azote et de l'ammoniaque, et bientôt ne laisse plus qu'un résidu de sulfure de fer. Ce corps est soluble dans l'alcool et l'éther, et prend difficilement l'état cristallin ; ses solutions sont, du reste, trop colorées pour qu'il soit possible de constater son action sur le tournesol ; il se dissout dans les alcalis, les carbonates et les sulfures alcalins ; avec la soude, il reproduit le sel que nous avons nommé nitrosulfure sulfuré de fer et de sodium. La potasse, l'ammoniaque, la chaux, la baryte le dissolvent également et donnent des sels correspondants, mais un peu moins solubles que ceux de soude.

Dans les précipitations de ces sels par les solutions métalliques, les molécules du fer, du soufre et du bioxyde d'azote restent toujours unies : le métal du sel nouveau ne fait que se substituer au potassium et au sodium. Comme nous l'avons déjà dit, la molécule du fer y est absolument latente, et tant que le bioxyde d'azote reste dans la molécule, les propriétés salines et caractéristiques du fer ne peuvent être accusées.

Si, au lieu d'opérer à froid la précipitation du nitrosulfure sulfuré de fer, on opère à la température de l'ébullition, par exemple en projetant de l'acide sulfurique étendu dans une solution bouillante de nitrosulfure sulfuré de fer et de sodium, il se dégage une grande quantité d'hydrogène sulfuré et il se précipite un corps absolument noir, très lourd, qui se lave facilement et ne se décompose pas tant qu'il est humide. Ce nouveau corps nous a donné à l'analyse la formule Fe^2S^3, AzO^2 ; c'est le nitrosulfure de fer ; il correspond au sesquioxyde de fer. Ce nitrosulfure de fer est insoluble dans l'eau, l'alcool et l'éther. Lorsqu'il est sec, il se décompose lentement en dégageant du bioxyde d'azote et laissant un résidu de sulfure de fer ; lorsqu'il est sec et récent, il prend feu au contact d'un corps en ignition, et brûle comme de l'amadou. Si l'on répand un peu de cette poudre noire sur un papier que l'on promène au-dessus d'un fourneau allumé, avant que le papier s'enflamme, le nitrosulfure de fer prend feu lui-même et brûle en scintillant avec vivacité. L'odeur qu'il répand ainsi a la plus grande analogie avec celle de la poudre, sa composition explique assez cette circonstance. Mélangé intimement avec une proportion convenable de poudre de charbon, il fuse comme du pulvérin.

Ce corps est soluble dans les alcalis caustiques; il se précipite dans ce cas un peu d'oxyde de fer, et il se forme des composés que nous n'avons pas encore étudiés; il se dissout sans résidu dans les sulfures alcalins et donne naissance à une nouvelle série de sels aussi curieuse que la précédente.

La combinaison du nitrosulfure de fer avec le sulfure de sodium que nous appellerons *nitrosulfure de fer et de sodium*, s'obtient avec la plus grande facilité. Il suffit de délayer le précipité noir bien lavé dans une solution de sulfure de sodium, jusqu'à ce qu'il soit entièrement dissous; on évapore à siccité au bain-marie, et l'on reprend par l'alcool ou l'éther qui dissolvent le composé et laissent pour résidu l'excès du sulfure de sodium; l'évaporation de ces liquides laisse le nitrosulfure de fer et de sodium parfaitement cristallisé. Il est bon de le dissoudre de nouveau dans l'eau distillée et de le laisser cristalliser au-dessus d'un vase contenant de l'acide sulfurique; les cristaux acquièrent souvent de la sorte plusieurs centimètres de longueur. Ils grimpent facilement le long des vases et produisent les plus bizarres arborisations.

La composition de ce corps conduit à la formule Fe^2S^3,

AzO^2, NaS,HO. Les cristaux ont un reflet métallique, velouté, et sont tellement colorés qu'ils paraissent noirs par réflexion ; ce sont de belles aiguilles prismatiques inaltérables à l'air. Ce corps a une grande tendance à cristalliser : une goutte d'une solution aqueuse, alcoolique ou éthérée, ne tarde pas à se prendre en aiguilles radiées magnifiques. Leur solution est rouge et d'une intensité de couleur au moins égale, sinon supérieure, à celle des composés précédents. Cinq centigrammes peuvent encore colorer d'une façon appréciable deux litres d'eau distillée. Ce corps est soluble presque en toute proportion dans l'alcool et l'éther, insoluble dans le chloroforme et le sulfure de carbone. Il présente au plus haut degré, avec l'éther, le phénomène curieux de liquéfaction par la vapeur dont nous avons parlé à propos du binitrosulfure de fer.

Vis-à-vis du chlore, de l'iode, du bioxyde de mercure, du permanganate de potasse, il se comporte comme les corps précédents. Les acides étendus en précipitent du nitrosulfure de fer noir. Si l'on mêle une solution de ce corps avec du sulfure de sodium et que l'on verse un acide dans ce mélange, l'acide sulfhydrique du sulfure alcalin se combine au nitrosulfure de fer et reproduit la combinaison rougeâtre que nous avons désignée sous le nom de nitrosulfure sulfuré de fer.

Le nitrosulfure de fer et de sodium produit le double échange avec les solutions métalliques ; le sodium se substitue toujours au métal du sel décomposant, et, comme dans les prussiates, le fer en combinaison intime avec le soufre et le bioxyde d'azote demeure uni au métal nouveau. Plusieurs de ces nouveaux sels ne peuvent subsister à la température ordinaire ; le bioxyde d'azote se dégage au moment de la précipitation, et le groupement est détruit. Quelquefois cette décomposition est instantanée ; l'azotate d'argent, mis en contact avec le nitrosulfure de fer et de sodium, en est un exemple. D'autres fois le précipité reste quelques instants intact avant que le bioxyde d'azote se dégage. D'autres sels, au contraire, offrent des combinaisons stables : tels sont le nitrosulfure de fer et de plomb, le nitrosulfure de fer et de zinc, le nitrosulfure de fer et de cobalt, etc., que l'ébullition ne décompose pas, et que l'alcool et l'éther dissolvent presque en toutes proportions.

Les prussiates jaune et rouge, le sulfhydrate d'ammoniaque, le tannin, la potasse, sont sans aucune action sur les solutions de nitrosulfure de fer et de sodium ; comme dans les corps précédents, la molécule du fer est absolument latente.

Ici pourrait s'arrêter l'histoire de ces nouvelles combinaisons. Le fait seul de l'association, dans un composé bien défini, des molécules du fer, du soufre et du bioxyde d'azote, pourrait constituer un phénomène curieux ; les propriétés salines de ces composés, l'état latent du soufre et du bioxyde d'azote, en font une classe nouvelle bien digne d'intérêt. Ils peuvent se placer à côté des cyanures doubles de fer, car ils rappellent beaucoup de leurs propriétés et conservent un certain air de famille. Les faits suivants compléteront cette analogie et la mettront dans tout son jour.

Il existe une classe curieuse de sels découverts par Playfair, et qu'il a nommés nitroprussiates ; ces sels contiennent une molécule de cyanogène et une molécule de bioxyde d'azote, en union intime avec le fer. Leur formule véritable n'est pas encore bien établie, et leur mode de production est encore incertain ; ils n'ont pas,

en un mot, frappé l'attention des chimistes comme leurs
singulières propriétés auraient dû le faire pressentir. L'entrée du bioxyde d'azote dans un composé cristallisé et
bien défini était cependant un fait nouveau et curieux.
Quoi qu'il en soit, il était naturel de nous demander si
les nouveaux composés que nous venons de découvrir
n'auraient pas quelque analogie avec les nitroprussiates ;
quelques réactions simples nous ont renseigné à cet égard.

Les nitrosulfures et les nitroprussiates appartiennent au
même type cristallin, le prisme oblique à base rhombe ;
les nitroprussiates donnent, par leur ébullition avec les
alcalis, un précipité cristallin d'hydrate de sesquioxyde
de fer entièrement semblable à celui que les nitrosulfures
fournissent dans le même cas ; le bioxyde de mercure
décompose, comme nous l'avons vu, les nitrosulfures avec
dégagement de bioxyde d'azote et formation de sulfure
de mercure ; nous avons constaté (et cette nouvelle observation nous appartient) que les nitroprussiates sont
également décomposés par le bioxyde de mercure avec
formation de cyanure de mercure et dégagement de bioxyde d'azote. Frappé de ces faits et de quelques autres
que nous ne mentionnons pas ici, nous avons essayé de
passer d'une série à l'autre par une simple substitution ;
nous avons eu le bonheur d'effectuer les deux transformations avec la plus grande netteté.

Si l'on prend une solution de nitroprussiate de soude
et que l'on y fasse passer un courant d'hydrogène sulfuré
jusqu'à ce que la liqueur ne se colore plus en pourpre
par les sulfures alcalins, on y remarque un dépôt de
soufre et un précipité bleuâtre ; si l'on porte alors le liquide à l'ébullition, qu'on filtre la liqueur et qu'on évapore à siccité, le résidu cède à l'alcool ou à l'éther une

grande quantité de binitrosulfure de fer qui cristallise aussitôt et que l'on peut reconnaître comme identique avec celui de nos expériences ; il a même composition, même aspect, et les réactions sont semblables.

Une dissolution de nitroprussiate de soude additionnée de sulfure alcalin en excès, produit, comme on le sait, une magnifique coloration pourpre. Si l'on porte cette liqueur à l'ébullition, elle perd sa coloration pourpre, prend une teinte vert rougeâtre, et finalement se transforme en binitrosulfure de fer ou nitrosulfure de fer et de sodium.

Le parallélisme de ces deux classes de sels se poursuit jusque dans leur mode de génération ; voici l'expérience qui le prouve : nous avons pris une solution composée d'azotite de potasse et de perchlorure de fer, faite au moment même de l'expérience, car ce mélange se décompose rapidement. Cette liqueur a été divisée en deux parties égales : dans le n° 1, on a versé du cyanure de potassium ; dans le n° 2, on a versé du sulfhydrate d'ammoniaque. Les deux liquides ont été portés à l'ébullition et filtrés ; le n° 1, c'est-à-dire celui qui avait reçu le cyanure de potassium, contenait une quantité considérable de nitroprussiate ; le n° 2, qui avait reçu le sulfure alcalin, semblait tout transformé en nitrosulfure.

Une autre expérience a été faite. On a fait passer un courant de bioxyde d'azote dans une solution de prototosulfate de fer jusqu'à refus ; cette solution a été divisée en deux parties. Le n° 1 a été additionné de cyanure de potassium et filtré ; le n° 2, précipité par du sulfure de sodium, a été filtré également. La solution filtrée du n° 1 contenait une grande quantité de nitroprussiate. Le précipité noir du n° 2 était formé, en grande partie, de ni-

trosulfure de fer soluble dans les sulfures alcalins. Comme
on le voit par ces deux exemples, le parallélisme ne
peut être plus manifeste.

Il ne reste plus qu'à opérer la substitution inverse, c'est-
à-dire à repasser, par un double échange, des nitrosulfures aux nitroprussiates. Cette substitution est encore
plus simple que la première. Il suffit, pour l'effectuer, de
prendre un composé nitrosulfuré quelconque, le nitrosulfure de fer et de sodium, par exemple, et de le mettre
en contact avec un cyanure simple. Le cyanure de potassium et celui de plomb réussissent bien. Le cyanure de
mercure surtout effectue cette substitution avec la plus
grande facilité ; il se précipite du sulfure de mercure, et
le cyanogène, prenant la place du soufre, transforme le
nitrosulfure en nitroprussiate. Si l'on tente la substitution avec le cyanure de potassium, le soufre ne s'élimine
plus en un composé insoluble ; il s'unit avec le cyanure
de potassium en excès, de telle sorte que tout le fer et
tout le bioxyde d'azote du composé passent à l'état de
nitroprussiate, tandis que le soufre se combinant au cyanure de potassium passe à l'état de sulfocyanure.

Les nitrosulfures ne forment donc point un groupe
isolé dans la série des combinaisons salines ; ils se rattachent aux nitro-prussiates et de là, aux cyanures
doubles de fer, par une affinité évidente, des réactions
parallèles et une composition analogue. Il y a même, à
notre sens, peu d'exemples par lesquels cette féconde
idée des substitutions puisse recevoir une plus large
consécration. Le cyanogène, dans les cyanures doubles
de fer, fait passer la molécule du fer à l'état latent ; c'est
là un fait qui caractérise exclusivement ces sortes de
composés. Le soufre, en se substituant au cyanogène,

pouvait détruire cette propriété mystérieuse ; il n'en est rien. La place de l'atome du cyanogène est occupée par un atome équivalent de soufre et la plus simple des propriétés d'un corps, celle qui se traduit par la forme, n'en est pas même affectée. Disons cependant qu'il est bien probable que le bioxyde d'azote joue un grand rôle dans ces combinaisons et que la molécule du soufre seule serait peut-être inapte à produire ces curieux composés. Il est à remarquer, en effet, que dans les nitroprussiates où les molécules du cyanogène et du bioxyde d'azote se trouvent réunies, leurs efforts semblent s'ajouter, et les propriétés spéciales du fer s'effacent et disparaissent plus profondément dans cette molécule mixte que lorsque ce métal se trouve absorbé seulement dans un groupe cyanuré.

Nous croyons avoir démontré dans ce mémoire :

1° Qu'il existe une nouvelle classe de sels que nous nommons nitrosulfures doubles de fer et que l'on peut envisager, d'une façon générale, comme une combinaison des sulfures simples avec une molécule indivisible représentée par du fer, du soufre et du bioxyde d'azote ;

2° Que dans cette classe nouvelle de sel, la molécule du fer y est latente comme dans les cyanures doubles de fer ; le soufre et le bioxyde d'azote y jouant le même rôle que le cyanogène ;

3° Que ces sels sont susceptibles du double échange ;

4° Que les nitrosulfures ne diffèrent des nitroprussiates que par la substitution du soufre au cyanogène ;

5° Que le passage des nitrosulfures aux nitroprussiates et la substitution inverse peuvent s'opérer facilement par double échange.

VII. — Application des nitro-sulfures de fer à la constatation de la pureté du chloroforme.

(1859)

On a vu dans le mémoire précédent que les nitro-sulfures doubles de fer, et notamment le nitro-sulfure de fer et de sodium, sont insolubles dans le chloroforme pur et très solubles dans l'alcool, l'éther, l'aldéhyde, etc.

D'après ces données, Roussin a proposé le procédé suivant, consacré depuis par la pratique, pour déceler les altérations du chloroforme. « On prend un tube fermé par un bout, ou un petit flacon à l'émeri. On y introduit le chloroforme à essayer, puis quelques centigrammes de nitrosulfure. On agite et on laisse déposer pendant deux minutes. Le chloroforme pur reste limpide : s'il contient des impuretés (alcool, éther, etc.) il prend une teinte foncée qui varie avec la quantité des substances étrangères, mais qui demeure encore parfaitement appréciable lorsqu'elles ne figurent que dans la proportion d'un millième. »

VIII. — Sur un nouveau mode de production du cyanogène.

(1859)

La déflagration du charbon avec les azotates s'effectue avec une telle violence que tout le carbone passe instantanément à son dernier degré d'oxydation, l'acide carbonique, sans que l'azote soit fixé. Roussin est parvenu à fixer ce corps sur le carbone et à produire du cyanogène dans les conditions suivantes :

On dissout dans une petite quantité d'eau un mélange de 4 équivalents d'acétate de potasse fondu, 3 équivalents de sel de nitre et environ 5 équivalents de potasse caustique ou carbonatée. Le mélange, évaporé à siccité dans une capsule de porcelaine, entre bientôt en fusion, et vers la température de 350° brûle avec vivacité. La masse alors est caverneuse et de couleur noire. Si l'on recouvre la capsule et, qu'après l'avoir laissée refroidir on vienne à lessiver le produit par l'eau distillée, on trouve dans le liquide filtré une quantité considérable de cyanure de potassium mélangé de carbonate de potasse. Il reste sur le filtre un charbon très divisé. L'équation suivante rend parfaitement compte de la réaction :

$$(C^4H^3O^3,KO)^4 + (AzO^5,KO)^3 + 5KO = (C^2AzK)^3 + (CO^2,KO)^9 + 12HO + C$$

$$\underbrace{\hspace{3cm}}_{\text{Acétate de potasse. Sel de nitre}} \qquad \underbrace{\hspace{2cm}}_{\substack{\text{Cyanure de} \\ \text{potassium}}}$$

L'expérience vient du reste confirmer pleinement cette manière de figurer la réaction.

Nous avons produit la déflagration de divers mélanges, à proportions variables d'acétate et d'azotate, et nous avons estimé le rendement du cyanure par la quantité du bleu de Prusse formé. Le rendement le plus considérable s'est trouvé correspondre au chiffre de l'équation ci-dessus. Pareil dosage a été fait à l'aide du nitrate d'argent acidulé par l'acide azotique. Le nouveau tableau obtenu de la sorte a montré des chiffres parallèles.

Acétate de potasse . . . $6^{gr}8$		
Azotate de potasse . . . 3, 0	}	$0^{gr}45$ de bleu de Prusse sec.
Acétate de potasse. . . 10, 2		
Azotate de potasse. . . 3, 0	}	0, 48　—　　—
Acétate de potasse. . . 13, 5		
Azotate de potasse. . . 3, 0	}	0, 47　—　　—
Acétate de potasse. . . 5, 1	}	La matière est projetée hors
Azotate de potasse. . . 3, 0		de la capsule.
Acétate de potasse. . . 3, 4		
Azotate de potasse. . . 3, 0	}	0, 32 de bleu de Prusse sec.
Carbonate de potasse . . 3, 0		
Acétate de potasse. . . 5, 1		
Azotate de potasse. . . 3, 0	}	0, 70　—　　—
Carbonate de potasse . . 3, 0		

Acétate de potasse. . . $4^{gr}5$)
Azotate de potasse. . . 3, 0 } $0^{gr}70$ de bleu de Prusse sec.
Carbonate de potasse . . 6, 0)

Acétate de potasse. . . 4, 5)
Azotite de potasse. . . 3, 0 } 0, 80   —   —
Carbonate de potasse . . 6, 0)

Acétate de potasse. . . 4, 5)
Azotite de potasse . . . 3, 0 (
Carbonate de potasse . . 6, 0 } 0, 86   —   —
Noir de fumée 5, 0)

En introduisant du charbon dans les mélanges réagissant, la proportion de cyanogène augmente d'une légère quantité ; elle est bien loin cependant de correspondre aux poids théoriques.

Diminuer la quantité d'oxygène du salpêtre en le transformant en azotite par une fusion prolongée, c'était attaquer le problème de la même façon. Le rendement augmente alors d'une manière évidente. $4^{gr}5$ d'acétate de potasse mélangés avec 3^{gr} d'azotate de potasse et 6^{gr} de carbonate alcalin ne nous avaient donné que $0^{gr}70$ de bleu de Prusse sec. En remplaçant l'azotate par l'azotite nous avons pu obtenir $0^{gr}82$, avec les mêmes proportions. Un mélange intime de noir de fumée, d'acétate de potasse, d'azotite et de carbonate fournit le rendement maximum. Il a été possible d'obtenir $0^{gr}86$ de bleu de Prusse sec avec $4^{gr}5$ d'acétate et 3^{gr} d'azotite. Tous ces essais ont été faits sur de petites quantités. Il n'est pas douteux que des chiffres supérieurs ne puissent être obtenus dans une fabrication régulière.

Il convient de signaler une autre cause de destruction. L'oxygène du salpêtre oxyde souvent le cyanure formé. Tant que le produit est chaud, le cyanate ne se décompose pas ; mais dès que la masse charbonneuse, et conséquemment absorbante, est envahie par l'air extérieur humide, il se dégage de l'ammoniaque, qui se traduit par une perte correspondante de cyanogène.

La sciure de bois substituée à l'acétate n'a fourni comparativement que de faibles quantités de cyanogène. Nous en dirons autant de la crème de tartre, des savons, etc.

IX. — De l'action du chlorure de soufre sur les huiles.
(1859)

Si l'on mélange avec une huile quelconque un trentième en volume de chlorure de soufre jaune, ce dernier corps s'y dissout parfaitement, et rien ne paraît se passer au premier instant. Cependant, peu à peu, le mélange s'échauffe et prend une consistance visqueuse telle qu'il est souvent possible de retourner le vase sans que la matière se répande.

Si le chlorure de soufre entre au mélange dans la proportion d'un dixième, les phénomènes précédents acquièrent une plus grande intensité. Le mélange ne tarde pas à atteindre une température de 50° à 60° : quelques bulles de gaz chlorhydrique se dégagent, et toute la masse se solidifie instantanément sans perdre sa transparence, et acquiert une consistance analogue à celle du caoutchouc. Ce produit possède une certaine élasticité et prend un léger retrait après sa solidification. Mis à macérer dans l'eau distillée, il perd sa transparence et devient d'un blanc opaque à partir de la circonférence. Au bout de quelques jours, il est entièrement transformé en une matière blanche, légèrement friable, élastique, qui n'a plus d'analogie avec le produit primitif, et rappellerait plutôt un véritable produit organisé.

Si l'on prend un mélange de une partie de chlorure de soufre et de quatre parties d'huile, et qu'au lieu d'attendre une solidification spontanée on vienne à chauffer la matière, vers la température de 60°, une violente réaction s'opère : il se dégage de l'acide chlorhydrique et toute la masse se trouve alors transformée en un produit élastique, caverneux, analogue à l'éponge, et rappelant à s'y méprendre certaines végétations cryptogamiques. Mis à macérer dans l'eau, ce produit devient plus blanc sans changer de forme.

Tous ces produits résistent à l'action des alcalis bouillants étendus et concentrés. L'ammoniaque et les acides étendus sont sans action sur eux. L'eau, l'alcool, l'éther, le sulfure de carbone, les huiles ne paraissent ni les altérer ni les dissoudre. A la température de 150°, ils restent solides et inaltérés. A quelques degrés au-dessus, ils commencent à fondre en un liquide brun et répandent des vapeurs blanches acides et nauséabondes. Après une longue ébullition au sein des alcalis bouillants, lavages réitérés d'abord aux acides étendus, puis à l'eau distillée, ces produits renferment du chlore et du soufre au nombre de leurs éléments. Dans cet état, le plus léger ébranlement leur communique un mouvement particulier vermiculaire qui se continue seul pendant quelques instants. Sous une pression considérable (50 à 60 atmosphères), tous ces débris se soudent en une masse homogène analogue au caoutchouc. Il est bien probable que l'application de ce produit ne tardera pas à se faire. Nous savons déjà qu'on a pu en faire des rouleaux d'imprimerie.

On ne saurait trop insister sur ces expériences qui,

depuis, ont exercé un rôle capital dans l'industrie, aujour-
d'hui si développée, des caoutchoucs artificiels.

X. — Sur un nouveau procédé de purification du nitrate d'urée.

(1859)

Dans cette courte note présentée à la Société chimique
(séance du 15 avril 1859) Roussin appelle l'attention sur
un moyen très simple de décolorer complètement l'urée.
Il consiste à redissoudre, dans un peu d'eau tiède, l'azotate d'urée brut et coloré, et à y projeter, en agitant,
quelques pincées de chlorate de potasse. La décoloration
s'opère immédiatement.

XI. — Falsification du sirop de gomme. Dosage de la gomme.

(1860)

On vend fréquemment, sous le nom de sirop de gomme,
des mélanges divers (sirop de dextrine, sirop de blé,
sirop de glucose, etc.), qui ne rappellent en rien le goût
et les propriétés du sirop de gomme du Codex. Pour
doser rapidement la gomme dans les sirops de gomme,
Roussin a utilisé l'action des persels de fer et, en particulier, du persulfate sur cette substance.

Si l'on prend une dissolution fort étendue de gomme
(environ 4 décigr. pour 20 gr. d'eau) et qu'on ajoute une
ou deux gouttes de persulfate de fer, puis qu'après avoir
vivement agité, on laisse le liquide en repos, on remarque,
après quelques minutes, que tout le liquide est pris en
gelée. En étudiant la limite de cette action, l'auteur est
arrivé, au moyen d'un tube de 12 à 15 millimètres de
diamètre et d'une longueur de 25 centimètres, divisé en
vingt parties, à constater si tel sirop renferme la proportion de gomme prescrite par le *Codex* et, dans le cas
de fraude, à déterminer la quantité réelle de gomme
existante.

La solution de persulfate de fer doit être aussi neutre
que possible et renfermer environ 1 gr. de fer métallique
pour 10 cc.

XII. — Sur une nouvelle base organique dérivée
de l'acide picrique.
(1861)

L'alcaloïde, découvert par Roussin, en réduisant l'acide picrique par le mélange d'acide chlorhydrique et de grenaille d'étain, est incolore, cristallisable, et forme des sels parfaitement définis et nettement cristallisés. Dissous dans l'eau absolument privée d'air, il fournit une solution complètement incolore. Versé, au contraire, dans l'eau distillée, il donne une solution d'un bleu très intense, si cette eau renferme une trace d'oxygène. C'est un réactif très sensible pour déceler la présence de l'oxygène dissous dans l'eau.

XIII. — Mémoires sur la naphtaline, la naphtylamine
et leurs dérivés colorés.
(1861)

« Dans ces mémoires, a écrit Roussin (1), j'indique de nouveaux procédés de préparation de la mononitronaphtaline, de la binitronaphtaline et de la naphtylamine, et je passe en revue l'action d'un grand nombre de substances sur les produits précédents, dans le but de produire des dérivés colorés. C'est ainsi que j'ai étudié la réaction des protosels d'étain, alcalins et acides, des sulfures et cyanures alcalins sur la binitronaphtaline, l'action de l'acide azotique et de l'azotite de potasse sur la naphtylamine. J'indique, pour la première fois, l'emploi de l'étain et de l'acide chlorhydrique pour opérer la réduction rapide des dérivés nitrés. »

(1) *Titres et travaux scientifiques de Z. Roussin*. Paris, 1870.

XIV. — Mémoire sur la formation de la naphtazarine, ses propriétés et sa composition.

(1861)

« J'ai découvert cette substance, que ses propriétés placent si près de l'alizarine de la garance, par l'action de l'acide sulfurique concentré et d'un agent réducteur (charbon, zinc, etc.) sur la binitronaphtaline à la température d'environ 200°. Comme l'alizarine elle-même, la naphtazarine se sublime en aiguilles cristallines brillantes ; elle se dissout sans décomposition dans l'acide sulfurique concentré, dans l'alcool et dans les liqueurs alcalines, d'où elle est précipitée par les acides. Mais la naphtazarine diffère de l'alizarine par sa composition élémentaire et surtout par la nuance des laques qu'elle produit avec l'alumine et l'oxyde de fer (1). »

XV. — Sur les divers sels d'argent applicables à la photographie.

(1862)

Obligé chaque année, par le programme officiel de l'Ecole du Val-de-Grâce, de m'occuper pendant quelques jours d'expériences photographiques, j'ai plus particulièrement porté cette année mon attention sur les plaques albuminées et les meilleures conditions de réussite de ce genre de photographie. En cherchant à modifier la proportion d'iodure introduite ordinairement dans l'albumine, j'ai remarqué que, dans certaines teintes, le temps de pose variait en raison inverse de la quantité d'iodure ajoutée. Plus la quantité d'iodure est grande, moins il faut de

(1) *Titres et travaux scientifiques de Z. Roussin.* Paris, 1870.

temps à la lumière pour impressionner la plaque sensibilisée, lavée et séchée. Je remarquai en outre qu'en diminuant considérablement la proportion d'iodure et augmentant proportionnellement le temps de pose, on obtient des images aussi vigoureuses, des noirs aussi intenses qu'avec des doses supérieures d'iodure. Cette remarque me conduisit à me demander si la présence de l'iodure d'argent était bien indispensable, comme on l'a cru jusqu'à présent, à la formation de l'image photographique.

En conséquence je pris des blancs d'œufs récents que je battis en neige sans addition d'aucune substance étrangère et que j'étendis le lendemain sur quelques glaces soigneusement nettoyées. Ces plaques sèches, posées dans un bain de nitrate d'argent neuf à 8 0/0, lavées pendant quatre heures à plusieurs eaux et séchées, furent exposées à la chambre obscure et développées à la manière ordinaire (acide gallique additionné d'azotate d'argent). Le temps de pose a besoin d'être le double ou le triple du temps ordinaire sur plaque albuminurée iodurée.

L'image obtenue fut d'une vigueur extrême, les noirs étaient d'une intensité inaccoutumée et toute l'harmonie du paysage parfaitement conservée. Les épreuves obtenues de la sorte présentent en outre une finesse remarquable et sont exemptes de ce petit pointillé fâcheux qui envahit souvent les meilleurs clichés sur albumine.

Ce fait singulier d'une image parfaite obtenue dans les conditions ordinaires de la photographie, sans le concours de l'iodure d'argent, me porta naturellement à rechercher si certains sels d'argent ne jouissaient pas, comme l'albuminate, de la propriété d'être réduits par l'acide gallique après leur exposition à la lumière. J'ai fait quelques essais dans cette voie : l'oxalate, le tartrate, le succinate, le benzoate, le carbonate, le phosphate, l'arsénite d'argent, etc., sont énergiquement réduits par une insolation de quelques secondes, et pourraient servir comme l'iodure d'argent lui-même, sans doute avec une rapidité moindre, à l'obtention des images photographiques. J'indique cette nouvelle voie, qui peut conduire à quelques résultats avantageux. Peut-être, dans le nombre considérable des précipités insolubles d'argent, trouvera-t-on des substances plus spécialement impressionnables par quelques rayons du spectre, et capables dès lors de se modifier sous l'influence de certaines teintes rebelles, les couleurs vertes et jaunes par exemple. Peut-être trouverait-on dans des combinaisons très instables de l'argent une substance plus sensible que l'iodure d'argent lui-même.

Quoi qu'il en soit, il est bien acquis que l'emploi des iodures n'est pas indispensable pour obtenir des images et que l'albuminate d'argent bien lavé et sec se décompose, comme l'iodure de la même base, sous l'influence de la lumière et donne des négatifs remarquables.

XVI. — Action de la lumière sur le nitroprussiate de soude. Aréomètre appliqué à la photométrie.
(1863)

La mesure de quantité de lumière versée par le soleil à la surface de la terre est une question digne à tous égards du plus grand intérêt, et dont la solution importe également à l'agriculture, à l'hygiène, ainsi qu'à la physique générale du globe.

Le moyen que nous proposons pour mesurer l'intensité lumineuse du soleil nous semble plus exact et surtout plus rapide qu'aucun de ceux imaginés jusqu'à ce jour. Il est fondé sur une réaction spéciale, découverte par nous il y a plusieurs années, et que des circonstances récentes nous ont fait étudier avec plus de soin.

Lors de nos premières études sur les nitrosulfures de fer, nous avons signalé les divers modes de décomposition des nitroprussiates, et notamment du nitroprussiate de soude, dont la composition, comme je l'ai démontré, ne diffère de celle du nitrosulfure de fer et de soude que par la substitution du cyanogène au soufre. Or, dès cette époque, nous avions remarqué qu'une dissolution limpide de nitroprussiate de soude se décompose à la lumière et dépose un précipité de bleu de Prusse. Un papier imprégné de cette dissolution, puis desséché dans l'obscurité, pouvait, exposé derrière un négatif ordinaire, fournir une épreuve positive bleue qu'un simple lavage à l'eau suffit à fixer, en enlevant le sel en excès. La quantité de bleu de Prusse qui se forme est proportionnelle à l'intensité de la lumière et en raison directe des surfaces insolées, ainsi que nous nous en sommes assuré par plusieurs expériences directes. Cette réaction est fort nette, mais elle est lente.

Par son mélange avec un persel de fer (perchlorure ou persulfate) la dissolution de nitroprussiate de soude acquiert la propriété de se décomposer bien plus rapidement sous l'influence de la lumière, tout en gardant ses autres propriétés et notamment sa stabilité ordinaire. C'est ainsi que le mélange des deux sels peut se conserver indéfiniment dans l'obscurité ou subir impunément l'action d'une température de 100° sans laisser précipiter trace de bleu de Prusse : la lumière seule détermine l'ébranlement moléculaire et la formation de ce composé.

Les proportions suivantes donnent de bons résultats :

mais on peut aussi faire usage de liqueurs plus concentrées ou plus étendues.

Nitroprussiate de soude. . . . . . 2 parties
Perchlorure de fer sec . . . . . . 2 —
Eau . . . . 10 —

Après dissolution on filtre et l'on conserve la solution dans un flacon entouré de papier noir. Cette solution est tellement impressionnable, qu'une exposition de quelques minutes à la lumière solaire lui communique une teinte bleue intense et donne naissance à un abondant précipité de bleu de Prusse.

La proportion du bleu de Prusse formé et par suite l'intensité lumineuse au point de vue des rayons chimiques peut être évaluée par l'un des procédés suivants :

Premier procédé. — Prendre un vase d'un volume déterminé, le remplir de la solution limpide préparée comme ci-dessus et le laisser exposé à la lumière pendant l'époque du jour et la durée jugée nécessaire ; rentrer dans l'obscurité, jeter le liquide devenu bleu sur un filtre taré à l'avance, laver jusqu'à épuisement le précipité de bleu de Prusse, le dessécher à 100° et le peser.

Deuxième procédé. — Pour éviter les lavages et filtrations on prend des feuilles de papier à filtrer d'une texture bien homogène, que l'on découpe en morceaux de 15 centimètres carrés en moyenne, que l'on pèse isolément et dont on inscrit le poids au crayon sur la feuille elle-même. Chacun de ces morceaux est trempé dans la solution précédente, mis à égoutter et à sécher dans un lieu obscur et finalement conservé dans l'obscurité pour servir au moment du besoin. Lorsqu'on veut déterminer l'intensité lumineuse d'une journée ou d'une fraction de journée, à l'aide d'un de ces papiers, on l'expose à la lumière directe en tenant une de ses faces appliquée sur une planchette noire et fixée au moyen de quatre épingles. L'exposition terminée, la feuille est lavée à plusieurs eaux, desséchée, puis finalement pesée. La différence avec la première pesée représente la proportion de bleu de Prusse formé.

Ce procédé donne de bons résultats, mais il demande une certaine délicatesse et une bonne balance.

Troisième procédé. — La méthode suivante est plus rapide et plus exacte ; elle consiste : 1° à préparer une certaine quantité de la solution indiquée ci-dessus et à prendre exactement, avec un aréomètre très sensible, la densité du liquide à la température de 15°. La densité obtenue une première fois, ne variant pas, est inscrite sur le flacon ; 2° à faire choix d'une éprouvette que l'on puisse exactement fermer par un bon bouchon de liège ou de verre. On la remplit de la solution et on l'expose à la lumière dans une position uniforme.

Lorsqu'on veut mettre fin à l'expérience on rentre dans un lieu obscur et l'on prend de nouveau la densité par l'immersion de l'aréomètre. Il est évident que le dépôt d'une certaine quantité de bleu de Prusse s'accompagne d'une diminution de densité proportionnelle. Si la température du liquide diffère de celle de 15°, on attend, pour prendre la densité, qu'elle soit revenue à ce degré. Il serait, en tous cas, possible de dresser une table de correction et de prendre la densité à toute température.

L'emploi de l'aréomètre, simplifiant le manuel des pesées ordinaires, donne aux opérations toute la rapidité qu'exigent les observations météorologiques ordinaires. Nous pensons en outre que cette méthode peut être généralisée, et s'appliquera avec avantage à toute autre réaction photochimique.

XVII. — Recherches sur les causes de la solidification du baume de copahu.

(1865).

Depuis longtemps les causes véritables de la solidification du baume de copahu avaient sollicité l'attention des pharmacologistes. Certains échantillons, d'une pureté authentique, refusaient de se solidifier au contact de la magnésie, tandis que d'autres se solidifiaient rapidement dans les mêmes conditions.

L'intervention de l'eau est nécessaire pour déterminer la combinaison de la résine du baume de copahu avec les oxydes métalliques et notamment avec la chaux et la magnésie. Si le copahu et la magnésie employés sont tous les deux anhydres, toute solidification devient impossible. Si ces deux corps, ou seulement l'un d'eux, contiennent la proportion d'eau nécessaire pour hydrater complètement la magnésie, la solidification se produit. Si la proportion d'eau est insuffisante, la solidification sera incomplète.

On comprend, dès lors, les variations observées jusqu'à ce jour dans la solidification des divers échantillons du baume de copahu et souvent du même échantillon essayé avec deux magnésies différentes. Tel baume de copahu naturellement privé d'eau ne se solidifiera qu'avec de la magnésie calcinée ancienne, conservée dans un lieu humide et dans des flacons mal bouchés ; il résistera, au contraire, à toute tentative de solidification si l'on fait usage de magnésie anhydre. Tel autre échantillon, naturellement mais incomplètement hydraté, prendra seulement une consistance pâteuse avec de la magnésie anhydre et ne parviendra à une consistance pilulaire que par l'emploi d'une magnésie calcinée, partiellement ou complètement hydratée. Si l'hydratation naturelle du copahu est complète, il se solidifiera avec tous les échantillons de magnésie calcinée, pourvu cependant que celle-ci ne soit pas carbonatée par un trop long séjour à l'air.

Au point de vue de la pharmacie pratique le meilleur procédé pour rendre le baume de copahu apte à la solidification consiste à l'agiter quelque temps avec un vingtième environ de son poids d'eau, à laisser déposer complètement l'eau excédante en maintenant le vase pendant quelques jours dans un lieu chaud, puis décanter et conserver le baume surnageant. Un seizième de magnésie calcinée anhydre solidifie le baume ainsi hydraté en l'espace de quelques jours et souvent de 24 heures.

XVIII. — Sur la composition et l'emploi des vases d'étain des hôpitaux militaires.

(1865)

Ce travail, demandé à Roussin par l'Administration de la guerre, comprend l'exposé de diverses expériences entreprises dans le but de démontrer :

1° Que les alliages d'étain du commerce sont très variables de composition ;

2° Que les essais, mis en pratique par les potiers d'étain, sont illusoires ;

3° Que les liquides acides, gras ou salés, usités dans la préparation des aliments, favorisent la dissolution du plomb de cet alliage ;

4° Que, contrairement aux assertions de quelques traités, l'étain n'oppose *aucun* obstacle à la dissolution du plomb ;

5° Qu'il est parfaitement possible, sans altérer les conditions de fabrication et de conservation du matériel, de réduire de 10 à 5 pour 100 la proportion de plomb tolérée dans les alliages destinés au service des hôpitaux militaires ;

6° Qu'aucune fourniture de vases d'étain ne doit être acceptée sans une analyse chimique et un dosage préalable des éléments métalliques.

Voici les principales expériences de Roussin mentionnées dans cette étude :

Expérience I. — Cinq gobelets d'étain (alliage à 15 p. 100 de plomb), après avoir été soigneusement décapés à l'intérieur et rendus brillants sur toute leur surface, ont reçu les liquides suivants :

Le premier, un mélange de 100 gr. d'eau et de 4 gr. de sel de cuisine ;

Le second, un mélange de 100 gr. d'eau et de 1 gr. d'acide azotique ;

Le troisième, un mélange de 100 gr. d'eau et de 1 gr. d'acide tartrique ;

Le quatrième, un mélange de 100 gr. d'eau et de 10 gr. de vinaigre ordinaire ;

Le cinquième, un mélange de 100 gr. d'eau distillée et de 20 gr. de sucre blanc.

Deux jours après, tous ces liquides renfermaient du plomb en dissolution et plusieurs, en quantité très considérable.

Les mêmes expériences, pratiquées avec des vases alliés à 10 p. 100 de plomb, ont accusé une proportion de plomb, moindre il est vrai, mais encore très appréciable.

Expérience II. — Pendant six semaines nous avons abandonné, dans une solution saturée d'acétate de plomb, une lame d'étain pur du poids de 41 gr. 6. Au bout de ce temps le liquide n'avait pas changé d'aspect ; la lame d'étain avait conservé son éclat primitif et son poids était encore de 41 gr. 6. Cette expérience a pu être variée en acidulant la solution d'acétate de plomb par l'acide acétique, en remplaçant l'acétate de plomb par l'azotate de la même base et le résultat n'a pas changé.

Il ressort de ces faits que l'étain ne précipite pas le plomb de ses dissolutions. Nous avons constaté, au contraire, que l'étain est précipité de ses dissolutions par le plomb métallique.

Expérience III. — Trois gobelets, l'un en alliage à 15 p. 100, l'autre en alliage à 10 p. 100, le troisième en alliage à 5 p. 100, ont reçu chacun le même volume du liquide suivant :

```
Eau.  . . . . . . . . . .  100 parties.
Sel de cuisine . . . . . . .    4
Vinaigre pur . . . . . . . .   10
```

Au bout de douze heures, les liquides des deux premiers vases renfermaient déjà une proportion notable de plomb, tandis que le liquide du troisième (alliage à 5 p. 100) n'en renfermait pas une trace. Au bout de vingt-quatre heures, les différences étaient plus accusées encore ; enfin, au bout de quarante-huit heures, c'est à peine si le liquide contenu dans le vase à 5 p. 100, convenablement calciné et traité par l'acide azotique, se teintait en brun par l'hydrogène sulfuré, tandis que les deux autres, soumis au même traitement, donnaient un précipité noir abondant.

Expérience IV. — Les analyses suivantes, pratiquées

sur 42 vases prélevés dans le commerce, prouvent combien est variable la composition des vases fabriqués par les potiers d'étain :

1 analyse a donné . , ...	Étain . . . 99	
	Plomb . . . 1	
8 analyses ont donné en moyenne.	Étain. . . . 88	
	Plomb . . . 12	
24 — —	Étain . . . 83	
	Plomb . . . 17	
2 — —	Étain. . . . 76	
	Plomb . . . 24	
3 — —	Étain. . . . 64	
	Plomb . . . 39	
4 — —	Étain . . . 90	
	Antimoine. . 10	

42

XIX. — Sur la préparation de la poudre d'émétique par voie de précipitation.

(1866)

L'émétique ordinaire, employé si fréquemment en thérapeutique, tant à l'intérieur qu'à l'extérieur, se dissout assez difficilement dans l'eau et se dépose partiellement au fond des vases, si l'on ne prend pas la précaution d'agiter assez longuement. Il peut, dans ce cas, présenter le danger plus grand encore d'être ingéré sous forme de petits grains solides qui adhèrent aux parois de l'estomac et provoquent quelquefois une irritation locale. C'est dans le but de remédier à ces deux graves inconvénients que j'ai eu l'idée de préparer la poudre d'émétique par la précipitation de sa dissolution aqueuse au moyen de l'alcool. La poudre qu'on obtient de la sorte est d'une finesse extrême, complètement inaltérable

et se dissout instantanément dans l'eau. La vésication
que cette poudre produit à la surface de la peau est aussi
incomparablement plus égale.

XX. — Sur une falsification du poivre.

(1866)

Roussin a eu à expertiser un poivre artificiel constitué
par un mélange de grabeaux de poivre, de farine de
seigle et de farine de lin. Ce mélange avait été divisé
mécaniquement en petites sphères irrégulières, semblables
à des pilules, et un peu chagrinées par la dessiccation.
La quantité saisie atteignait 1800 quintaux.

XXI. — Falsification des savons mous par la fécule.

(1867)

Un simple examen microscopique fait immédiatement
découvrir la fraude. Le moyen suivant permet d'isoler
et de peser la fécule. Dix grammes de savon noir
sont dissous, à froid, dans 30 à 40 cmc d'alcool à 85°. Si
le savon est pur, la solution est complètement effectuée
en quelques minutes ; s'il y a fécule, il se dépose un résidu
insoluble qui peut être lavé par décantation. On dessèche sur quelques doubles de papier buvard, on porte
à l'étuve, on pèse.

XXII. — Falsification du sous nitrate de bismuth
par le phosphate de chaux.

(1868)

Un gramme de sous-nitrate est introduit dans un petit
ballon avec environ 5 cc. d'acide azotique et 1 gr. d'acide
tartrique. En chauffant, tout se dissout. Dans ce liquide
acide on laisse tomber, peu à peu, une solution concentrée
de carbonate de potasse, jusqu'à ce que toute effervescence étant terminée, il reste dans la liqueur un excès de
ce réactif. Si le sous-nitrate est pur le liquide reste lim-

pide, même à l'ébullition, s'il y a du phosphate de chaux,
il reste un précipité blanc insoluble à chaud.

XXIII. — Moyen de reconnaître
et de doser un mélange de gomme et de dextrine ;
application à l'analyse des sirops de gomme du commerce.

(1868)

Dans un précédent travail (1) j'ai fondé sur l'action des
persels de fer un procédé très approximatif de dosage de
la gomme dans les sirops de gomme du commerce. C'est
l'étude précise et plus approfondie de cette réaction qui
sert encore aujourd'hui de base à la méthode que je propose pour la recherche et le dosage de la gomme et de la
dextrine dans un mélange de ces deux substances.

Le persel de fer dont je fais usage est la solution spéciale de perchlorure de fer du Codex. Quatre gouttes de
cette solution suffisent pour précipiter complètement 1 gr.
de gomme arabique ou de gomme du Sénégal, dissoutes
dans l'eau.

Le liquide dans lequel on se propose de rechercher la
présence de la gomme et de la dextrine est amené, par
évaporation, en consistance sirupeuse puis précipité par
dix fois son volume d'alcool à 90°. Le précipité est lavé
de nouveau avec l'alcool, puis recueilli et desséché au bain-
marie. On en pèse 1 gr. qu'on dissout dans 10 cc. d'eau
distillée ; cette solution est introduite dans un flacon à
large ouverture, d'une capacité d'environ 60 cc. et on y
ajoute : 1° 30 cc. d'alcool à 56° ; 2° 4 gouttes de la solution de perchlorure ; 3° quelques décigrammes de craie
pulvérisée. Après une vive agitation, on débouche le
flacon et après un repos de trois ou quatre minutes, on
jette le magna sur un filtre.

(1) Voir page 152.

Si le liquide soumis à l'essai ne renferme que de la gomme, la liqueur qui s'écoule, mélangée avec huit ou dix fois son volume d'alcool à 90°, ne se trouble pas. S'il y a mélange de gomme et de dextrine, cette dernière est précipitée par l'alcool.

Pour procéder à l'essai d'un sirop de gomme du commerce, on fait choix d'un flacon à large ouverture, de la capacité d'environ 60 cc., dans lequel on verse: 1° 10 cc. du sirop à essayer; 2° 30 cc. d'alcool à 56°. On agite puis on ajoute 4 gouttes de la solution de perchlorure de fer et finalement quelques décigrammes de craie pulvérisée. Après avoir agité vivement le flacon, durant quelques instants, on jette le magna sur un filtre. Si le sirop de gomme est pur, le liquide filtré, mélangé avec huit ou dix fois son volume d'alcool à 50°, restera limpide ; dans ces conditions, on pourra doser exactement la gomme du sirop par la précipitation directe de ce liquide par l'alcool. Si, au contraire, le sirop renferme du glucose dextriné, la liqueur filtrée précipitera plus ou moins abondamment par l'alcool.

Préalablement, j'ai dû rechercher si, par le temps, la gomme elle-même ne se transformait pas en dextrine ; j'ai expérimenté dans les conditions les plus diverses, sur des sirops de gomme préparés depuis un, deux et trois ans, et dans aucun cas je n'ai constaté la moindre trace de dextrine.

XXIV. — Sur l'hydrate de chloral.

(1869)

Le produit obtenu, dans les conditions décrites par l'auteur, n'est pas de l'hydrate de chloral pur, mais,

comme l'a montré Personne, une combinaison de chloral
et d'alcoolate de chloral.

XXV. — Falsification de la cire d'abeille.

(1870)

La densité de la cire d'abeille varie entre 0,966 et
0,969 ; lorsqu'il y a mélange avec des cires végétales,
la densité est plus élevée et atteint 0,988 à 0,990.

La cire d'abeille n'est pas attaquée par une ébullition
de quelques minutes avec une solution au dixième de
potasse caustique. La liqueur provenant de ce traitement,
refroidie et filtrée sur un papier mouillé, ne se trouble
pas par l'addition d'un excès d'acide chlorhydrique. Il en
est tout autrement si la cire est falsifiée par l'acide stéarique, la résine ou la cire végétale; le liquide filtré précipite très abondamment. En recueillant, lavant, séchant
et fondant ce précipité, on en reconnaît aisément la nature. Le précipité de résine répand l'odeur de résine,
quand on le chauffe; son toucher et sa cassure sont
caractéristiques. Le précipité d'acide stéarique, lorsqu'il
a été fondu et refroidi, est cristallin ; son toucher est
onctueux. Dans les mêmes conditions, le précipité de
cire végétale est cassant, vitreux et sans aucune texture
cristalline.

XXVI. — Sur la nature de la matière sucrée de la
racine de réglisse ;
Combinaison ammoniacale de la glycyrrhizine

(1875)

Tous ceux qui ont eu occasion de préparer la glycyrrhizine, dite *matière sucrée de la racine de réglisse*, ont
dû remarquer, comme moi, combien cette substance est
insipide, comparativement à la racine de réglisse elle-
même. Aucun auteur, néanmoins, ne signale ce fait
anormal, et M. Gorup-Besanez, qui a repris récemment

l'étude de la glycyrrhizine, ne voit rien d'étrange à donner comme le principe sucré de la racine de réglisse une matière presque insoluble dans l'eau et à peu près insipide.

Il m'a paru utile de rechercher la cause de ces contradictions et de déterminer la véritable nature du principe sucré de la racine de réglisse.

J'ai constaté d'abord que la glycyrrhizine purifiée par quatre dissolutions dans l'alcool et quatre précipitations successives des matières étrangères par l'éther constitue, après l'évaporation du liquide alcoolo-éthéré, une matière d'une couleur jaunâtre, insoluble dans l'eau froide et à peu près dépourvue de toute saveur. A la longue cependant, il se développe dans la bouche une sensation douceâtre, qui rappelle très faiblement la saveur de la racine de réglisse. Il paraît dès lors que la substance, appelée jusqu'ici glycyrrhizine, n'est pas en réalité la matière sucrée de la réglisse, telle qu'elle existe à l'état naturel dans cette racine, c'est-à-dire avec sa saveur extrêmement sucrée et sa rapide solubilité dans l'eau froide. Les divers ouvrages de chimie traitant de la glycyrrhizine mentionnent bien que les alcalis donnent à la glycyrrhizine, comme aux infusions de racine de réglisse, une coloration jaune ; mais toutes les indications se bornent à la seule mention de ce fait. Aucun chimiste ne paraît avoir remarqué ce qu'il y a de plus intéressant dans cette action des alcalis sur la glycyrrhizine, à savoir que la saveur sucrée ne se développe dans cette dernière substance qu'au moment même où s'opère sa dissolution dans les alcalis.

Les liqueurs étendues de potasse et de soude déterminent très rapidement cette dissolution et la saveur sucrée se développe aussitôt, pendant que le liquide prend une coloration jaune. Si l'on fait évaporer ces solutions au bain-marie, elles laissent un résidu écailleux, translucide, d'une couleur orangé foncé qui se redissout rapidement dans l'eau froide et présente, sous un très petit volume, la saveur sucrée, spéciale à la réglisse. L'emploi de la potasse et de la soude offre néanmoins plusieurs inconvénients et notamment, lorsqu'elles sont ajoutées en excès, celui d'altérer la glycyrrhizine et de lui communiquer une saveur lixivielle.

Ce n'est pas, du reste, sous la forme d'une combinaison potassique ou sodique que la glycyrrhizine existe à l'état naturel dans la racine de réglisse. La matière sucrée, contenue naturellement dans cette racine, est le résultat de la combinaison de la glycyrrhizine avec l'ammoniaque. Pour le démontrer, il suffit de prendre de la racine de réglisse fraîche ou sèche, préalablement contusée, et de l'arroser à froid avec une solution concentrée de potasse et de soude. Il se développe immédiatement une odeur ammoniacale assez intense, facile à constater tant à l'odorat qu'aux réactifs. Pareil phénomène se produit sur l'extrait pur provenant de l'épuisement à froid de la racine de réglisse et évaporé au bain-marie.

La glycyrrhizine forme avec l'ammoniaque deux combinaisons différentes, l'une avec excès d'alcali et donnant une solution jaune foncée, la seconde renfermant une proportion moitié moindre d'ammoniaque et donnant une solution simplement ambrée. On obtient la première combinaison en employant un excès d'ammoniaque pour dissoudre la glycyrrhizine dans l'eau. Le liquide jaune foncé qui en résulte, évaporé à siccité, soit à la température ordinaire, soit au bain-marie d'eau bouillante, laisse un résidu jaunâtre vernissé, écailleux,

très friable, nullement hygrométrique, lequel constitue
la seconde combinaison ammoniacale, se redissout très
facilement dans l'eau et lui communique une coloration
ambrée. L'addition de quelques gouttes d'ammoniaque
fait immédiatement virer ce liquide au jaune foncé. La
solution aqueuse de cette seconde combinaison ammoniacale reproduit très exactement la saveur spéciale de
la racine de réglisse.

La glycyrrhizine joue dans ces deux combinaisons le
rôle véritable d'un acide et les produits qui en résultent
sont de véritables sels, effectuant la double décomposition,
non seulement avec presque tous les sels métalliques,
mais encore avec les sels des alcaloïdes organiques. Les
précipités formés renferment la glycyrrhizine en combinaison avec l'oxyde ou l'alcaloïde. La glycyrrhizine
ou acide glycyrrhizique, par ses principales propriétés,
semble être un acide intermédiaire entre l'acide tannique
et l'acide pectique. La combinaison jaune, formée par un
excès d'ammoniaque, est le glycyrrhizate basique d'ammoniaque : la seconde, renfermant moins d'ammoniaque,
est en réalité la plus importante puisqu'elle constitue le
véritable principe sucré de la racine de réglisse. Elle
portera le nom de glycyrrhizate d'ammoniaque, ou plus
simplement de glycyrrhizine ammoniacale.

$2^{gr},50$ de glycyrrhizine ammoniacale sont dissous dans
un mélange d'alcool et d'éther, préalablement acidulé
par quelques gouttes d'acide chlorhydrique, puis on
ajoute un petit excès de bichlorure de platine. Au bout
de quarante-huit heures, le chloroplatinate d'ammoniaque
recueilli, lavé et desséché, pèse $0^{gr},0455$. Calciné, il
fournit un poids de $0^{gr},0205$ de platine, correspondant à
$0^{gr},0035$ d'ammoniaque. La glycyrrhizine ammoniacale
renferme en conséquence $0^{gr},14$ pour 100 d'ammoniaque.

L'équivalent de la glycyrrhizine serait ainsi plus élevé qu'on ne l'a pensé jusqu'à ce jour.

Pour obtenir à l'état de pureté la glycyrrhizine ammoniacale, voici le procédé que j'emploie : On fait choix d'une racine de réglisse aussi sucrée et aussi bien conservée que possible ; on élimine tous les morceaux à cassure terne et l'on ne traite que ceux qui présentent une cassure jaune bien homogène. Ces morceaux, préalablement raclés superficiellement, sont fortement contusés de manière à les réduire en une sorte d'étoupe filandreuse. Cette matière, mise à macérer à froid, durant quelques heures, avec le double de son poids d'eau distillée, est soumise à l'expression et traitée une seconde fois de la même manière. Les deux liqueurs sont réunies et abandonnées au repos, durant quelque temps, dans un vase qui permette le dépôt de la fécule. Le liquide surnageant est porté à l'ébullition et filtré ensuite, pour séparer l'albumine coagulée. Lorsque les liqueurs filtrées sont refroidies, on y verse peu à peu, en agitant vivement, de l'acide sulfurique étendu de son poids d'eau, jusqu'à cessation de tout précipité. Ce précipité, d'abord gélatineux et floconneux, prend au bout de peu de temps de repos une grande cohésion et forme au fond du vase une masse compacte demi-molle. On rejette d'abord tout le liquide surnageant et, après avoir grossièrement et à plusieurs reprises lavé ce dépôt avec de l'eau pure, on finit par le pétrir dans de l'eau distillée qu'on renouvelle plusieurs fois, jusqu'à ce que toute acidité ait sensiblement disparu.

La masse, bien lavée et égouttée autant que possible, est introduite dans un flacon avec environ trois fois son poids d'alcool à 90°. Après quelque temps d'agitation, tout étant dissous, on ajoute au liquide sirupeux une nouvelle dose, égale à la première, d'alcool à 96° ou à 98°. Il se précipite ainsi un peu d'acide pectique que l'on sépare par le filtre. Les liqueurs alcooliques sont additionnées d'éther ordinaire, jusqu'à cessation de tout précipité, et abandonnées au repos durant vingt-quatre ou quarante-huit heures. Au bout de ce temps il s'est déposé une matière étrangère noirâtre et poisseuse qui adhère au flacon et permet la décantation du liquide surnageant. Ce liquide, devenu limpide, transvasé dans un autre récipient, est additionné peu à peu d'alcool ammoniacal (alcool à 90°, très chargé de gaz ammoniac). Chaque goutte d'alcool ammoniacal détermine dans les liqueurs la formation d'un précipité floconneux, assez pesant, de couleur jaune, formé de glycyrrhizate d'ammoniaque. On s'arrête lorsque l'addition d'une nouvelle quantité d'alcool ammoniacal ne détermine plus aucun trouble. Le précipité est jeté sur une toile serrée, rapidement lavé avec un mélange à parties égales d'alcool et d'éther, comprimé pour chasser la plus grande partie du liquide interposé, puis mis à sécher soit dans un courant d'air chaud, soit sous une cloche au-dessus d'une couche d'acide sulfurique concentré.

Desséchée, la matière ainsi obtenue est d'une teinte jaunâtre, très légère, entièrement et très rapidement soluble dans l'eau à laquelle elle communique une couleur ambrée et une saveur extrêmement sucrée. C'est la glycyrrhizine ammoniacale. On peut donner à cette substance plus de densité en la redissolvant dans une petite quantité d'eau et faisant évaporer la solution sur des assiettes ou des plaques de verre, à la manière du tartrate ferrico-potassique. La glycyrrhizine ammoniacale se présente alors sous la forme d'un vernis écailleux, translucide, très friable qui se détache très aisément. Quelle que soit la forme qu'on lui donne, la glycyrrhizine ammoniacale pure est inaltérable à l'air et nullement hygrométrique ; elle se dissout presque instantanément dans l'eau froide et donne une liqueur faiblement ambrée qui mousse par l'agitation.

1 gr. de glycyrrhizine ammoniacale, dissous dans 1 litre d'eau, donne un liquide dont la saveur est fort sucrée. 1 gr. de la même substance, dissous dans 2 litres d'eau, donne un liquide dont le goût est encore fort agréable et rappelle bien celui de la racine de réglisse.

Les expériences suivantes prouvent que la glycyrrhizine n'acquiert réellement la saveur sucrée de la racine de réglisse que lorsqu'elle est à l'état de combinaison alcaline soluble. Si l'on prend une solution au 1/500 de glycyrrhizine ammoniacale, c'est-à-dire un liquide fort sucré, et qu'on y ajoute un très minime excès d'un acide quelconque, de manière à saturer l'ammoniaque de la combinaison et à mettre la glycyrrhizine en liberté, immédiatement le liquide perd sa saveur sucrée et des flocons de glycyrrhizine se précipitent au bout de quelque temps. Avec des solutions plus concentrées (au 1/100 ou au 1/50), et en faisant usage d'acide acétique, on détermine une précipitation plus lente de la glycyrrhizine. Il se forme alors une gelée transparente et assez consistante pour que le verre à expérience puisse être retourné impunément. Cette gelée de glycyrrhizine n'a aucune saveur, pour peu qu'elle renferme un très minime excès d'acide, ou qu'on ne la conserve pas trop longtemps dans la bouche. Si l'on n'a employé pour sa précipitation que la proportion exacte d'acide nécessaire, ou que l'on conserve quelque temps la gelée ou les flocons dans la bouche, il

se développe peu à peu une faible saveur de réglisse, due
exclusivement à l'action sur la glycyrrhizine de l'alcali-
nité naturelle de la salive. Il est inutile d'ajouter qu'une
très petite proportion d'ammoniaque diluée, suffisante
pour dissoudre les flocons ou la gelée, restitue instantanément au liquide toute sa saveur primitive.

Outre les applications pratiques, industrielles ou autres
dont ils peuvent être le point de départ, les faits qui
précèdent permettent de donner une explication fort
simple de quelques phénomènes restés obscurs jusqu'à
ce jour.

Souvent la racine de réglisse, lorsque sa dessiccation
a été lente ou incomplète ou lorsqu'elle a été conservée
dans des lieux humides, présente peu de saveur. Cet effet
est le résultat d'un commencement de fermentation qui a
permis la génération de produits acides et notamment
de l'acide acétique. L'ammoniaque de la glycyrrhizine
ammoniacale est en partie saturée et la glycyrrhizine,
devenue libre et insoluble, diminue la sapidité de la
racine de réglisse. Ces racines, après un séjour convenable dans une atmosphère légèrement ammoniacale,
reprennent leur saveur primitive.

Tous ceux qui ont eu l'occasion de préparer de grandes
quantités d'extraits de réglisse, en épuisant par l'eau
froide la poudre grossière de racine de réglisse, ont remarqué que les liqueurs provenant des macérations, bien
que limpides au sortir des appareils à déplacement, se
troublent souvent dans l'espace de quelques heures,
surtout pendant les grandes chaleurs de l'été, dégagent
de l'acide carbonique et laissent déposer un volumineux
précipité jaunâtre gélatiniforme qui tombe au fond des

récipients. Les liqueurs deviennent fort acides et perdent la plus grande partie de leur saveur sucrée. Le précipité qui se forme ainsi et que l'on sépare souvent par une chausse est de la glycyrrhizine mise en liberté, c'est-à-dire le principe générateur du sucre de réglisse que l'on rejette ainsi en pure perte, dans la persuasion qu'on a affaire à une matière étrangère, fécule, résine, acide pectique ou autre. Quelques gouttes d'ammoniaque suffiront, dans ce cas, pour redissoudre cette substance et rendre au liquide sa saveur sucrée primitive.

L'extrait que l'on obtient par l'évaporation des macérés de racine de réglisse est fort hygrométrique et ne peut prendre et conserver la forme solide qu'à la condition d'être mélangé avec des quantités souvent énormes de matières inertes, fécule, gomme, etc., etc. Malgré toutes ces précautions ces cylindres de sucs de réglisse pendant les chaleurs de l'été finissent par se ramollir et se souder. La glycyrrhizine ammoniacale ne présente cependant aucune tendance hygrométrique et ne se ramollit pas même à une température de 80° à 100·. C'est donc aux matières étrangères qu'il convient d'attribuer cette grande aptitude au ramollissement que présente l'extrait de réglisse. Pour l'industrie, comme pour le pharmacien, il y aurait un très grand avantage à isoler le véritable principe sucré de la racine de réglisse et à l'utiliser, ainsi dépouillé de matières inertes et hygrométriques.

A l'aide de gomme ou de telle autre substance, il sera aisé de donner à la glycyrrhizine ammoniacale toutes les formes et les degrés de sapidité que l'industrie ou la thérapeutique pourraient réclamer. Le médecin et le pharmacien auraient en outre sous la main, dans la glycyrrhizine,

un antidote analogue au tannin, mais plus agréable, plus
inoffensif et vu sa constitution saline, précipitant mieux
que ce dernier, et par une double décomposition régulière, les solutions métalliques et les sels d'alcaloïdes
végétaux. Une macération de racine de réglisse rendrait
au reste les mêmes services.

On sait depuis longtemps que les infusions de réglisse
font disparaître en grande partie la saveur désagréable
de certaines substances. Nous nous sommes assuré que
le sulfate de quinine, le sulfate de magnésie, l'iodure
de potassium, l'ipéca, l'émétique, etc. perdent la plus
grande partie de leur saveur lorsqu'on les mélange avec
une quantité suffisante de glycyrrhizine ammoniacale.
L'usage, presque immémorial, de rouler des pilules
dans la poudre de réglisse n'a sans doute pas d'autre
raison que celle de masquer ou d'anéantir momentanément le goût plus ou moins désagréable de ces médicaments.

Il semble qu'en dehors de toute réaction chimique la
saveur très persistante du sucre de réglisse peut rendre
pour quelques instants le palais insensible ou indifférent
à d'autres sensations. Nous sommes convaincu que,
dans une foule de cas, la glycyrrhizine ammoniacale
serait avantageusement mélangée aux masses pilulaires,
aux paquets et prises de poudres diverses; que dans
beaucoup de potions la saveur de certains médicaments
serait plus efficacement dissimulée par quelques décigrammes de glycyrrhizine ammoniacale que par des
proportions cent fois plus fortes de sucre, et qu'enfin
l'administration journalière de certaines préparations,
telles que le sirop antiscorbutique, le sirop d'iodure de
fer, l'huile de foie de morue, etc., serait singulièrement

facilitée, si l'on prenait la précaution, avant et après chaque ingestion, de laisser fondredans la bouche quelques parcelles de glycyrrhizine ammoniacale.

Nous livrons avec confiance ces premiers faits à l'observation médicale et à la pratique de la pharmacie, persuadé qu'il y a dans cette voie une amélioration sérieuse à réaliser pour l'administration des médicaments doués d'une saveur répugnante.

On comprendra sans peine que, si l'on abandonne le traitement par l'alcool et l'éther, la préparation industrielle de la glycyrrhizine ammoniacale puisse s'exécuter dans les meilleures conditions de simplicité et d'économie. Il suffira en effet de prendre la racine de réglisse, de la contuser, de l'épuiser méthodiquement par la plus petite quantité d'eau froide, de porter ces liquides à l'ébullition pour coaguler l'albumine, de les tirer à clair, puis de les précipiter après refroidissement par un excès d'acide sulfurique ou chlorhydrique. Le précipité, après qu'il s'est tassé, est recueilli, bien lavé puis redissous dans l'eau ammoniacale. Cette solution, filtrée et évaporée par les moyens ordinaires, laisse un résidu vernissé, friable, aussi facile à conserver qu'à dissoudre. Sa saveur est extrêmement sucrée ; elle rappelle même très complètement la saveur de la racine de réglisse, attendu qu'elle a conservé la matière âcre, naturellement contenue dans la racine, et que le traitement alcoolo-éthéré, indiqué ci-dessus, lui enlève presque entièrement.

Il serait à désirer que cette fabrication pût s'exécuter sur les lieux mêmes de récolte de la racine de réglisse. Au lieu d'avoir à transporter un volume encombrant et un poids considérable de racine de réglisse, on expédierait simplement la glycyrrhizine ammoniacale sous

la forme d'un extrait pulvérulent qui servirait à tous les
usages ordinaires de la racine ou de l'extrait de réglisse.

II. — *Chimie appliquée aux expertises.*

I. — Falsification des vins par l'alun.
(1861)

Un industriel avait envoyé à l'exposition de Blois de
1858 un liquide conservateur des vins pour lequel il
reçut une mention honorable. Fort de cette récompense,
il s'empressa d'établir des prospectus et de faire connaître
son invention par la voie des journaux. Le parquet de
Tours s'inquiétait bientôt de la vente de cette composition
et chargeait un expert d'en vérifier la composition et de
donner son avis sur son degré de salubrité. A la suite du
rapport de cet expert, une nouvelle expertise fut ordonnée
et confiée par le parquet de la Seine à Roussin. Le
rapport très documenté (13 pages) qu'il fit à ce sujet
se termine ainsi :

1° La liqueur dite *conservatrice des vins* renferme
par litre plus de 100 grammes de sel ordinaire et plus
de 100 grammes d'alun cristallisé. Mais, vu le dépôt
cristallin qui se sépare à la suite de la dissolution du
mélange, et la constitution conséquemment variable du
liquide, il est impossible de préciser exactement les quantités excédantes ;

2° De ces deux substances salines, l'alun seul présente
une véritable action toxique. Ce sel à haute dose est un
poison énergique. A faible dose longtemps prolongée,
son action, pour être lente, n'en est pas moins désas-
treuse : son ingestion prolongée peut être la cause des
désordres les plus graves ;

3° Il est incontestable qu'un litre de la liqueur dite *conservatrice des vins* introduite dans un fût de 230 litres

de vin, peut encore, à cet état de dilution, produire à la longue des effets pernicieux pour la santé ;

4° Il n'est pas douteux que la vente d'une pareille composition doive être sévèrement prohibée.

II. — De l'assimilation des substances isomorphes.
(1863)

La première partie de ce travail a été présentée à la Société chimique dans la séance du 15 avril 1859. Les questions traitées par l'auteur et notamment la localisation de l'arsenic dans les os ayant été reprises depuis par plusieurs observateurs (1) nous rappellerons toutes les expériences de Roussin en écartant, toutefois, les détails d'analyses que l'on trouvera dans le mémoire original.

Les expériences que nous allons relater, et qui nous occupent depuis plusieurs années, ont pour but d'éclairer la physiologie sur les affinités spéciales et naturelles des substances minérales. Pour bien comprendre le but et le résultat de ces expériences, il est nécessaire de donner quelques explications préalables sur l'isomorphisme des substances minérales.

On appelle corps isomorphes des corps qui peuvent se remplacer mutuellement dans les combinaisons, sans affecter sensiblement la forme cristalline et sans troubler l'équilibre du composé. Le chlorure de sodium, par exemple, cristallise en cubes. Si l'on remplace la molécule du chlore par une quantité équivalente d'iode ou de brome, on obtiendra encore des cubes d'iodure ou de bromure de sodium, et si l'on mélange ensemble des solutions de chlorure de sodium, d'iodure de sodium et de

____

(1) *Bulletin de l'Académie de médecine*, séance du 23 juillet 1889.

bromure de sodium, les cristaux qui se déposeront de ce liquide mixte affecteront toujours la forme cubique régulière, et contiendront des quantités de ces trois sels proportionnelles à leur solubilité réciproque et à leur quantité dans le liquide. Il semble donc indifférent, pour l'accroissement géométrique d'un de ces cristaux, qu'il s'approprie soit une molécule de chlorure de sodium, soit une molécule d'iodure, etc. Il est évident que ces résultats ne peuvent s'expliquer qu'en admettant que les trois molécules, chlorure de sodium, iodure de sodium, bromure de sodium, présentent, jusque dans leur dernier atome, la même forme et le même volume ; qu'en admettant qu'elles sont isomorphes. Cette grande loi de l'isomorphisme donne la clef d'une quantité considérable de phénomènes naturels et cristallographiques qu'il serait impossible de comprendre autrement.

Cet isomorphisme de forme et de composition n'entraînerait-il pas quelques propriétés physiologiques particulières ? Le passage dans l'économie de substances isomorphes ne pourrait-il pas s'accompagner de phénomènes spéciaux, et peut-être identiques ? Nous avons pensé qu'une étude semblable ne serait pas sans résultat et sans intérêt pour la science.

Nos expériences ont porté sur des poules et des lapins.

L'œuf de la poule se prête merveilleusement à ces sortes de recherches, moitié chimiques, moitié physiologiques. Toute sa masse provient du sang ; tous les matériaux qui la constituent, soit organiques, soit minéraux, ne sont, à proprement parler, que le résultat d'une sécrétion normale intermittente.

Les éléments minéraux de l'œuf de la poule sont de deux sortes :

1° L'enveloppe calcaire insoluble ;

2° Les éléments minéraux contenus dans l'intérieur de l'œuf.

A ces deux divisions correspondent deux séries distinctes d'expériences. Une dernière série d'expériences est consacrée spécialement à la modification du squelette osseux par les substances isomorphes, et sert de complément aux recherches sur l'œuf de la poule.

I. — ENVELOPPE CALCAIRE DE L'ŒUF DE POULE.

La coquille des œufs de poule renferme du carbonate de chaux et quelques traces de phosphate calcaire agglutinés au moyen d'une matière animale de nature gélatineuse. Le carbonate calcaire y figure dans la proportion de 90 p. 100. Les poules en puisent les éléments dans leur nourriture journalière, dans le sol, les murs des habitations, etc. Il était intéressant de rechercher si d'autres carbonates isomorphes et quelques oxydes métalliques ne pourraient pas être assimilés et passer, comme le carbonate de chaux, dans l'enveloppe calcaire des œufs de la poule. C'est dans ce but que les expériences suivantes ont été constituées.

Les poules destinées aux expériences étaient prises quelques jours avant la ponte, isolées dans des cages de bois, distantes elles-mêmes du sol et des murs voisins. Leur nourriture a consisté en un mélange de pommes de terre cuites et d'avoine, ou d'avoine seule trempée dans l'eau. On mélangeait à cette nourriture les diverses substances à expérimenter. Les œufs étaient recueillis au fur et à mesure de leur apparition et, dans leur coquille, on recherchait immédiatement l'oxyde assimilé.

Si les œufs étaient maculés de taches superficielles à la suite de leur chute sur les parois sales de la cage, il devenait nécessaire de les nettoyer à l'aide d'une brosse rude et de l'eau distillée, jusqu'à ce que leur surface soit d'une couleur uniforme.

Première expérience. — Une poule cochinchinoise, qui avait déjà pondu deux œufs d'une grosseur remarquable, est isolée dans sa cage et nourrie avec un mélange d'avoine et de pommes de terre cuites, auquel nous ajoutions journellement 4 gr. de carbonate de baryte naturel finement pulvérisé.

Soumise à ce régime la poule a légèrement dépéri et a cessé de pondre au bout du septième jour. Elle avait, pendant son séjour dans la cage, pondu six œufs. La baryte ne s'est montrée qu'à partir du troisième œuf ; la proportion de cette substance a augmenté dans le cinquième et le sixième. Un dosage effectué sur le sixième œuf nous a donné 0,21 de sulfate de baryte.

Le carbonate de baryte artificiel réussit moins bien que le carbonate naturel. Il détermine presque toujours un empoisonnement rapide. Il est permis de supposer que sa dissolution dans les acides de l'estomac est trop prompte, tandis qu'elle est lente et successive quand on emploie le carbonate naturel.

Dans une autre expérience, où la poule avait succombé à l'ingestion prolongée du carbonate de baryte, nous avons extrait du cadavre de cet animal un œuf presque complètement développé, dans lequel nous avons constaté une proportion de baryte représentée par 0,32 de sulfate sec.

Il résulte de cette expérience que le carbonate barytique est assimilé par les poules, et peut servir en partie à former l'enveloppe calcaire de l'œuf à la façon du carbonate de chaux.

Deuxième expérience. — Une poule cochinchinoise, qui devait pondre quelques jours après sa mise en cage, a reçu une pâtée composée de pommes de terre cuites, d'avoine concassée et de 4 gr. de carbonate de strontiane bien lavé. La poule n'a commencé sa ponte qu'au onzième jour et n'a pondu que deux œufs d'un aspect blanc, très durs et raboteux à la surface. L'analyse y a fait reconnaître de grandes quantités de carbonate de strontiane. Nous avons même pu obtenir quelques cristaux d'azotate de strontiane nettement observables.

La poule qui a servi à ces expériences est tombée dans un grand état de maigreur. L'administration du carbonate de strontiane ayant été interrompue, elle a fini par se rétablir complètement.

Le carbonate de strontiane est donc facilement assimilé par les poules.

Troisième expérience. — Une poule ordinaire d'un gros volume est mise en cage après avoir pondu pendant plus d'une semaine. Soumise au régime d'une pâtée composée d'avoine concassée, de pommes de terre cuites et de carbonate de magnésie (environ 4 gr. par jour), elle n'a pas tardé à dépérir. Une diarrhée continuelle, qui épuisait cet animal, nous a forcé de suspendre pendant quelque temps l'administration du carbonate de magnésie que nous avons repris aussitôt après son rétablissement. Nous avons fait usage alors de magnésie fortement calcinée au lieu de carbonate de magnésie, trop facilement attaquable par les sucs de l'estomac, et la dose de cet oxyde a été portée à 4 gr. par jour. Au bout de dix jours de ce régime, la poule n'avait pas éprouvé de diarrhée nouvelle et commença une ponte régulière qui dura douze jours. Nous pûmes recueillir de la sorte six œufs très blancs, à coquille légère et poreuse différant notablement pour l'aspect des œufs ordinaires.

Nous avons constaté la présence de la magnésie dans la coquille de ces œufs, et un dosage effectué avec le n° 6 nous a fourni un chiffre de phosphate de magnésie représentant 0,84 de carbonate de magnésie.

Cette expérience fut recommencée avec une forte poule cochinchinoise, à laquelle on administra pendant long-temps un calcaire dolomitique des environs du Mans, mélangé intimement à sa pâtée journalière. La poule n'éprouva aucune diarrhée et pondit huit œufs, dans la coquille desquels il nous fut possible de constater la pré-sence de la magnésie en quantité notable. Le dosage de la magnésie renfermée dans la coquille n° 8 a donné le chiffre de 0,68 de carbonate de magnésie.

La conclusion naturelle de ces faits, c'est que le car-bonate de magnésie est assimilé facilement par les poules et peut servir, comme le carbonate calcaire, à la forma-tion de la coquille des œufs.

Quatrième expérience. — Une poule ordinaire bien portante, ayant déjà pondu un œuf, fut mise en cage et nourrie avec une pâtée de pommes de terre cuites et d'avoine renfermant une notable proportion d'alumine en gelée, pure et parfaitement lavée. Pendant plusieurs jours l'appétit de l'animal diminua notablement, sans qu'il survînt cependant de symptômes inquiétants. La dose d'alumine fut diminuée, et la poule, qui avait in-terrompu sa ponte pendant les quatorze premiers jours de son emprisonnement, se mit à pondre régulièrement pen-dant six jours. Nous pûmes recueillir de la sorte qua-tre œufs d'une grosseur moyenne, d'un aspect luisant, présentant une coquille très mince. Presque tous les œufs étaient brisés et en partie affaissés sur eux-mêmes, tellement l'enveloppe calcaire était mince et peu résistante. L'analyse de cette enveloppe calcaire ne nous a pas permis d'y constater la plus légère trace d'alumine.

Ces expériences sont assez concluantes pour nous permettre d'affirmer que l'alumine n'est pas assimilée par les poules et ne peut servir à constituer l'enveloppe calcaire des œufs.

Cinquième expérience. — Un mélange de pommes de terre cuites et d'avoine concassée, additionné de carbonate de protoxyde de manganèse ou de protoxyde de manganèse, servit à l'alimentation journalière d'une forte poule qui avait déjà pondu deux œufs d'une grande blancheur. L'animal soumis à ce régime ne parut éprouver ni gêne ni malaise pendant quelque temps ; cependant la ponte s'arrêta. Au bout de quinze jours, nous étant aperçu que la poule était souffrante, nous la fîmes mettre momentanément en liberté pour qu'elle se rétablît. Deux jours après, elle commença à pondre ; trois œufs seulement furent recueillis. Un seul de ces œufs était intact, les deux autres ayant été vidés par des rats qui n'avaient respecté que l'enveloppe calcaire. L'aspect extérieur de ces œufs est légèrement rosé, parsemé de petits points, blancs ; ils sont lisses et assez résistants.

L'analyse nous a fait reconnaître que l'enveloppe calcaire renfermait du manganèse en quantité telle qu'une portion de coquille, égale environ au cinquième, suffit pour en constater la présence.

Nous avons sacrifié la poule et extrait de son cadavre deux œufs dont la coquille était presque complètement formée, ainsi qu'une grappe d'œufs en voie de formation.

Nous avons constaté dans les coquilles la présence de notables quantités de manganèse.

De l'ensemble de ces expériences nous sommes donc autorisé à conclure que le carbonate de manganèse est assimilé par les poules et peut passer dans l'enveloppe calcaire des œufs.

Sixième expérience. — L'expérience précédente est répétée sur une autre poule, en remplaçant le protoxyde de manganèse par le sesquioxyde fraîchement préparé. Cette poule a pondu dix œufs, souvent maculés par quelques taches brunes superficielles qu'il était facile d'enlever à l'aide d'un peu d'eau et d'une brosse rude. L'analyse n'a pas permis de constater dans ces œufs la plus légère trace de manganèse.

Le sesquioxyde de manganèse ne passe pas dans l'enveloppe calcaire des œufs de poules.

Septième expérience. — Une poule ordinaire de petite taille, ayant déjà pondu quatre œufs, reçut pendant trois semaines l'alimentation suivante : mélange de pommes de terre cuites, d'avoine concassée et d'une quantité de carbonate de protoxyde de fer humide équivalente environ à 2 gr. de sel sec. L'animal n'éprouva aucun symptôme particulier de malaise ou de trouble des organes diges-tifs. On put recueillir six œufs intacts, d'une propreté parfaite (cette poule déposait toujours ses œufs sur un petit nid de paille qu'elle évitait de salir pendant la jour-née). Quatre de ces œufs étaient légèrement colorés en jaune rougeâtre, et cette coloration n'était pas superfi-cielle ; elle envahissait toute la masse de l'enveloppe cal-caire. Deux de ces œufs étaient presque complètement blancs. Ils étaient tous bien conformés, d'une résistance suffisante et d'un grain très serré.

L'analyse chimique a révélé la présence du fer dans les coquilles. Un dosage pratiqué sur les deux derniers œufs pondus nous a donné, pour le premier, 0,131 de sesquioxyde de fer anhydre, et 0,124 pour le second.

Les œufs dont l'enveloppe calcaire était blanche contenaient une quantité de fer au moins égale à celle qui était fournie par les coquilles colorées.

Les expériences précédentes ont été répétées dans des circonstances un peu différentes. On a remplacé, dans un premier essai, le carbonate de protoxyde de fer artificiel par du fer spathique finement pulvérisé, et dans un autre on s'est contenté d'administrer du protoxyde de fer hydraté. Dans ces deux cas nous avons pu retrouver le fer dans les coquilles.

Nous avions conservé plusieurs œufs pondus par ces poules avant l'administration des aliments ferrugineux. Or l'analyse n'a permis d'y constater que des quantités de fer extrêmement minimes et nullement comparables à celles qui ont été extraites des coquilles précédentes.

Huitième expérience. — Si l'on remplace, dans l'expérience précédente, le carbonate de protoxyde de fer ou le protoxyde de fer par le sesquioxyde gélatineux, le fer disparaît presque complètement dans les coquilles des œufs pondus.

Neuvième expérience. — Une poule ordinaire, de bonne taille, a reçu avant de pondre une alimentation composée de pommes de terre cuites, d'avoine concassée, et d'une petite proportion de carbonate de zinc ou d'oxyde de zinc. Les proportions, d'abord très minimes, ont été

portées progressivement jusqu'à 2 gr. par jour. Au bout
de vingt jours l'animal a commencé sa ponte, qui s'est
arrêtée définitivement cinq jours après. Dans cet intervalle
nous avons recueilli deux œufs assez petits, blancs et
très résistants. L'analyse a mis hors de doute la présence du zinc dans les coquilles.

La conséquence naturelle de ces expériences, c'est que
l'oxyde et le carbonate de zinc sont assimilés par les
poules, et peuvent passer dans l'enveloppe calcaire des
œufs.

Dixième expérience. — Le carbonate de plomb et l'oxyde
de plomb mélangés à des pommes de terre cuites et à de
l'avoine concassée ont été administrés à une jeune poule
cochinchinoise sur le point de pondre. Les doses doivent
être très faibles au début pour ne pas provoquer une
intoxication violente ; on augmente successivement, au
fur et à mesure de la tolérance. Nous avons perdu plusieurs de ces animaux pour avoir agi avec trop de précipitation. L'analyse des coquilles met la présence de plomb
hors de toute contestation.

Nous pouvons conclure de ces expériences que l'oxyde
et le carbonate de plomb sont fortement absorbés par
les poules et peuvent se retrouver dans les coquilles de
leurs œufs.

Onzième expérience — Le carbonate de cuivre est
doué d'une telle action toxique, que, dans plusieurs expériences successives faites avec ce sel sur des poules de
forte taille, il n'a pas été possible d'éviter l'empoisonnement. Dans une expérience tentée avec beaucoup de ménagement, une poule ordinaire, après un amaigrissement
considérable, a pondu un œuf et a succombé le lende-

main. A l'autopsie de l'animal, nous avons trouvé un autre œuf complètement formé. L'analyse des deux coquilles nous a donné des réactions non équivoques du cuivre.

Le carbonate de cuivre peut donc se retrouver dans la coquille des œufs de poule.

Douzième expérience. — Une forte poule ordinaire a reçu, avant et pendant le temps de la ponte, un mélange de pommes de terre cuites, d'orge concassée et de carbonate de cobalt. L'animal n'a pas paru souffrir pendant une quinzaine de jours. Durant cette période nous avons recueilli quatre œufs. La poule a succombé subitement le dix-septième jour. L'analyse a démontré, dans les coquilles, la présence du cobalt en quantité très notable.

Le carbonate de cobalt passe donc dans ces coquilles d'œufs.

Treizième expérience. — Deux poules, nourries successivement avec divers oxydes d'antimoine ont donné des œufs dans lesquels l'analyse la plus scrupuleuse n'a pas permis de constater trace de composé antimonial.

II. — PARTIE INTERNE DE L'ŒUF

L'albumine et le jaune de l'œuf de poule donnent à la calcination une notable proportion de chlorure de sodium. Or, les iodures, bromures et fluorures alcalins sont isomorphes avec ce dernier sel. D'après nos prévisions, nous devions retrouver l'iode, le brome et le fluor dans la partie liquide de l'œuf après l'administration des iodures, bromures ou fluorures alcalins. L'expérience a confirmé ces prévisions. Non seulement l'iode, le brome et le fluor se retrouvent dans la partie liquide de l'œuf; mais la quantité de ces principes est tellement considérable, qu'il est permis de supposer que la majeure partie s'élimine par cette voie, lorsque les poules commencent à pondre. L'iode, le brome et le fluor semblent se répartir en quantités égales dans le jaune et le blanc de l'œuf. L'œuf lui-même, par l'introduction de ces substances, n'acquiert aucun goût étranger. Nous espérons qu'il sera possible d'utiliser cette observation et de l'appliquer à la thérapeutique.

Nous devons signaler ici un fait singulier qui accompagne quelquefois l'administration des iodures, et surtout des bromures alcalins. A mesure que l'iode et le brome augmentent dans la partie liquide des œufs de certaines poules, l'enveloppe calcaire diminue et finit par disparaître complètement. Dans quelques cas même les œufs n'étaient plus protégés que par une pellicule membraneuse. Les poules, sur lesquelles nous avons observé ce phénomène, vivaient en liberté et trouvaient de tout côté le carbonate calcaire nécessaire à leur alimentation. Il semble donc que l'ingestion de l'iodure ou du bromure de potassium empêche l'assimilation du carbonate de chaux et la formation de l'enveloppe calcaire des coquilles. Nous devons ajouter que ce fait ne se produit pas d'une manière constante avec toutes les poules. Celles qui sont douées d'une constitution robuste et d'un appétit considérable semblent échapper de préférence à cette anomalie physiologique.

Quatorzième expérience. — Une poule ordinaire de forte taille, sur le point de commencer sa ponte, est nourrie avec un mélange d'orge et d'avoine concassée préalablement trempée pendant huit heures dans un liquide contenant 5 gr. d'iodure de potassium par litre d'eau. L'animal n'éprouve ni malaise, ni trouble dans sa digestion. Au bout de neuf jours, la ponte commence et continue pendant dix-huit jours consécutifs. Nous avons recueilli de la sorte douze œufs que nous avons successivement soumis à l'analyse, pour y rechercher la présence de l'iode. Nous avons constaté la présence de cette substance dans tous ces œufs, et en quantité régulièrement croissante. Le douzième œuf ne contenait pas moins de 0,50 d'iodure de potassium.

La conclusion de ces expériences ressort d'elle-même : l'iodure de potassium est assimilé en grande quantité par les poules et se retrouve presque totalement dans la partie liquide de l'œuf.

Quinzième expérience. — Une poule cochinchinoise, dont la ponte devait commencer quelques jours après son achat, a reçu une nourriture composée d'avoine concassée détrempée pendant huit heures dans une dissolution de bromure de potassium (4 gr. de bromure pour 1 litre d'eau). L'animal n'a paru ressentir aucun malaise ; la ponte a commencé le quatorzième jour et s'est continuée seulement pendant six jours. Nous avons pu recueillir cinq œufs d'une couleur jaunâtre, bien conformés, mais dépourvus en partie de leur enveloppe calcaire.

L'analyse a démontré dans ces œufs la présence du brome en quantité régulièrement croissante, depuis le premier œuf jusqu'au cinquième.

Le bromure de potassium est donc facilement assimilé et se concentre, comme l'iode, dans la partie interne liquide de l'œuf de poule.

Seizième expérience. — Une poule ordinaire, de forte taille, est nourrie quinze jours avant le commencement de sa ponte avec un mélange d'avoine et d'orge concassés, détrempés pendant huit heures dans une dissolution de 4 gr. de fluorure de potassium sec dans un litre d'eau. Le fluorure de potassium qui a servi à nos expériences fut préparé en saturant par le carbonate de potasse une dissolution aqueuse d'acide fluorhydrique. La solution, évaporée dans une capsule de platine, fut reprise par une petite quantité d'eau pour séparer un précipité de fluosilicate de potasse et la liqueur limpide évaporée de nouveau à siccité.

L'animal n'éprouva ni trouble ni malaise et commença sa ponte le seizième jour. Nous avons recueilli huit œufs bien conformés, blancs, d'un aspect mat et un peu rugueux, présentant une résistance suffisante. L'analyse a constaté dans tous les œufs la présence du fluorure de potassium en quantité notable.

Nous avons répété à plusieurs reprises les expériences précédentes, et nous avons toujours constaté les mêmes résultats. Le fluorure de potassium est donc assimilé par les poules et se retrouve dans la partie interne de l'œuf.

Nous avons soumis à l'incubation quelques œufs des trois expériences précédentes. Ils ont tous parcouru, sans aucun phénomène particulier, les phases de l'incubation et ont donné des poulets aussi alertes que dans les circonstances ordinaires.

Les expériences qui précèdent ne peuvent laisser aucun doute sur l'influence véritable et profonde de l'isomorphisme des substances minérales. Elles tendent à s'assimiler de la même manière dans les organismes vivants, affectent pour s'éliminer de l'économie le même mode et

Le chimiste Roussin. 13

la même allure générale et conservent, au sein même des tissus et des liquides si variables de l'économie, cet air de famille et cette affinité mystérieuse que Mitscherlich avait si bien caractérisée dans ses recherches sur les corps isomorphes. Les expériences suivantes viennent consacrer cette loi d'une manière péremptoire.

Le squelette osseux des animaux est, en majeure partie, formé de phosphate calcaire. Tous les chimistes savent que les arséniates sont isomorphes avec les phophates de même base et de même composition. Il était intéressant de rechercher si l'assimilation de l'arséniate calcaire pourrait avoir lieu et si ce dernier composé se fixerait dans le squelette osseux. Après un grand nombre d'essais préalables, nous avons disposé l'expérience de la manière suivante.

Dix-septième expérience. — Une lapine, de forte constitution, ayant déjà été mère l'année précédente, fut renfermée dans une petite maisonnette à claire-voie et reçut une alimentation composée de carottes et de feuilles de chou hachées. Au bout de dix jours, on ajoute journellement à la ration une petite proportion d'une bouillie d'arséniate calcaire très basique représentant environ 0 gr. 05 d'acide arsenique. Cet arséniate calcaire a été obtenu de la façon suivante : deux dissolutions furent préparées, l'une avec 1 litre d'eau et 25 gr. d'arséniate de potasse cristallisé, l'autre avec 40 gr. de chlorure de calcium dissous dans un litre d'eau sucrée, saturée de chaux caustique (eau 1000, sucre 100, chaux délitée 100). Les deux dissolutions mélangées donnèrent un précipité volumineux qui fut jeté sur une toile serrée, lavé à l'eau, puis mélangé avec un égal volume de bouillie de carbonate calcaire, préparée avec de l'eau et du blanc de Meudon.

Toutes ces précautions ont pour but d'assurer une neutralité aussi complète que possible du composé arsenical.

L'animal soumis à ce régime n'éprouva pendant quelques jours aucuns symptômes fâcheux. Le septième jour cependant il parut triste et malade ; nous fîmes interrompre pendant douze jours l'administration de la bouillie arsenicale. L'animal, complètement rétabli, recommença l'ingestion de l'arséniate calcaire qu'il continua fort longtemps. Au bout d'un mois, toute nourriture ayant été enlevée du petit réduit où logeait la lapine, un lapin mâle fut introduit avec elle et laissé six heures. Dans ce court espace de temps, la femelle fut saillie plusieurs fois. La gestation ne présenta rien de particulier. Pendant toute cette période, l'animal jouit d'un assez bon appétit et ne parut éprouver aucun symptôme d'empoisonnement. La lapine mit bas cinq petits, d'une grosseur moyenne, qu'elle allaita avec un grand soin pendant le temps ordinaire.

Au bout de vingt-cinq jours un des petits fut tué, et la recherche de l'arsenic dans ses os fut pratiquée avec le plus grand soin. Nous avons pu de la sorte constater d'une manière irrécusable la présence en quantité assez considérable de ce métalloïde dans les os.

Une recherche analogue fut pratiquée sur les muscles du petit lapin. Quoique cette expérience eût été faite sur environ 100 gr. de tissu musculaire, nous ne pûmes obtenir que quelques taches arsenicales très faibles. Encore est-il probable que la petite proportion d'arsenic provient de quelques vaisseaux sanguins incomplètement vidés.

Il n'était pas douteux que le lait de la mère dût contenir l'arsenic qui passait ainsi dans le squelette osseux des petits lapins. Une expérience directe était cependant indispensable : elle fut faite avec 25 gr. de lait retiré des mamelles au moyen d'une petite téterelle de verre ; ce lait contenait des portions notables d'arsenic.

Six semaines après un second lapin fut sacrifié, et la recherche de l'arsenic pratiquée de la même façon dans les os et le tissu musculaire. Il fut encore possible de constater la présence de l'arsenic dans les premiers, et une absence presque totale dans le second.

Deux mois après, un troisième lapin fut tué pour servir à une nouvelle recherche. Cette fois la proportion d'arsenic était telle qu'avec 5 gr. d'os secs, il est possible d'obtenir sur une soucoupe un anneau arsenical extrêmement net et brillant, ainsi que plusieurs taches, tandis qu'avec une proportion dix fois plus considérable de tissu musculaire bien dépouillé de vaisseaux sanguins, l'anneau est à peine visible et les taches ne peuvent se produire.

Jusqu'alors les petits n'ont pas quitté la cage de leur mère et se sont nourris, soit de son lait, soit de la nourriture arsenicale elle-même, dont la mère fait usage depuis si longtemps.

Supposant que la tolérance était parfaitement établie et qu'il était possible, sans compromettre la vie des petits, d'augmenter la dose toxique, nous séparâmes les deux petits de la mère. Ils furent mis dans une cage spéciale où chaque jour ils reçurent une alimentation variée, suivant les circonstances, renfermant une quantité de bouillie d'arséniate calcaire régulièrement croissante, jusqu'à atteindre la proportion de 0 gr. 10 d'acide arsénique par jour et par lapin.

Trois mois après le commencement de ce nouveau

régime, nous n'avons pas remarqué de symptômes d'empoisonnement sur ces animaux. Ils étaient vifs, alertes et d'une grosseur surprenante. Un des lapins fut tué, et la recherche de l'arsenic fut pratiquée dans divers os, dans les muscles et l'urine.

La proportion d'arsenic contenue dans les os semble encore avoir augmenté. Mais il n'a pas été possible de constater de différences appréciables entre les divers os du squelette. C'est ainsi que deux appareils de Marsh identiques, marchant avec la même régularité, ont reçu, l'un le produit arsenical liquide provenant de 10 gr. d'os de la tête, et l'autre le produit de 10 gr. d'os des membres postérieurs, et ont fourni, chauffés dans la même flamme, un même aspect et une même largeur dans l'anneau arsenical qui s'est produit.

Les muscles ne fournissent toujours que des traces extrêmement faibles d'arsenic.

L'urine renfermait de notables proportions d'arsenic. Après sa putréfaction il s'est formé un précipité cristallin que nous avons recueilli et lavé, puis soumis à l'observation microscopique. Il présentait un aspect uniforme. Les cristaux avaient la forme du phosphate ammoniaco-magnésien, si fréquent dans les urines putréfiées. Ce précipité fut dissous dans un léger excès d'acide sulfurique étendu et introduit dans un appareil de Marsh fonctionnant à blanc depuis quelque temps. Presque au même instant commença la formation de l'anneau et celle des taches sur les soucoupes. L'acide arsénique avait sans doute revêtu la forme d'arséniate ammoniaco-magnésien, corps complètement isomorphe, comme on le sait, avec le phosphate des mêmes bases.

Pour mettre ce fait hors de doute, nous avons recueilli pendant douze jours l'urine de la mère et du dernier des petits. A cet effet, trois fois par jour l'on exerçait avec les mains une forte pression sur l'abdomen de ces animaux ; avec quelque habitude on arrivait toujours à provoquer l'émission de quelques cuillerées d'urine qui était reçue dans une capsule de porcelaine et jetée immédiatement sur un filtre. Nous avons pu de la sorte recueillir pendant les douze jours 550 cc. d'urine. Ces urines réunies se troublèrent et ne tardèrent pas à déposer des cristaux assez nombreux. Ce dépôt mixte fut jeté sur un filtre, lavé à l'eau distillée jusqu'à épuisement de toute matière soluble, dissous dans l'acide acétique, étendu et précipité de nouveau par l'ammoniaque. Au bout de quelque temps il s'était formé, dans le vase où avait eu lieu la précipitation, un dépôt cristallin complètement blanc.

Une portion de ce dépôt fut projetée sur un charbon rouge et l'odeur d'ail fut aussi manifeste que possible.

L'autre portion s'est dissoute dans l'acide sulfurique étendu et a été introduite dans un appareil de Marsh. Nous avons obtenu plusieurs anneaux très brillants et très larges, ainsi qu'un nombre considérable de taches arsenicales sur des soucoupes (1).

(1) Cette nouvelle relation isomorphique, à laquelle nous n'avions pas songé de prime d'abord, fut pour nous une confirmation aussi heureuse qu'inattendue des principes qui nous avaient guidés dans ces recherches.

Nous avons eu occasion de répéter depuis ces expériences sur les urines d'un chien de forte taille, qui succomba tout d'un coup, après un traitement arsenical de dix-neuf jours. Les urines abandonnées à la fermentation répandaient une odeur très fétide et contenaient un dépôt abondant.

Ce dépôt fut jeté sur un filtre, lavé à l'eau et à l'alcool jusqu'à épuisement de matières solubles, dissous dans l'eau acétique, et finalement précipité par l'ammoniaque en excès. Le précipité blanc gélatineux qui eut lieu se contracta peu à peu, devint cris-

Le cinquième et dernier lapin cessa de recevoir une nourriture arsenicale, le jour même où fut sacrifié le quatrième. Notre but était de constater directement par l'expérience si l'arsenic contenu dans ses os s'éliminerait de lui-même de l'économie au bout de quelque temps. Privé de sa ration quotidienne d'arséniate calcaire, cet animal commença à maigrir d'une manière visible ; quelques semaines après, il n'était pas encore revenu à son état d'embonpoint ordinaire ; il paraissait triste et oppressé. Cependant il se rétablit à peu près complètement.

Au bout de trois mois il fut sacrifié. Plusieurs analyses exécutées sur des quantités considérables d'os ne laissent aucun doute sur l'élimination du composé arsenical. Pour obtenir un anneau appréciable, nous avons été forcés d'employer 40 gr. d'os secs, alors que les expériences antérieures nous avaient prouvé qu'avec 5 gr. d'os pris sur les lapins n° 3 et n° 4, il était possible de l'obtenir sans difficulté. Le tissu musculaire n'a fourni à l'appareil de Marsh aucune trace d'arsenic.

Deux autres lapines furent soumises au même régime, pour servir de contrôle aux expériences précédentes. La première succomba à l'intoxication, quelques jours après avoir approché le mâle. La seconde lapine parcourut sans encombre toutes les phases critiques de l'expérience et mit bas six petits qu'elle allaita.

tallin et très compacte. Dissous dans l'acide sulfurique étendu et introduit dans l'appareil de Marsh, il a fourni un anneau qui a recouvert complètement le tube de verre sur une étendue de plus de 5 centimètres. L'arsenic métallique ainsi déposé fut transformé en sulfure jaune dans le tube même par le passage d'un courant d'hydrogène sulfuré. Le sulfure était entièrement soluble dans l'ammoniaque, d'où l'acide chlorhydrique le précipitait avec sa couleur jaune pure.

Il est inutile de prolonger par une longue description les détails de nos expériences sur ces animaux. Il suffit de dire que ce nouvel essai donna des résultats complètement identiques au premier : présence constante et en quantité considérable de l'arsenic dans les os et l'urine des petits lapins, ainsi que dans le lait de la mère ; absence presque totale du même élément dans le tissu musculaire.

La lapine mère fut conservée cinq mois après qu'elle eut été privée de toute alimentation arsenicale. Au bout de ce temps, la présence de l'arsenic put encore être constatée dans les os ; mais la quantité était tellement faible, que nous n'hésitons pas à déclarer qu'elle eût passé complètement inaperçue, si nous n'avions pas agi en une seule fois sur les deux tiers de la substance osseuse.

Nous sommes donc fondés à croire que l'élimination progressive du composé arsenical contenu dans le squelette osseux est un fait hors de doute et subordonné seulement à la longueur du temps. L'arséniate calcaire s'accumule lentement ; il s'élimine de même.

L'établissement d'un bon procédé de destruction de la matière organique des os et la nécessité d'isoler à l'état soluble d'une grande masse de composé calcaire la petite proportion d'arsenic qui s'y trouve nous a obligé d'entreprendre un grand nombre d'expériences.

Le procédé suivant est celui auquel nous nous sommes définitivement arrêté.

Les os sont grossièrement concassés et mis à l'étuve, où ils se dessèchent complètement. On les réduit alors en poudre fine que l'on traite, par une longue digestion à la température de 40° à 50°, avec un liquide acide com-

posé de 1 partie d'acide azotique et de 2 parties d'eau
distillée. On filtre après un complet refroidissement pour
séparer toute la partie grasse et chondrineuse des os. Le
liquide limpide est évaporé à siccité et mélangé avec trois
fois son poids d'acide sulfurique pur et concentré. On
chauffe et l'on évapore la majeure partie de l'acide sulfurique excédant. Il reste une masse qui, la plupart du
temps, est blanche et pâteuse ; quelquefois cependant
elle présente une teinte noirâtre dont il n'est pas besoin
de se préoccuper. On fait bouillir cette masse avec de
l'eau alcoolisée (eau 60, alcool à 85°, 40 parties), et l'on
filtre le liquide. Le liquide est évaporé jusqu'à disparition complète de toute vapeur alcoolique, et peut être
introduit directement dans l'appareil de Marsh.

Nous nous sommes assuré par l'expérience directe
qu'une quantité d'acide arsénique égale à 2 centigrammes,
mélangée à 50 gr. d'os ordinaires, se concentre entièrement dans le dernier liquide mentionné ci-dessus.

Le tissu musculaire et le lait sont directement traités
par l'acide sulfurique, et amenés, comme dans le procédé
ordinaire de carbonisation, à l'état d'un charbon sec et
friable. Ce charbon est arrosé de quelques centimètres
cubes d'acide azotique pur et l'excès d'acide dégagé par
la chaleur. La masse est alors reprise par l'eau distillée
bouillante et le liquide filtré introduit directement dans
l'appareil de Marsh.

III. — RÉSUMÉ ET CONCLUSIONS

1° Les carbonates de baryte, de strontiane, de magnésie, de protoxyde de manganèse, de protoxyde de fer,
de zinc, de cuivre, de plomb, de cobalt ou les oxydes de
ces métaux sont facilement assimilés par les poules et

s'éliminent de l'économie sous forme solide par l'enveloppe calcaire des œufs.

2° L'alumine, le sesquioxyde de fer, le sesquioxyde de manganèse, les oxydes d'antimoine ne se retrouvent jamais dans les coquilles des œufs.

3° Les iodures, bromures et fluorures alcalins sont facilement assimilés par les poules et se retrouvent en quantité considérable dans la partie liquide et interne de l'œuf.

4° Une lapine dans l'alimentation de laquelle entrent de faibles proportions d'arséniate calcaire produit des petits dont le squelette osseux renferme de notables proportions d'arsenic, tandis que le tissu musculaire de ces mêmes animaux en renferme à peine quelques traces.

5° L'élimination du composé arsenical introduit dans l'économie se fait également par les urines, à l'état d'arséniate ammoniaco-magnésien.

6° De l'ensemble des expériences et des résultats obtenus il nous semble permis de conclure que :

Les substances isomorphes au point de vue chimique et cristallographique s'assimilent et s'éliminent de la même manière dans l'économie animale et peuvent être regardées comme isomorphes au point de vue physiologique.

III. — Recherche de l'acide sulfurique libre dans les cas d'empoisonnement.
(1864)

Le procédé préconisé par Z. Roussin consiste à traiter les matières vomies par de l'hydrate de quinine, lequel, en s'unissant à la substance toxique, forme du sulfate de quinine facilement isolable au moyen de l'alcool concentré.

IV. — Relation médico-légale de l'affaire
Couty de la Pommerais ; empoisonnement par la digitaline,
par A. Tardieu et Z. Roussin.
(1864)

Les auteurs ont adopté l'ordre suivant dans le rapport très étendu (58 pages) publié au sujet de cette affaire.

Dans une première partie, nous dresserons le long inventaire des substances (près de 900) saisies au domicile de l'inculpé.

Dans la deuxième, nous ferons connaître les procédés d'analyses auxquels nous avons soumis les organes extraits du cadavre de la dame de Pauw et les résultats que ces analyses nous ont fournis.

Dans la troisième nous réunirons les analyses et recherches concernant les traces de déjections recueillies sur le parquet et sur les linges saisis dans la chambre de la dame de Pauw.

La quatrième sera consacrée à l'exposé des expériences physiologiques entreprises par nous sur des animaux vivants, pour constater les effets des substances vénéneuses dont l'analyse chimique eût été impuissante à déterminer la nature.

Dans la cinquième nous rapprocherons des données précédentes les témoignages et constatations recueillis dans l'instruction, tant sur la santé antérieure de la dame de Pauw que sur les symptômes qui ont précédé la mort et sur l'état des organes relevé par l'autopsie cadavérique.

Enfin la sixième partie contiendra les conclusions qui

ressortent pour nous de l'ensemble des faits et la réponse aux questions qui nous sont posées touchant la cause de la mort de la dame de Pauw.

Les expériences physiologiques pratiquées sur les animaux avec les extraits alcooliques retirés de l'estomac de la veuve de Pauw « estomac qui présentait tous les caractères d'un organe sain et retiré d'un cadavre de la veille » constituaient alors un fait de la plus haute importance. C'était la première fois qu'on les invoquait dans un rapport médico-légal.

V. — Examen médico-légal des taches de sang.

(1865)

Roussin expose dans ce travail, avec tous les détails nécessaires, le mode opératoire qu'il préconise pour la recherche microscopique et la constatation légale des taches de sang. Après les réactions chimiques, il aborde l'observation microscopique : il s'étend longuement sur les caractères des éléments anatomiques du sang et sur les mensurations micrométriques.

Il propose le liquide suivant pour la conservation des globules sanguins :

Glycérine ordinaire . . . . 3 parties en poids.
Acide sulfurique concentré et pur .   1 partie   —
Eau distillée, quantité suffisante pour obtenir une liqueur présentant la densité 1028, à la température de 15°.

La présence de l'acide sulfurique n'altère en rien la forme ni la couleur des corpuscules sanguins. Le mélange de cet acide et de la glycérine avec l'eau retarde en grande partie l'évaporation et la concentration du liquide.

Manuel opératoire. — Après un examen long et minutieux des taches suspectes, fait au grand jour, on fait choix d'une tache unique bien limitée et bien nette, n'ayant, autant que possible, subi aucune traction ni frottement grave. Avec des ciseaux déliés ou la pointe d'un scalpel, on enlève un fragment de tissu taché, de la superficie moyenne d'une pièce de 20 centimes, et on le dépose sur une lame de verre porte-objet. A l'aide d'un tube de verre effilé, on puise dans le flacon quelques gouttes du liquide conservateur qu'on laisse tomber sur le fragment de tissu, et l'on abandonne l'imbibition à elle-même pendant cinq heures environ. Au bout de ce temps, à l'aide de deux petits tubes pleins effilés à leur extrémité, on frotte, on retourne plusieurs fois, et finalement l'on effiloche le fragment de tissu à la surface de la lame de verre de manière à détacher et à remettre en suspension les matériaux insolubles. Le tissu étant alors enlevé, il reste sur le verre une gouttelette de liquide plus ou moins limpide, plus ou moins coloré, qu'on recouvre immédiatement d'une lamelle de verre très mince et qu'on porte sous la platine du microscope. Le grossissement qui nous paraît le plus favorable à ces observations s'obtient par la conjugaison de l'objectif n° 3 et de l'oculaire n° 2 (microscope Nachet).

Indépendamment des globules rouges que l'on peut découvrir dans cet examen, on observe assez généralement un certain nombre de corps étrangers dont l'origine s'explique d'elle-même : 1° des débris de fibres de coton, de chanvre ou de laine qui se reconnaissent immédiatement à leur grosseur et à leur longueur considérables ; 2° des cellules et débris de cellules épithéliales, si le tissu que l'on examine provient d'une chemise, d'un pantalon, d'un mouchoir ou de tout autre vêtement en contact avec la peau ou une muqueuse ; 3° des corps amorphes d'origine fort diverse, et que l'on néglige instinctivement parce qu'on n'en rencontre jamais deux de forme identique et qu'ils sont étrangers à l'objet des recherches.

Si la préparation renferme au contraire des globules

rouges sanguins, on les aperçoit immédiatement en
nombre considérable, quelquefois plusieurs centaines à
la fois, et présentant une grande uniformité de diamètre
et de couleur. C'est alors qu'on prend exactement la
mesure de quelques-uns de ces globules les moins dé-
formés. La moyenne de ces diverses observations rapprochée du diamètre véritable des globules sanguins
(1/126 de millimètre) suffit à trancher la question médico-
légale. Il arrive souvent que l'endosmose ou l'exosmose
n'ayant pu être complètement évités, les globules n'offrent pas très exactement le diamètre de 1/126 de millimètre. L'écart dans ce cas est peu considérable, et la
forme générale, la couleur, ainsi que le grand nombre
des globules observés, suffisent pour démontrer qu'on
a affaire à des taches de sang.

Il est inutile d'ajouter que, malgré toutes les précautions imaginées, les globules observés de la sorte ne présentent jamais la netteté des globules non altérés. L'habitude de l'observation microscopique et l'expérience de
cette sorte d'examen sont indispensables à l'expert chargé de ces constatations.

Il est bon, dans ces expertises, d'avoir constamment
sous la main et d'observer de temps à autre une lame
de verre recouverte d'un peu de sang. On prépare aisément ce test-objet de la manière suivante : une fine
gouttelette de sang est disposée sur une lame de verre
très propre, et étalée immédiatement sur une large surface à l'aide d'un petit tube ou d'une barbe de plume.
Ce sang se dessèche en quelques instants et constitue
alors une préparation inaltérable, fort commode, dans
laquelle les globules conservent leur forme, leur couleur
et leur diamètre véritables.

VI. — **Observations et recherches nouvelles pour servir à l'histoire médico-légale de l'empoisonnement par la strychnine, l'arsenic et les sels de cuivre ; par A. Tardieu, P. Lorain et Z. Roussin.**

(1865)

Une triple accusation d'empoisonnement qui a entraîné la condamnation des deux accusés, le père et le fils Grisard, nous a fourni l'occasion de recherches et d'expériences nouvelles. On y trouvera, en effet, dans un cas d'empoisonnement par la strychnine, le premier dont ait eu à connaître un jury français, une nouvelle et très saisissante application de la méthode d'expérimentation physiologique sur les animaux vivants à la démonstration de l'empoisonnement ; et un procédé analytique nouveau employé pour la recherche de la strychnine. Le tableau symptomatique offert par ce fait mérite aussi d'être signalé comme l'un des plus complets et des plus frappants que nous ayons jamais rencontrés dans une affaire criminelle.

L'empoisonnement par l'acide arsénieux, dont nous rapportons l'observation, offre de particulier la marche rémittente et subaiguë et la durée relativement longue de la maladie entretenue par l'administration successive de plusieurs doses de poison.

Le dernier crime imputé aux accusés remontait à une époque éloignée, huit années ; et cependant, dans les débris méconnaissables du cadavre qui a été soumis à notre analyse, nous avons retrouvé des doses de cuivre très supérieures à celles que représente le cuivre dit *normal*. Si nous n'avons pas conclu formellement à un empoisonnement dans ce cas, c'est que, en l'absence de toute notion positive sur les symptômes et les lésions, et dans l'impossibilité où nous étions d'établir que le cuivre trouvé ne provenait pas simplement de la présence accidentelle d'une épingle, d'un anneau ou de tout autre objet, nous n'eussions pu admettre l'empoisonnement sans méconnaître les principes qui nous ont toujours guidés. En effet, il ne saurait être permis de conclure d'une manière positive, quand l'empoisonnement n'est pas établi sur la triple base des symptômes observés pendant la vie, des altérations constatées dans les organes, et enfin de la recherche du poison par l'analyse chimique et l'expérimentation physiologique. Nous n'avons rien à dire de plus relativement à ce fait.

Quant aux deux autres, nous donnons successivement dans tous leurs détails, l'exposé des recherches auxquelles ils ont donné lieu, et nous indiquons ensuite les questions médico-légales que la procédure et les débats ont soulevées dans cette grave affaire.

Les auteurs, en terminant, insistent de nouveau sur l'importance et l'utilité considérable dont ont été pour eux, dans cette affaire, les essais tentés sur les animaux et les effets physiologiques obtenus qui les ont si puissamment aidés dans la direction à donner à l'analyse chimique, en même temps qu'ils en confirment les résultats.

VII. — Faits relatifs au magnésium,
son action sur les solutions métalliques et son application aux recherches toxicologiques.

(1866)

L'auteur établit que le plomb, le cuivre, le zinc, le nickel, le cobalt, l'argent, l'étain, le mercure, le bismuth, etc., sont complètement précipités par le magnésium de leurs solutions aqueuses acidulées. Il conseille aux experts chimistes l'emploi du magnésium pur qui a le grand avantage de n'introduire dans les liquides suspects provenant du traitement des organes qu'un métal inoffensif, dépourvu de toute action toxique et incapable de troubler les opérations ultérieures de l'analyse.

Les liquides acides, provenant du traitement des viscères, sont concentrés au bain-marie et amenés à une consistance sirupeuse. Ce résidu chauffé à 125° est redissous dans une petite quantité d'eau distillée, puis filtré sur du papier Berzelius. On dispose alors un petit appareil de Marsh ordinaire dans lequel on introduit de l'eau acidulée par un trentième d'acide sulfurique pur et quelques grammes de magnésium pur en rubans. Il se produit aussitôt un vif dégagement d'hydrogène qu'on dirige dans un tube chauffé au rouge vers son milieu et qu'on enflamme à l'extrémité effilée. Lorsqu'il ne se reproduit dans le tube aucun anneau et sur les plaques de porcelaine, à l'aide desquelles on écrase la flamme du gaz, aucune tache visible, on introduit dans l'appareil la liqueur suspecte par petites portions successives. S'il existe de l'arsenic ou de l'antimoine dans la liqueur, un anneau ne tarde pas à se produire comme dans l'appareil de Marsh ordinaire et la flamme, écrasée contre une soucoupe de porcelaine, y dépose un enduit miroitant. Les taches et anneaux d'arsenic se distingueront des taches et anneaux d'antimoine par les caractères connus.

Si les liqueurs suspectes ne renferment et ne décèlent à l'analyse aucune trace d'arsenic ou d'antimoine, elles peuvent renfermer d'autres métaux toxiques tels que le cuivre, le plomb, le mercure le zinc, etc. Dans ce cas, ces métaux se retrouveront à l'état de flocons, de poudre ou d'éponge, soit au fond du flacon de l'appareil, soit à la surface des lames de magnésium. Pour que cette précipitation soit complète, il importe de maintenir les liquides dans un état convenable d'acidité et de prolonger l'expérience jusqu'au moment où de nouvelles lames de magnésium, introduites dans le liquide, se dissolvent en conservant leur éclat métallique. Pour s'assurer de la fin de l'opération, il est bon de prélever une petite portion du liquide du flacon, de l'introduire dans un petit verre à expérience et d'y placer un ruban bien décapé de magnésium. Quoi qu'il en soit, il est toujours nécessaire de laisser dans le flacon un petit reste de magnésium avant de jeter le liquide sur un filtre. Tout ce qui est en suspension, lamelles corrodées de magnésium, poudre, flocons, éponge métallique, est lavé sur filtre jusqu'à épuisement de toute réaction acide : les liqueurs filtrées ne doivent donner lieu à aucun précipité par l'addition d'acide sulfurique. Le filtre étant desséché, on recueille le dépôt qu'il renferme et on y recherche, par les méthodes ordinaires de l'analyse, la présence des métaux précipités par le magnésium.

VIII. — **Etude médico-légale** et clinique sur l'empoisonnement, par Ambroise TARDIEU, professeur de médecine légale à la Faculté de médecine de Paris, médecin de l'hôpital Lariboisière, membre de l'Académie de médecine, du Conseil consultatif d'hygiène de France et du Conseil d'hygiène et de salubrité de la Seine ; avec la collaboration de Z. Roussin, pharmacien-major de 1re classe, professeur agrégé à l'Ecole de médecine militaire du Val-de-Grâce, pour la partie de l'expertise médico-légale relative à la recherche chimique des poisons. Paris, J.-B. Baillière et fils, 1867, in-8 de 1072 pages avec deux planches et 53 figures intercalées dans le texte.

EXTRAIT DE LA PRÉFACE DE A. TARDIEU. — «...Je considère comme une bonne fortune pour mon livre et pour moi-même d'avoir pu m'associer, pour la partie de l'expertise médico-légale qui concerne la recherche chimique des poisons, M. Z. Roussin que j'ai pu apprécier dans les nombreuses missions que la justice nous a confiées en commun et dont le savoir, l'habileté pratique et la sûreté de jugement n'ont d'égal que sa modestie et sa droiture. Cette partie ne sera pas la moins intéressante, car M. Roussin a bien voulu y consigner l'exposé de méthodes entièrement neuves et les résultats de recherches qui lui sont propres et qui ont pour garantie, outre sa science bien connue, l'expérience déjà longue qu'il a acquise des difficultés particulières des expertises en matière d'empoisonnement. »

Roussin a écrit d'autre part au sujet de cet ouvrage (1) :

L'intervention nécessaire de la médecine et de la chimie dans les graves questions d'empoisonnement déférées aux tribunaux, et la déclaration spontanée de M. A. Tardieu qui m'a fait l'insigne honneur d'accueillir ma collaboration, établissent avec précision la part de chacun de nous dans cette œuvre commune.

Toute la partie de ce livre qui traite de l'action des poisons sur l'économie, des lésions et des symptômes, de la pathologie générale des empoisonnements, en un mot, toute la partie médicale proprement dite est l'œuvre exclusive et magistrale de M. Tardieu. Ma part de collaboration, plus modeste assurément, présente de son côté un intérêt spécial qu'elle emprunte surtout à son caractère de précision. L'analyse chimique apporte en effet dans ces graves questions un ordre de preuves matérielles dont la valeur ne saurait être méconnue ou même amoindrie sans danger.

J'ai fait tous mes efforts pour mettre ce côté du problème toxicologique au niveau des connaissances actuelles. En élaguant cette immense variété de poisons du

____

(1) *Titres et travaux scientifiques de Z. Roussin.* Paris, 1870.

même genre, qui encombrait, sans utilité réelle, les anciens traités et réduisant la recherche de chaque substance toxique aux simples proportions d'une analyse chimique ordinaire, je me suis efforcé de tracer une méthode générale, simple et sûre, pour arriver dans la majeure partie des cas à reconnaître et à caractériser la nature du poison. La recherche spéciale de chaque substance toxique a reçu, à son tour, tous les développements nécessaires. J'ai cru servir utilement les intérêts de la science comme ceux des chimistes consultés ordinairement par la justice, et qui chercheraient un guide dans cet ouvrage, en substituant à l'énumération d'une foule de procédés connus, dont la multiplicité seule est un embarras, la description minutieuse des méthodes les plus autorisées dans la pratique et la succession régulière des opérations du laboratoire.

S'il est une science de laquelle les entraînements des doctrines personnelles doivent être sévèrement bannis, c'est assurément l'analyse chimique appliquée, dans les affaires criminelles, à la recherche des poisons. J'ai la confiance qu'on ne trouvera dans ce livre aucune trace de ces luttes d'autrefois, mais seulement l'exposé impartial des faits scientifiques et les conseils réfléchis que l'expérience seule autorise.

TABLE DES MATIÈRES. — Première partie : Étude sur l'empoisonnement en général. — Deuxième partie : Étude des principales espèces d'empoisonnement en particulier. — I. Empoisonnement par les poisons irritants ou corrosifs (acide sulfurique, acide nitrique, acide chlorhydrique, acide oxalique, acide tartrique ; potasse, soude, ammoniaque, vératrine, ellébore, coloquinte, gomme-gutte, épurge, euphorbe, croton-tiglium, colchique). — II. Empoisonnement par les poisons hyposténisants (arsenic, phosphore, sels de cuivre, sels de mercure, émétique, sel de nitre, sel d'oseille, digitale et digitaline). — III. Empoisonnement par les poisons stupéfiants (préparations de plomb, belladone et atropine, jusquiame, morelle, datura, tabac et nicotine, ciguë et conicine, aconit et aconitine, champignons, curare, chloroforme, alcool). — IV. Empoisonnement par les poisons narcotiques (opium). — V. Empoisonnement par les poisons névrosthéniques (strychnine et noix vomique, acide prussique, cantharides).

Parmi les rapports cités comme modèles, et non reproduits dans d'autres publications, nous relevons les suivants :

Empoisonnement par l'eau de Javel ; par A. Tardieu et Z. Roussin.

Empoisonnement par application d'orpiment sur une tumeur cancéreuse du sein ; par A. Tardieu, P. Lorain et Z. Roussin.

Empoisonnement par les allumettes chimiques ; par Z. Roussin.

Empoisonnement par du fromage mélangé de pâte phosphorée ; par P. Lorain et Z. Roussin.

Empoisonnement par le sulfate de cuivre ; par Z. Roussin et F. Boudet.

Tentative d'empoisonnement par le sulfate de cuivre : décomposition du sel par son séjour dans un vase de fonte ; par Z. Roussin.

Citons encore quelques expériences originales de Roussin sur le phosphore (p. 322), le cuivre normal (p. 543) et le procédé mentionné plus haut pour la recherche de l'acide sulfurique (p. 202) appliqué aux empoisonnements par les acides nitrique (p. 227) et oxalique (p. 259).

IX. — Examen microscopique des taches de sperme
(1867)

De même que pour les taches de sang, Roussin rejette l'emploi des réactifs chimiques ; il montre que le véritable criterium du sperme desséché, comme du sperme fluide est le spermatozoïde lui-même et l'observation microscopique de sa forme et de ses dimensions.

Il insiste sur l'enchevêtrement des spermatozoaires

entre les fibrilles des divers tissus, sur l'adhérence extrême des cadavres de ces animalcules au tissu lui-même
et sur la nécessité, pour les retrouver commodément,
d'effiloquer, sur le porte-objet du microscope, non seulement les fils de la chaîne et ceux de la trame, mais
encore les fibrilles elles-mêmes de chacun de ces deux
éléments.

L'emploi de la solution suivante est recommandé aux
micrographes :

Iode	1 gramme
Iodure de potassium.	4 —
Eau distillée	100 —

Ce réactif n'altère ni le volume, ni la forme, ni la texture
extérieure des zoospermes : à leur contact, ces animalcules
prennent subitement un relief remarquable et se détachent
dans le champ du microscope avec la plus grande netteté ; la portion très nettement visible de la queue augmente considérablement, et toute la préparation prend
un caractère de précision qu'il est difficile de définir.

Manuel opératoire. — Après un examen attentif et très
minutieux de chacun des vêtements ou objets saisis, on
fait choix d'un certain nombre de taches que l'aspect et
les caractères physiques désignent le plus à l'attention,
et on les numérote successivement sur le tissu lui-même
afin de pouvoir les retrouver aisément et de permettre
toute vérification ultérieure. La couleur, la forme, l'étendue, etc., de ces diverses taches sont soigneusement décrites, et l'on ne procède à leur examen microscopique
qu'après la mention détaillée de tout ce qui peut être utile
à l'information.

A l'aide de ciseaux très fins et très propres, on découpe
soit au centre, soit au bord de chaque tache, un petit
carré d'un demi-centimètre de côté, en prenant la précaution de n'imprimer au tissu aucun tiraillement et de
n'opérer aucun froissement sensible. On dépose alors au

fond d'un verre de montre *deux* gouttes d'eau distillée, et, saisissant avec des brucelles le petit fragment suspect, on le place doucement à la surface du liquide, qui l'imprègne peu à peu par capillarité et l'humecte complètement. L'expérience nous a appris que la macération doit être prolongée environ pendant deux heures : durant ce temps, on se borne à recouvrir le verre de montre d'une petite plaque de verre, destinée à empêcher l'évaporation et à prévenir la chute de corps étrangers. On doit se garder d'imprimer au tissu aucun mouvement ; au bout d'une heure, on se contente de le retourner et de l'immerger complètement dans les gouttelettes d'eau. L'humectation étant accomplie, à l'aide d'une loupe et de deux aiguilles fines emmanchées, on procède dans le verre de montre lui-même à l'effiloquage complet, mais *fort lent* et très minutieux, de chacun des fils composant la chaîne et la trame du tissu. On fait choix ensuite d'une lame de verre (porte-objet) très propre, sur laquelle on dépose un peu du liquide de la préparation précédente ; pour plus de simplicité, nous saisissons avec la pointe des brucelles tous les fils effiloqués, et nous touchons doucement la surface du verre avec ce petit paquet humide. On se hâte de recouvrir la gouttelette, ainsi déposée, avec une lamelle mince de verre (couvre-objet), en évitant autant que possible d'emprisonner quelques bulles d'air, et l'on porte sa préparation achevée sur la platine du microscope, muni du grossissement convenable.

L'observation doit être lente et surtout patiente ; les mouvements qu'on imprime à la préparation, pour amener successivement chacun de ses points dans le champ de l'instrument, doivent être méthodiques et d'une extrême lenteur ; chaque corpuscule visible doit être longuement étudié, alternativement placé au centre et au bord du champ ; l'incidence de la lumière est modifiée fréquemment par l'obliquité plus ou moins grande qu'on imprime au miroir, et la mise au point de chaque objet rectifiée et variée par des mouvements presque continus d'abaissement et d'élévation du tube de l'instrument, qui se meut au moyen d'un pas de vis très fin.

Si l'on découvre un certain nombre de corpuscules cylindro-coniques, et, à plus forte raison, quelques petits corps pyriformes isolés, il est presque certain, en admettant que la tache examinée soit réellement produite par le sperme, qu'une observation attentive et prolongée amènera la découverte de quelques zoospermes intacts.

Il arrive cependant que l'observation du liquide provenant de la macération ne conduit qu'à des résultats douteux : dans ce cas, il faut recourir à l'observation de quelques-uns des fils effiloqués, et voici la meilleure méthode à suivre :

On dépose directement sur la lame de verre porte-objet un seul des fils effiloqués accompagné d'une goutte de liquide, puis, à l'aide de la loupe et des deux aiguilles emmanchées, on l'effiloque très doucement, par un mouvement de traction lente, de manière à séparer complètement et à étaler sur une surface d'environ 1 centimètre carré toutes les fibrilles de chanvre ou de coton qui le composent ; on recouvre la préparation et on l'examine au microscope. L'observation directe fait découvrir le plus souvent les zoospermes, s'il en existe ; le plus grand nombre de ces animalcules sont toujours brisés ; quelques-uns seulement peuvent être observés intacts ou presque intacts. On recommence la manipulation et l'observation sur un deuxième et un troisième fil, si le premier examen est négatif ou insuffisant. C'est surtout dans le cas de ces résultats douteux qu'il est utile d'employer la solution d'iode dont nous avons donné la formule plus haut. Il suffit d'en déposer une très fine gouttelette sur le porte-objet, au moment de recouvrir la préparation, et d'observer immédiatement après.

Les zoospermes existent dans le sperme humain en quantité tellement considérable, que l'observateur, après avoir reconnu un de ces petits animalcules, ne peut manquer, par un examen prolongé, d'en découvrir un grand nombre d'autres, identiques de forme et de grosseur. Rien n'est plus aisé du reste que de prendre directement la mesure micrométrique de la tête d'un zoosperme intact, ou des corpuscules pyriformes isolés qu'on découvre dans le champ de l'instrument, et qui ne sont autre chose que des têtes d'animalcules privées de leur queue. L'expert ne doit jamais manquer de prendre plusieurs de ces mesures, afin de ne conserver aucun doute sur la nature des corps qu'il cherche à reconnaître, quelque caractéristique que soit d'ailleurs leur forme. Il est bon, du reste, soit au début, soit dans le cours des observations précédentes, que l'expert puisse se remettre sous les yeux la forme exacte et la grosseur des animalcules spermatiques, afin de ne concentrer son attention que sur les corpuscules d'un semblable diamètre. Il est nécessaire, pour cela, de posséder une préparation microscopique de zoospermes humains, qu'il est aisé de faire soi-même ou d'acheter chez les préparateurs d'objets microscopiques.

Indépendamment des zoospermes entiers ou brisés qu'on découvre dans le champ du microscope, l'observateur rencontre un grand nombre de corps, étrangers, il

est vrai, à ses recherches spéciales, tels que fibrilles végétales, spores de cryptogames, débris siliceux et calcaires, globules de mucus et de pus, cellules d'épithélium,
cristaux de phosphate magnésien, corps amorphes indé-
terminés, etc., mais qu'il est toujours indispensable de
signaler dans le rapport. L'emploi de l'eau iodée offre,
dans ces sortes de recherches, un avantage nouveau qu'il
est impossible de méconnaître. Tous les corpuscules d'o-
rigine animale et végétale sont plus ou moins colorés en
jaune au contact de cette solution, tandis que les substances minérales conservent leur couleur spéciale.

Il arrive fréquemment, en faisant usage d'eau iodée,
qu'une foule de fragments microscopiques irréguliers et
lamelliformes prennent une magnifique coloration bleue
ou violette ; cet effet est dû à la présence de l'amidon, dont
les blanchisseuses font usage pour empeser les tissus et
notamment les tissus de coton, avant de les soumettre à
l'action du fer à repasser. Il est utile d'ajouter que, dans
ce cas, tous les globules d'amidon sont brisés et n'ont
plus rien conservé de leur forme primitive.

Toutes les taches qu'on peut observer à la surface des
vêtements ou objets saisis, ne sont pas, même dans les
cas d'attentats à la pudeur les mieux confirmés, formées
par du sperme desséché. Sur les chemises, pantalons et
jupons il existe presque toujours d'autres maculatures
dont l'examen incombe à l'expert. Nous mentionnons
seulement, pour mémoire, les plus fréquentes d'entre elles :

1° Taches jaunâtres, larges, diffuses, d'une odeur
urineuse et produites par l'urine.

2° Taches jaune verdâtre, dont la couleur, la forme et
la place sont spéciales ; elles sont produites par les excré-
ments.

3° Taches d'un rouge sombre, empesées, rudes au toucher, et qu'on reconnaît le plus souvent à l'observation microscopique pour des taches de sang. Dans bien des cas il est permis de découvrir dans ces taches, outre les globules normaux et les paquets fibrineux du sang, un assez grand nombre de zoospermes et de larges cellules d'épithélium pavimenteux, semblables à celles qui tapissent la muqueuse vaginale.

4° Taches d'un jaune blanchâtre, comme opaques, empesées, mais un peu diffuses, dans lesquelles on ne distingue que des cellules d'épithélium et de très nombreux globules blancs, un peu crénelés et à noyaux punctiformes multiples. Ces taches sont ordinairement le produit d'un écoulement muqueux ou purulent.

5° Taches de matières grasses.

6° Taches de boue.

7° Taches d'une couleur brun-marron, très éparses, toujours très nombreuses, de la dimension moyenne d'une tête d'épingle, et particulièrement accumulées vers les manches et la partie supérieure des chemises d'enfant. Ces taches qui portent ordinairement le nom de *taches de puces* sont produites par l'écrasement et les déjections de ces petits animaux ; etc.

Nous avons rencontré plusieurs fois, dans l'examen des chemises d'homme, des taches noires ou d'un brun noirâtre, produites par le nitrate d'argent ou l'acétate de plomb, dont les inculpés avaient fait usage pour se traiter d'une blennorrhagie antérieure.

Aucun détail ne doit être négligé dans la description de ces taches diverses, et tel fait, en apparence inutile, prend soit au cours de l'instruction, soit durant les débats, une signification presque capitale.

X. — Empoisonnement par le vert de Schweinfurth.

(1867)

L'auteur expose dans ce travail les détails et les résultats de l'analyse chimique des organes extraits des cadavres de deux ouvriers morts, à quelques jours d'intervalle, dans une fabrique de vert de Schweinfurth. Ces organes renfermaient de très notables proportions d'arsenic et de cuivre. L'empoisonnement par le vert arsenical n'étant pas douteux, Roussin fut chargé par le parquet de la Seine de visiter la fabrique incriminée et de comparer son aménagement et son régime intérieurs avec ceux d'une autre fabrique désignée comme modèle par le prévenu lui-même. Les détails de cette double enquête sont exposés avec le plus grand soin.

C'est le point de départ du travail suivant sur le mécanisme de l'absorption cutanée.

XI. — Nouvelles expériences relatives à l'absorption cutanée.

(1867)

Il est certain que la peau est perméable aux gaz et aux vapeurs ; il est également certain que la peau est perméable aux diverses substances qu'on y applique, mélangées à la graisse ou aux emplâtres. Aucun doute n'est possible touchant la réalité des phénomènes d'absorption observés dans ces conditions, et conséquemment sur la propriété que possède la peau de laisser passer diverses substances actives dans le torrent circulatoire. L'incertitude commence seulement lorsque, au lieu de faire usage d'un excipient gras, on met la peau en contact avec des solutions aqueuses. C'est alors qu'apparaissent, en même temps que les contradictions les plus choquantes, les invraisemblances les plus inexplicables.

Quelques faits suffiront à mettre ces contradictions en relief :

1° Alors qu'une application de pommade ordinaire à l'iodure de potassium, sur une portion peu étendue de la peau, est suivie, au bout de quelques heures, de l'apparition de l'iode dans les urines et les crachats, il résulte des expériences de plusieurs physiologistes, et notamment de celles de M. le docteur de Laurès, auquel j'ai prêté mon concours pour les analyses chimiques, que des hommes et des femmes ont pu séjourner depuis une heure jusqu'à cent heures, et même au delà, dans un bain renfermant de 200 à 400 gr. d'iodure de potassium, sans qu'aucune trace d'iode ait pu être décélée dans les urines et les crachats colligés durant ces expériences.

2° L'émétique qui agit sur la peau avec tant d'énergie, lorsqu'il est solide et pulvérisé, n'exerce plus aucune action lorsqu'on l'applique sur l'épiderme en solution aqueuse concentrée, quelle que soit la durée du contact.

3° Aucun médecin n'ignore que des adultes, et même des enfants, peuvent séjourner longtemps dans un bain renfermant de 20 à 60 gr. de bichlorure de mercure, sans éprouver la plus légère salivation, alors qu'il suffit de quelques centigrammes de ce sel ou de l'application sur la peau d'une pommade mercurielle pour provoquer ce premier symptôme.

4° Magendie a pu laisser, pendant un temps fort long, en contact direct avec la peau, une solution aqueuse concentrée d'un sel de strychnine, sans produire le plus léger tressaillement.

Le problème à résoudre peut donc être ainsi formulé :

Un homme, *à l'épiderme intact*, plongé dans un bain d'eau, renfermant une substance saline en solution, absorbe-t-il, pendant qu'il est dans ce bain, une fraction quelconque de cette substance, appréciable aux réactifs ?

J'ai adopté dans mes expériences l'iodure de potassium ordinaire. Plusieurs motifs conseillent ce choix: 1° ce sel est extrêmement soluble dans l'eau, sans altération ; 2° le commerce le fournit dans un état de pureté et d'uniformité de composition qui ne laissent rien à désirer ; 3° il n'altère pas le tissu épidermique et ne présente aucun danger dans son emploi ; 4° l'iode de ce sel possède dans l'eau amidonnée un réactif tellement sensible qu'une seule goutte de solution de 1 gr. d'iodure de potassium dans 40 litres d'eau suffit à produire la couleur bleue caractéristique ; 5° enfin, c'est ce produit qui a déjà servi au plus grand nombre des expériences entreprises sur ce sujet, et son adoption n'a jamais soulevé aucune critique.

Pour la recherche de l'iode dans l'urine et les crachats, j'ai toujours employé le procédé suivant :

Les urines ou les crachats sont mis à évaporer, jusqu'en consistance sirupeuse, dans une capsule d'argent ou de platine, après y avoir préalablement ajouté 50 centigr. de potasse caustique pure, pour chaque volume de 100 centimètres cubes. Le résidu est calciné, d'abord lentement, puis à la température du rouge naissant, jusqu'à cessation absolue de toute odeur et de toute vapeur. A l'aide d'un pilon d'agathe, on réduit en poudre fine le résidu charbonneux et on le fait bouillir à trois reprises différentes avec de petites quantités d'alcool à 90° pur, qu'on filtre successivement. Ces liquides réunis, évaporés au bain-marie dans une petite capsule de porcelaine, laissent un résidu sur lequel on verse, dans l'ordre suivant, les réactifs ci-dessus énumérés : 1° deux ou trois gouttes d'eau amidonnée récente ; 2° une goutte de solution au vingtième d'azotite de potasse pur ; 3° une goutte d'acide nitrique pur étendu de deux fois son volume d'eau distillée. L'eau amidonnée et la solution d'azotite de potasse sont d'abord promenées sur le résidu de la capsule et agitées avec lui jusqu'à ce que le mélange soit bien intime; c'est seulement alors qu'on laisse couler l'acide nitrique le long des parois de la capsule. Cette goutte, en atteignant le mélange précédent, y produit instantanément une coloration bleue, s'il existe de l'iode.

Indépendamment de sa grande sensibilité, la méthode précédente présente une sécurité spéciale, en ce sens que l'excès d'aucun des réactifs employés n'entrave la production de la couleur bleue.

Ces préliminaires établis, j'aborde la description succincte des expériences que j'ai exécutées :

Ire EXPÉRIENCE. — Le 21 juillet 1866, je me frictionne toute la surface du corps à l'aide d'un paquet d'étoupe et de l'eau savonneuse, puis j'entre dans un bain ordinaire tiède, dans lequel je dissous 450 gr. d'iodure de potassium ordinaire. Après une heure de séjour, je quitte le bain, et *aussitôt* je m'arrose à plusieurs reprises avec de l'eau tiède, de manière à enlever aussi complètement que possible tout le liquide ioduré adhérent à l'épiderme, puis je m'essuie avec le plus grand soin. Durant les vingt-quatre heures suivantes, je recueille dans des vases de verre toute l'urine sécrétée, s'élevant à 1660 gr. ; elle ne renferme pas la moindre trace d'iode.

IIe EXP. — Le 28 juillet, je répète sur moi-même l'expérience précédente dans ses plus minutieux détails. Le résultat est exactement le même.

IIIe EXP. — Le 4 août, je répète encore l'expérience précédente, en y apportant la modification suivante : au sortir du bain d'iodure de potassium, et sans procéder à aucun lavage ni essuiement, je reste nu jusqu'à ce que tout le liquide ioduré qui recouvre l'épiderme soit évaporé spontanément. Il n'a pas fallu moins de vingt-cinq minutes pour atteindre ce résultat. Avant de m'habiller, je lave avec le plus grand soin les parties génitales, pour qu'aucune trace d'iodure, autre que celle résultant de l'absorption, ne puisse se mélanger aux urines. Ces dernières, recueillies pendant les vingt-quatre heures suivantes, et s'élevant au poids de 1710 gr. ont été traitées par le procédé indiqué plus haut.

500 gr. de cette urine suffisent pour y constater la présence de l'iode.

IV⁰ Exp. — Le 11 août, toute trace d'iode ayant disparu de l'urine, je recommence l'expérience précédente dans tous ses détails, en n'opérant qu'avec 200 gr. d'iodure de potassium dissous dans le même volume d'eau du bain. De plus, je prends la précaution de n'ajouter cet iodure que cinq minutes avant de sortir du bain. Après évaporation spontanée du liquide qui recouvre le corps et lavage attentif des parties génitales, je m'habille et je recueille les urines pendant vingt-quatre heures.

Ces urines accusent de notables proportions d'iode.

V⁰ Exp. — Le 18 août, toute trace d'iode ayant disparu de mon urine, expérimentée même sur 1200 gr., je me savonne soigneusement les deux bras depuis l'épaule jusqu'au poignet, puis, à l'aide d'un large pinceau trempé dans une solution d'iodure de potassium au centième, je badigeonne la surface de la peau de manière à l'en bien humecter. Quatre heures après la dessiccation spontanée et complète de cette solution, je recueille 15 gr. de crachats et 240 gr. d'urine qui accusent de la manière la plus certaine le passage de l'iode dans ces deux sécrétions.

VI⁰ Exp. — Le 25 août, après avoir constaté qu'il n'existe aucune trace d'iode dans mon urine, je répète les badigeonnages précédents, en me servant d'une solution aqueuse au dixième d'iodure de potassium, et en opérant seulement sur la partie interne et supérieure de la cuisse droite. Cinq heures et demie après la dessiccation spontanée du liquide à la surface de la peau, je recueille 20 gr. de crachats et 330 gr. d'urine qui accusent de très notables proportions d'iode.

VIIe Exp. — Le 1er septembre, je constate qu'il n'existe aucune trace d'iode dans 800 gr. de mon urine, puis, après un savonnage soigneux sur toute la surface du corps, j'entre dans un bain renfermant 500 gr. d'iodure de potassium, dans lequel je reste une heure et demie. Immédiatement au sortir du bain, j'ai la précaution, comme dans les deux premières expériences, de me laver à plusieurs reprises toute la surface du corps, et de m'essuyer avec le plus grand soin.

1550 gr. d'urine, recueillis durant les vingt-quatre heures suivantes, n'ont fourni aux réactifs aucune trace d'iode.

VIIIe Exp. — Le 3 septembre, après avoir constaté qu'il n'existe pas trace d'iode dans mon urine, je répète l'expérience précédente dans tous ses détails, avec cette seule différence que je ne me soumets à aucun lavage, et que je m'essuie d'une manière *très incomplète*.

L'analyse de 1780 gr. d'urine, rendus dans les vingt-quatre heures suivantes, met hors de doute, bien qu'en faible proportion, la présence de l'iode.

La conclusion logique à tirer des expériences qui précèdent est la suivante :

Tant que l'épiderme est en contact avec la solution d'iodure de potassium, aucune absorption ne peut être constatée. Cette dernière ne commence qu'au moment où, l'eau qui recouvre la surface du corps étant évaporée, l'iodure de potassium, abandonné par l'évaporation, se trouve en contact avec la peau à l'état solide et très divisé.

Pour vérifier d'une manière directe les résultats de ces expériences et légitimer la conclusion précédente, j'ai jugé nécessaire de supprimer tout véhicule de dissolution et de n'employer que l'iodure de potassium solide et pulvérisé. A cet effet :

Le chimiste Roussin. 15

IX⁰ Exp. — J'ai pulvérisé aussi finement que possible de l'iodure de potassium du commerce, et, à l'aide d'un morceau de flanelle et d'un large pinceau, je me suis, à la manière des enfants qu'on saupoudre de lycopode, frotté et saupoudré de poudre d'iodure de potassium toute la partie supérieure du corps, depuis le cou jusqu'au niveau de l'abdomen.

L'urine des vingt-quatre heures suivantes accuse à l'analyse une proportion considérable d'iode.

X⁰ Exp. — J'ai mouillé complètement une chemise neuve avec une solution aqueuse d'iodure de potassium faite au dixième ; la partie supéro-antérieure plissée de ce vêtement a seule été ménagée. Après sa complète dessiccation, j'ai revêtu cette chemise le 17 septembre, et je l'ai conservée durant trois jours en contact direct avec la peau.

J'ai recueilli chaque jour, avec les plus grandes précautions et des lavages préalables des parties génitales, la plus grande partie de l'urine sécrétée, et l'analyse m'a permis, chaque fois, d'y constater des proportions très notables d'iode.

Ici s'arrête le résumé de mes expériences directes, entreprises dans le but de préciser les conditions matérielles de l'absorption cutanée. Les résultats obtenus sont, à mon avis, de nature à éclairer cette importante question et à modifier singulièrement les idées généralement admises. Dès maintenant, ils permettent de comprendre le mécanisme véritable de l'intoxication qui résulte du contact direct ou du dépôt, à la surface de la peau, d'un grand nombre de poudres vénéneuses. La dixième expérience, entre autres, me semble éclairer le mystère des manœuvres encore inexpliquées des empoisonneurs italiens du moyen âge, qui parvenaient à déterminer la mort en préparant d'une certaine façon les gants, bas et chemises dont la victime devait faire usage.

Ces résultats permettent enfin d'expliquer l'apparente

diversité des conclusions formulées par les savants qui ont étudié les phénomènes d'absorption cutanée. Les observateurs qui, à la suite des résultats négatifs de l'analyse, ont nié l'absorption cutanée, auront bien probablement, à la sortie du bain, fait laver ou essuyer complètement les individus soumis à leurs expériences, et enlevé de la surface de la peau la totalité ou la très grande partie des substances salines qui y seraient demeurées à l'état solide par l'évaporation du liquide. De leur côté, les physiologistes qui, après avoir retrouvé dans les urines une fraction des substances dissoutes dans l'eau du bain, ont conclu à la réalité de l'absorption cutanée, n'auront sans doute pas jugé utile de prendre de telles précautions, et, la peau restant recouverte d'une petite quantité de poudre saline, l'absorption de cette dernière, en se produisant ultérieurement, aura trompé l'observateur sur le mécanisme et l'époque réelle de cette pénétration.

De quelle manière est-il possible d'expliquer cette perméabilité spéciale de la peau pour les substances sèches et solides, mais divisées, avec lesquelles on la met en contact, et sa résistance absolue à la pénétration par ces mêmes substances dissoutes dans l'eau?

Ce dernier problème est le complément naturel des expériences qui précèdent. Il s'imposait à mon esprit et j'ai dû l'aborder du côté de l'expérimentation physique.

J'ai tout d'abord jugé utile de constater directement, tant sur moi-même que sur divers individus pris au hasard, si la surface cutanée est réellement enduite d'une matière grasse et je me suis proposé d'isoler cette matière. A cet effet, j'ai commencé par prendre un bain simple à l'eau tiède, durant lequel je me suis minutieusement frotté les deux bras avec une étoupe de chanvre. Au sortir du bain, je m'essuie avec le plus grand soin et je revêts une chemise récemment blanchie. Deux heures après, je me mets les bras à nu et, ployant successivement chacun d'eux en forme de V, au-dessus d'une capsule de cristal de manière que l'extrémité de l'angle formé entre dans la capsule elle-même, j'arrose lentement toute la surface cutanée avec 100 gr. de chloroforme pur. Ce liquide, après avoir dissous, sans l'aide d'aucun frottement, tout ce qu'il trouve de soluble à la surface de l'épiderme, s'écoule finalement dans la capsule.

Pareille opération est répétée sur l'autre bras avec une nouvelle dose de chloroforme, et les deux liquides provenant de ces lavages, immédiatement filtrés au papier Berzelius, sont mis à évaporer lentement au-dessus d'un bain-marie d'eau tiède. Lorsque la capsule ne perd plus de son poids, je la porte sous une cloche dont l'air est desséché par la chaux et je la pèse au bout de quarante-huit heures : le poids du résidu est de 57 centigrammes. Ce résidu consiste en une matière incolore, de la consistance de l'axonge, sans odeur appréciable, d'une saveur à peu près nulle et tout à fait analogue à celle des matières grasses, tachant le papier exactement comme ces dernières, complètement insoluble dans l'eau, soluble dans l'éther, le sulfure de carbone et le chloroforme, un peu dans l'alcool ; l'eau ne mouille pas cette substance, quelque prolongé que soit le contact. Une solution de potasse caustique la saponifie au bout de quelques minutes d'ébullition, et la dissolution limpide qui en résulte donne, par l'addition d'un acide étendu, un abondant précipité floconneux blanc. Une petite mèche d'amiante, imprégnée de cette matière, brûle avec une flamme claire et peu odorante. A tous ces caractères, il est impossible de méconnaître une matière grasse réelle.

Après le lavage au chloroforme, la peau se sèche en quelques secondes ; mais toutes les surfaces lavées ont perdu leur aspect luisant et leur toucher onctueux ; elles sont devenues blanchâtres, sèches et comme farineuses. Ce nouvel état ne dure que quelques minutes, car une exsudation nouvelle de matière grasse lubrifie bientôt la surface épidermique et lui rend son aspect ordinaire.

Ainsi, aucun doute n'est possible; toute la surface cutanée est *réellement, matériellement* recouverte et lubrifiée par une matière grasse véritable qui la préserve de tout contact avec l'eau et les solutions aqueuses. Quelque évidente que m'ait paru cette conséquence, j'ai voulu la vérifier expérimentalement et de la manière la plus directe par la disposition suivante :

Je me suis mis à nu l'avant-bras gauche et j'ai étudié l'action produite par un filet d'eau continu, tombant sur la surface interne. Si le filet d'eau tombe avec un volume suffisant, il s'étale sur une petite surface de la peau et paraît momentanément mouiller celle-ci. Mais vient-on à suspendre la chute du liquide, ne fût-ce que pendant une ou deux secondes, immédiatement il se produit à la surface épidermique des figures irrégulières, formées de gouttelettes qui s'isolent, de petits ruisseaux qui se rétrécissent peu à peu, se rapprochent ou s'éloignent, glissent rapidement sur l'épiderme sans y laisser aucune trace, et finalement gagnent les parties les plus déclives,

en se constituant en gouttes rondes que le plus petit
ébranlement fait tomber.

Le savonnage préalable de la peau ne change rien aux
conditions et aux résultats de l'expérience précédente ; je
m'en suis encore assuré directement. Dès que la dissolution mousseuse de savon est balayée par le courant
d'eau, immédiatement la surface épidermique se recouvre
de filets sinueux et de gouttelettes d'eau irrégulières qui
glissent rapidement et tombent sans laisser aucune trace
de contact véritable.

Il m'a paru intéressant de rechercher si je parviendrais
à mouiller d'une manière continue et persistante la peau
d'un cadavre. Je me suis procuré un lambeau de la peau
d'un homme mort la veille. Ce lambeau, détaché de la
partie interne de l'avant-bras, et d'une surface équivalente à celle d'un carré de 8 centimètres de côté, est simplement étalé, sa face interne en dessous, sur une petite
planchette où je le fixe au moyen de quelques épingles.

A l'aide d'un pinceau à barbe et d'une solution aqueuse
de savon noir, je le savonne pendant quelques minutes,
puis je projette sur sa surface, légèrement inclinée, un
filet d'eau distillée, de manière à entraîner tout le liquide
alcalin. Aussi longtemps que dure cette projection, l'eau
s'étale à la surface en une nappe uniforme et non interrompue.

Il est facile de comprendre le mécanisme de cette expérience et la cause de la différence profonde qui sépare
l'action de l'eau sur deux surfaces identiques de peau
humaine, préalablement savonnées, l'une appartenant à
l'individu vivant, l'autre empruntée à un cadavre. Tandis que, sur l'homme vivant, la sécrétion grasse de la
peau, se reproduisant et fonctionnant d'une manière

non interrompue, remplace, au fur et à mesure de sa soustraction, la matière grasse partiellement émulsionnée par l'action de l'eau savonneuse et préserve continuellement l'épiderme contre toute pénétration aqueuse ; dans la peau du cadavre, au contraire, lorsqu'on a enlevé par le savonnage cette matière sébacée superficielle, aucune sécrétion nouvelle ne s'opérant plus, rien ne s'oppose au contact de l'eau qui mouille alors la surface épidermique d'une manière complète. La peau humaine ne peut donc être réellement mouillée par l'eau qu'après la mort et sous l'influence de lotions alcalines. Il ne faut peut-être pas chercher ailleurs que dans ces faits l'explication naturelle de l'emploi du *natron* (carbonate alcalin naturel), si fréquemment usité par les peuples qui pratiquaient autrefois l'embaumement des cadavres.

En résumé, chez l'homme vivant, aucune absorption, aucune pénétration d'un liquide aqueux ne peut s'effectuer par la peau normale, revêtue de son épiderme. Loin de favoriser, par les surfaces cutanées, l'introduction des substances dissoutes dans l'eau, *c'est l'eau elle-même qui est le seul obstacle*, attendu qu'elle empêche absolument le contact de ces substances avec la peau sous-jacente.

En poursuivant l'étude des phénomènes de pénétration au travers des conduits capillaires de la peau, j'arrive à l'application cutanée des pommades médicamenteuses, laquelle, comme on le sait, est suivie d'une absorption aussi incontestable qu'universellement reconnue. D'après tout ce que je viens d'exposer, cette faculté d'absorption est aisée à comprendre, puisqu'elle résulte de la nature même du véhicule nouveau qu'on met en

contact avec la peau. Réfractaire à l'action lubrifiante
de l'eau, par suite de la présence de son enduit gras, la
peau se laisse au contraire mouiller avec la plus grande
facilité par toutes les substances de nature grasse, lesquelles peuvent ainsi pénétrer par capillarité dans les
conduits microscopiques de l'enveloppe cutanée. Si le
corps gras, appliqué à la surface de la peau, tient en
solution ou en suspension un principe toxique ou médi-
camenteux, ce dernier pénétrera dans les conduits capillaires, en même temps que son dissolvant lui-même. La
seule condition, si ce principe est en simple suspension,
c'est que le diamètre des particules les plus ténues soit
inférieur au diamètre des conduits capillaires de la peau.
Le fait seul de la présence d'un enduit gras à la surface
de la peau et l'application des lois élémentaires de la
capillarité suffisent non seulement à expliquer de la
manière la plus complète l'absorption par la peau des
matières grasses et des principes qu'elles tiennent en
solution, mais à rendre cette absorption elle-même aussi
nécessaire que certaine.

Les corps gras ne sont pas les seules substances qui
peuvent servir de véhicules d'absorption aux matières
médicamenteuses ou toxiques. L'éther, le chloroforme,
le sulfure de carbone, l'alcool, etc., etc., et en général
toute substance pouvant mouiller les corps gras de l'enduit superficiel de la peau, sont parfaitement aptes,
comme la graisse elle-même, à produire les phénomènes
de pénétration cutanée. Je crois utile, à ce propos, de
prémunir l'esprit contre le rôle qu'on serait peut-être
tenté d'attribuer à une substance très fréquemment employée aujourd'hui en thérapeutique, je veux parler de
la glycérine. Parce que ce produit est le résultat de la

décomposition des corps gras naturels, qu'il a une consistance huileuse, qu'il ne s'évapore pas à l'air, et qu'il se mêle commodément au mortier avec quelques matières grasses, solides ou semi-solides, on serait peut-être tenté de croire qu'il jouit des principales propriétés chimiques et physiques des corps gras, et à ce point de vue, on serait induit à penser qu'il pourrait, comme ces derniers, servir de véhicule pour l'absorption cutanée de plusieurs substances. C'est là une erreur, et je n'affaiblirai en rien les précieuses propriétés de la glycérine et son emploi si utile, en définissant ses propriétés réelles, et constatant qu'elle ne mouille ni ne dissout les corps gras ordinaires, et qu'appliquée sur la peau humaine, elle n'a pas plus de contact avec cette dernière que l'eau ordinaire.

On pressent déjà, sans qu'il soit nécessaire d'insister bien longuement à cet égard, le mode naturel d'absorption des matières pulvérulentes, déposées à la surface de la peau, ou de celles qu'y abandonne l'évaporation spontanée d'un liquide salin. Pénétrées peu à peu par la matière grasse épidermique, elles produisent, par leur mélange avec cet enduit, une véritable pommade, préparée sur place, étalée sur une large surface, et qui se trouve dès lors dans les meilleures conditions de pénétration capillaire. Des frictions peuvent sans doute aider cette pénétration, en renouvelant les surfaces de contact de la poudre et de la matière grasse, et facilitant, soit une dissolution plus complète, soit un mélange plus homogène. Le contact et le frottement des vêtements qui recouvrent la peau y aident déjà d'une manière notable.

Conclusions.

1° La peau humaine, revêtue de son épiderme, est réellement, matériellement lubrifiée par une substance grasse ; elle ne peut être mouillée, c'est-à-dire touchée par l'eau, elle ne peut absorber et n'absorbe en réalité aucune particule d'eau liquide, soit pure, soit tenant en dissolution des substances étrangères ;

2° L'absorption par la peau et le passage dans l'économie des substances salines ou autres, en dissolution dans l'eau, est complètement impossible tant que la surface cutanée est recouverte de liquide aqueux : l'eau est précisément l'obstacle unique apporté à cette absorption ;

3° L'enduit gras qui recouvre la peau ne permet d'autre pénétration et d'autre absorption cutanée que celle qui se produit par l'intermédiaire d'un véhicule capable de mouiller réellement la peau ;

4° Le contact direct d'une matière très divisée, simplement appliquée au pinceau, adhérente aux vêtements, ou résultant de l'évaporation à la surface du corps d'une solution aqueuse de cette substance, est suivi d'une absorption certaine, par l'effet seul de la présence de l'enduit gras sébacé qui pénètre et dissout sur place cette poudre elle-même, et la met dans les conditions nécessaires à la progression capillaire.

XII. — Empoisonnement
d'un enfant nouveau-né par les allumettes chimiques ; par A. Tardieu et Z. Roussin.

(1868)

Le rapport que nous présentons aux lecteurs des *Annales d'Hygiène et de médecine légale* emprunte son principal intérêt : 1° à l'âge de la victime (un enfant de quelques jours) ; 2° aux lésions profondes et caractéristiques observées dans le tube digestif ; 3° à la précision des constatations chimiques et à la découverte de phosphore dans les organes.

Les pièces à conviction jointes au rapport comprennent :

Tube n° 1. — Fragments de soufre fondu, trouvés dans l'estomac et le duodenum.

Tube n° 2. — Chromate rouge de plomb extrait du tube digestif.

Tube n° 3. — Deux petits fragments de soufre fondu extraits des commissures des lèvres de l'enfant.

Tube n° 4. — Fragments de soufre fondu extraits de la collerette de la chemise.

Tube n° 5. — Fragments de soufre fondu extraits de la camisole de laine.

XIII. — Empoisonnement
par une dose énorme de cyanure de potassium ; relation médico-légale, par A. Tardieu et Z. Roussin.

(1868)

La nature et la gravité des lésions observées dans les organes extraits du cadavre, de même que l'existence dans le tube digestif d'une dose énorme de cyanure de potassium ont permis aux auteurs d'affirmer que la mort est le résultat certain et inévitable de l'ingestion de ce sel.

XIV. — Mémoire sur la coralline et sur le danger que présente cette substance dans la teinture de certains vêtements, par A. Tardieu et Z. Roussin.

(1869)

La collaboration de Roussin a permis de constater expérimentalement :

1° Que dans les chaussettes rouges, cause des premiers accidents observés, il n'existait aucune trace de substances minérales toxiques ;

2° Que la matière colorante rouge de ces chaussettes était exclusivement constituée par la coralline, produit découvert par M. Persoz fils et dérivé de l'acide phénique ;

3° Qu'au moyen de traitements alcooliques convenables, il est facile d'extraire des viscères, et spécialement des poumons des animaux empoisonnés par la coralline, une proportion de cette substance assez grande pour teindre quelques fils de soie et fixer ainsi l'agent toxique lui-même ;

4° Qu'au moyen d'expériences fort simples et à la portée de tout le monde, il est très aisé de reconnaître sur les étoffes elles-mêmes la nature des diverses matières colorantes rouges et de pouvoir ainsi distinguer le rouge de coralline des rouges de garance, de cochenille, de murexide, de carthame et d'aniline.

XV. — Rouges d'aniline arsenicaux. Rouges d'aniline de M. Coupier préparés sans arsenic.

(1869)

Dans cette note Roussin appelait l'attention des hygiénistes sur l'emploi, alors général, de l'acide arsénique pour la fabrication des divers rouges d'aniline et les proportions presque toujours énormes d'arsenic qui restaient dans les produits livrés au commerce. L'emploi de ces matières colorantes artificielles ne se bornait pas aux seuls usages de la teinture des tissus. Les industries les plus diverses les utilisaient pour la coloration d'une foule de substances ; plusieurs préparations cosmétiques et jusqu'à des aliments véritables étaient teints en rouge avec ces produits toxiques. L'auteur fait ressortir l'importance du procédé de M. Coupier, qui a trouvé le moyen de produire des rouges d'aniline sans l'intermédiaire d'aucun agent vénéneux.

XVI. — Relation médico-légale
de l'affaire Troppmann; rapport concernant l'empoisonnement de Jean Kinck, par l'acide prussique.

(1870)

Conclusions générales. — Des constatations matérielles et résultats analytiques résumés dans ce rapport, nous concluons :

1° Qu'il n'existe actuellement aucune trace de poison et spécialement aucune trace *d'acide prussique libre*, dans les organes extraits du cadavre de Jean Kinck.

2° Que les muqueuses de l'estomac et du duodenum sont pénétrées sur toute leur surface : 1° par une solution de sulfate de potasse ; 2° par une petite quantité de sulfure de fer ; 3° par du bleu de Prusse véritable, extrêmement divisé, c'est-à-dire par les trois produits fixes qui, après avoir pris naissance dans la préparation de l'acide prussique, ont subi les réactions ultérieures et inévitables de l'inhumation cadavérique.

3° Qu'il nous paraît, dès lors, extrêmement probable que Jean Kinck a réellement ingéré durant sa vie de l'acide prussique, préparé par la méthode révélée par l'inculpé Troppmann lui-même, mais souillé des impuretés que l'inexpérience de l'accusé ne lui a pas permis d'éviter.

XVII. — Considérations nouvelles sur l'empoisonnement par la strychnine, par A. Tardieu et Z. Roussin.

(1870)

Un fait nouveau d'empoisonnement par la strychnine s'est offert récemment à notre observation dans des circonstances extrêmement intéressantes, et nous nous empressons de le publier, en appelant l'attention des médecins légistes sur les considérations très neuves et très pratiques qu'il nous a suggérées.

Nous l'exposerons dans tous ses détails en suivant l'ordre dans lequel la procédure judiciaire nous en a successivement présenté les divers éléments, c'est-à-dire en faisant connaître d'abord le procès-verbal d'autopsie de la femme empoisonnée, puis les résultats de l'analyse chimique ; en troisième lieu les observations relatives aux symptômes d'empoisonnement, et enfin les conclusions et les considérations générales, auxquelles l'ensemble de ces faits a pu donner lieu.

XVIII. — Poudres et bombes fulminantes.

(1870)

Un procès politique récent a révélé chez R..., l'un des inculpés, la saisie d'une certaine quantité de poudre fulminante et d'une vingtaine de bombes d'une forme toute spéciale. Le juge d'instruction de cette affaire crut devoir me confier : 1° l'analyse chimique de cette poudre ; 2° l'examen des bombes saisies ; 3° la mission de procéder à l'éclatement d'une ou de plusieurs de ces bombes, dans le but de juger de la puissance de la poudre saisie et des effets destructeurs de ces projectiles creux.

Un membre distingué du Comité d'artillerie, M. le commandant Caron me fut adjoint, sur l'invitation de M. le juge d'instruction et la désignation de M. le général commandant le Comité.

A la séance du 23 juillet, je fus appelé à rendre compte à MM. les jurés de la Haute-Cour, devant laquelle se déroulaient les débats du procès, des opérations diverses exécutées en vue de répondre à cette mission de la justice.

Les diverses relations des journaux qui ont rendu compte du procès, n'ont, pour la plupart, abouti qu'à propager et accréditer des erreurs matérielles qu'il importe de détruire, tant au nom de la vérité que de la science elle-même. C'est dans ce but que je me décide à publier le résumé succinct des expériences relatées dans le rapport et les principaux traits de ma déposition à l'audience de la Haute-Cour.

Examen et analyse de la poudre R... — Cette poudre est d'un gris jaunâtre très clair. L'examen à la loupe suffit pour montrer qu'elle est formée de trois substances distinctes, incomplètement pulvérisées et mélangées. Touchée avec un corps enflammé ou présentant simplement un seul point en ignition, cette poudre explosionne violemment et ne laisse pas de résidu appréciable. Elle explosionne également par un faible choc entre deux corps durs (pierre contre pierre, fer contre fer, cuivre contre cuivre, cuivre contre pierre, etc.). Une seule goutte d'acide sulfurique concentré suffit pour provoquer instantanément l'inflammation de ce mélange.

Trois dosages concordants nous permettent de fixer ainsi qu'il suit la composition de la poudre R...

Soufre   14
Prussiate de potasse desséché   31
Chlorate de potasse   55
                                       ———
                                       100

Cette poudre est, depuis longtemps, bien connue des chimistes ; mais elle n'a reçu, en France, aucune application parce qu'elle est essentiellement *brisante*, assez coûteuse et d'une préparation, d'un maniement et d'une conservation dangereux. Précisément à cause de ses propriétés brisantes, résultant de l'inflammation subite et instantanée de toute sa masse, elle brise les armes avant d'imprimer aux projectiles une vitesse que l'on obtient sans peine avec la poudre ordinaire de guerre, laquelle s'enflamme successivement et par couches, et met à brûler le temps précis que le projectile emploie lui-même à parcourir la longueur du canon. En revanche, elle convient admirablement, comme toutes les substances et poudres dites *brisantes*, à l'éclatement des projectiles creux et des mines.

De 1841 à 1847, cette poudre fut essayée en Prusse pour l'éclatement de projectiles creux lancés par des mortiers ou des obusiers. Dans l'intérieur de ces projectiles remplis de cette poudre, on avait introduit un petit tube de verre fermé aux deux bouts par la lampe d'émailleur et rempli d'acide sulfurique concentré. Au moment du choc du projectile contre un obstacle, le tube se brisait, et, déversant son acide sur la poudre, provoquait l'inflammation de cette dernière, et subsidiairement l'explosion du projectile creux.

Il convient enfin d'ajouter, comme dernier renseignement, que les éléments de cette poudre sont des substances vulgaires et inoffensives qu'il est aisé de se procurer : les trois éléments, préalablement pulvérisés, n'exigent plus que leur mélange intime pour constituer la poudre. Mais je ne saurais trop insister sur ce fait, que la préparation seule et la conservation de cette poudre exposent l'opérateur à des explosions soudaines et conséquemment aux plus grands dangers.

Aux débats de la Haute-Cour de justice, M. le procureur général m'invita à faire bien comprendre à MM. les jurés quelle différence profonde existait entre les propriétés de la poudre de guerre ordinaire et la poudre saisie chez l'inculpé R... Il désirait surtout appeler l'attention sur les deux points suivants : 1° l'extrême facilité avec laquelle on peut préparer cette poudre ; 2° sa déflagration par un léger choc entre deux corps durs.

J'ai l'espoir d'avoir résolu ces deux questions.

Devant la Haute-Cour, j'introduisis successivement dans une boîte ronde de carton les trois substances suivantes, préalablement pesées, pulvérisées et renfermées dans trois petits paquets séparés :

1°	Soufre	1,4
2°	Prussiate jaune desséché	3,1
3°	Chlorate de potasse	5,5
		10,0

Au bout de quelques secousses et de quelques mouvements de rotation imprimés à la boîte de carton, durant une demi-minute, je constatai que le mélange était très homogène et d'une couleur bien uniforme. La poudre était achevée. Je prélevai environ 1 gr. de cette poudre et je le plaçai sur la partie extérieure d'une des bombes R... qui figuraient sur la table des pièces à conviction. Dans le but de bien démontrer qu'un très léger choc suffirait pour provoquer l'inflammation de cette poudre, j'écartai tout marteau, tout instrument métallique lourd, et je me bornai à frapper le petit monticule pulvérulent avec un simple fil de fer de la grosseur d'une plume de poule et recourbé à angle droit à l'une de ses extrémités. L'explosion se fit immédiatement, accompagnée d'un nuage de fumée blanche. Le bruit fut celui d'un pistolet de petit calibre.

Bombes saisies chez l'inculpé R... — *Description et éclatement.* — Les bombes sont en fonte noire et pèsent en moyenne 2^k100. Leur forme est la suivante : qu'on imagine deux soucoupes de tasse à café à bords assez renversés pour être de niveau avec la portion inférieure du fond. Si l'on réunit bord à bord ces deux soucoupes de manière à mettre en contact les deux fonds, puis qu'au moyen d'un écran central très résistant on parvienne à les serrer l'une contre l'autre, on aura de la sorte une idée aussi rapprochée que possible de la forme générale des bombes dont il s'agit ici.

On comprend qu'autour d'une masse résistante centrale, de forme circulaire et constituée par les deux fonds accolés des soucoupes existe un anneau également circulaire vide, limité à la périphérie par le contact et la juxtaposition des bords renversés. Sur le bord périphérique de la bombe, à l'extrémité des grands diamètres, et par conséquent à l'endroit même où les deux valves s'appliquent l'une contre l'autre, dix-huit trous symétriquement espacés et de la grosseur d'une plume d'oie permettent d'introduire dans la bombe, avant qu'elle soit boulonnée, dix-huit gros clous de charpentier, disposés de telle sorte que la tête soit à l'intérieur et vienne buter sur le moyeu central, mais aussi de telle sorte que, la bombe fermée, ils ne puissent plus s'échapper des trous où leur tête saillante les retient.

Ces clous forment, en réalité, dix-huit rayons équidistants et symétriques. Ajoutons qu'ils peuvent s'élever et s'abaisser librement dans tout l'espace intérieur annulaire, de manière à venir, suivant la position que l'on donne à la bombe, tantôt buter par leur tête sur le moyeu central, tantôt s'arrêter par leur tête près du bord des valves. Disons enfin que l'un des clous est contourné en crochet dans la partie de sa longueur qui émerge à l'extérieur de la bombe, et qu'à ce crochet est fixée une poignée en gros fil de fer, poignée au moyen de laquelle il est facile, non seulement de porter, mais même de lancer la bombe à une certaine distance.

Comment charge-t-on cette bombe? Le seul moyen commode que nous ayons trouvé est le suivant : on dispose tous les clous à leur place, à l'exception d'un seul, et l'on serre fortement, au moyen de l'écrou central, les deux valves l'une contre l'autre. Par le trou laissé libre, on introduit peu à peu la poudre fulminante jusqu'à remplir ainsi tout l'espace annulaire de la bombe, et l'on obstrue finalement le petit orifice au moyen d'une cheville de bois. Qu'arrivera-t-il maintenant si l'on projette sur le sol une bombe ainsi chargée, en faisant en sorte qu'elle tombe sur sa tranche (opération que rend des plus faciles la forme même de la bombe)?

Cet engin tombera infailliblement sur un ou plusieurs des clous qui font saillie à l'extérieur, et l'effet de cette chute sera de déterminer un choc violent de la tête de ces clous sur le moyeu central. Ce choc provoquera aussitôt l'inflammation de la poudre fulminante et, subsidiairement, l'éclatement de la bombe si la poudre est suffisamment énergique.

Ainsi, le fait capital et saillant qui ressort de l'examen de cette bombe, c'est qu'étant chargée de poudre fulminante, elle fait explosion *sûrement, infailliblement,* par le seul effet de sa chute sur le sol, sans intermédiaire d'aucune mèche, fusée ou capsule. Ses clous mobiles, disposés en rayons, suffisent, à eux seuls, pour provoquer l'explosion lorsqu'ils viennent frapper sur le centre métallique.

Il nous paraît néanmoins très probable que les constructeurs de cette bombe s'étaient préoccupés de déterminer l'explosion de leur poudre par l'intermédiaire de l'acide sulfurique. En effet, parmi les pièces à conviction saisies, figurent de petits tubes de verre d'une longueur telle que, placés au nombre de quatre dans l'espace annulaire intérieur, ils se maintiennent en place et peuvent être brisés par le choc des clous qui les rencontrent avant de buter sur le centre de la bombe. Quoi qu'il en soit de la réalité de ces essais, il est certain que l'intervention de l'acide sulfurique est complètement inutile et que la bombe, armée de ses clous seuls, éclatera sûrement sur le sol.

Pour accomplir scrupuleusement la mission qui nous était confiée par la justice, il restait à déterminer si ces bombes faisaient réellement explosion lorsqu'elles étaient chargées par la poudre décrite plus haut, et, dans ce cas, quels effets destructeurs étaient observés. Les expériences qui suivent ne laissent aucune incertitude sur les résultats.

Il existe au polygone de Vincennes une chambre ou

plutôt un puits dit *puits d'éclatement*, dans lequel les officiers d'artillerie font éclater les divers projectiles creux soumis à leur examen, et font l'essai de diverses poudres plus ou moins propres à ces effets dynamiques. Pour se faire une idée de la disposition de ce puits, il suffit de se représenter, creusé en plein sol et à ciel ouvert, un trou circulaire vertical d'environ 4 mètres de diamètre et de 6 à 8 mètres de profondeur, revêtu intérieurement d'une solide maçonnerie. L'ouverture de ce puits est libre, mais peut être obturée à volonté par la juxtaposition de troncs d'arbres équarris sur quatre faces, de manière à éviter toute projection en l'air. On descend aisément au fond de ce puits par un escalier creusé dans le sol.

Ces dispositions sont assurément excellentes. Nous pensâmes néanmoins qu'il était préférable, afin de juger du nombre réel des éclats produits par l'explosion, d'éviter tout choc sur la maçonnerie et tout émiettement consécutif à l'explosion. Dans ce but, nous fîmes établir dans l'intérieur du puits maçonné un revêtement concentrique tout en bois, composé de solides madriers de bois de chêne, piqués dans le sol, juxtaposés l'un près de l'autre et réunis tous ensemble par plusieurs spires d'une corde solide. Aucun éclat ne pouvait, de la sorte, être projeté sans rencontrer le bois de tous côtés.

Dans le but de préciser les effets dynamiques de la poudre R..., il nous parut utile d'en comparer son action à celle d'une égale quantité de poudre de guerre. Bien que l'espace intérieur annulaire des bombes pût admettre environ 115 gr. de poudre R..., et une quantité à peu près égale de poudre à mousquet, nous fixâmes à 100 gr. les proportions de poudre que nous nous proposions d'employer dans les deux expériences d'éclatement.

Le 1ᵉʳ juin, deux bombes R... furent apportées près du puits d'éclatement, dans la baraque affectée au garde d'artillerie. L'une d'elles fut chargée avec 100 gr. de poudre à mousquet de la meilleure qualité, armée d'une petite mèche passant par l'un des trous, puis suspendue par quelques fils de fer au milieu du puits concentrique formé par les madriers de chêne. Le plan du grand axe était perpendiculaire à l'horizon. Tout étant disposé, le feu fut mis à la mèche-étoupille et l'on quitta le puits à la hâte. Quelques secondes après, une explosion sourde, peu sonore, se produisit. Lorsque la fumée se fut sensiblement dissipée, nous pénétrâmes dans le puits et nous pûmes constater que le prisme de madriers n'avait pas subi le plus léger ébranlement. A l'ouverture de cet espace clos, nous trouvâmes la bombe simplement séparée par ses deux valves ; l'une de ces dernières avait entraîné intact l'écrou de fer qui avait, lors de la rupture, brisé une petite portion centrale de l'autre valve. Cinq petits éclats furent en effet retrouvés sur le sol, et ces fragments qui n'avaient laissé dans le bois aucune entaille bien apparente s'adaptaient complètement à la déchirure centrale.

La seconde bombe, chargée avec 100 gr. de poudre R.., fut disposée, comme la précédente, dans le puits d'éclatement, son grand axe étant perpendiculaire à l'horizon, c'est-à-dire dans la position même que ces bombes prennent lorsqu'elles tombent sur le sol. L'explosion fut extrêmement bruyante ; la fumée s'étant peu à peu dissipée, nous descendîmes dans le puits, où le spectacle suivant nous attendait. Tout le prisme concentrique de madriers était culbuté et jonchait le sol. Sur chaque pièce de bois se distinguaient de profondes entailles et des sillons creusés par les éclats de la bombe. Quant à celle-ci, elle était tout entière réduite en fragments que nous retrouvâmes en partie sur le sol, en partie enfoncés dans les madriers de chêne. Après de minutieuses recherches, nous sommes parvenus à recueillir directement 51 de ces fragments, dont le plus lourd pesait 101 gr. et le plus léger 6 gr. 25. Neuf de ces éclats (et en général ce sont les plus volumineux) ont pénétré dans les madriers à une profondeur telle que nous avons dû renoncer à les extraire. Il convient enfin d'ajouter à tous ces débris les 18 clous percuteurs qui forment autant d'éclats meurtriers. Il demeure dès lors établi que 100 gr. de poudre R... ont suffi à produire 78 éclats, tous assurément mortels, même à une très grande distance.

En examinant avec soin les madriers de chêne entaillés et sillonnés par les éclats de la bombe, nous remarquâmes, avec la plus grande surprise, qu'aucun fragment n'avait frappé dans une direction verticale, soit en haut, soit en bas. Toutes les entailles produites, tous les sillons et déchirures observés, tous les éclats qui demeuraient encore enfoncés dans les pièces de bois, étaient renfermés dans un plan horizontal passant par la bombe elle-même au moment de son éclatement. Pour bien saisir l'importance relative de cette observation, il est nécessaire de faire remarquer que, dans les bombes ordinaires de guerre, lesquelles sont un solide creux, symétrique de tous côtés, l'éclatement et la projection des éclats sont également symétriques, de telle sorte que la moitié des fragments projetés se dirige vers le ciel ou s'enfonce dans le sol, sans produire l'effet que l'on en attend. Il est donc certain qu'au point de vue des effets meurtriers, les bombes R... constituent un engin de destruction terrible, puisque les éclats résultant de l'explosion se dirigent dans un plan horizontal. On peut se figurer, sans qu'il soit nécessaire d'insister davantage les puissants effets destructeurs qu'une telle bombe, chargée avec la susdite poudre brisante, produirait à coup sûr, si elle était projetée sur le sol, de la hauteur d'un ou de deux étages, soit au moment où passe la troupe, soit au milieu d'une foule ou d'une escorte assemblée.

Nouvelle poudre et nouvelles bombes en zinc. — Sur l'invitation de M. le président de la Haute-Cour, j'ai rendu compte succinctement, à l'audience du 23 juillet, de l'existence d'une autre poudre fulminante et de bombes nouvelles saisies dans l'instruction commencée contre M... et autres, également inculpés de complot contre la vie de l'Empereur et la sûreté de l'Etat.

L'instruction suivie contre ces inculpés était terminée, lorsque, dans les environs du canal Saint-Ouen, on découvrit une bombe de forme nouvelle. Cette découverte inattendue provoqua des recherches minutieuses dans le canal lui-même. Ces fouilles amenèrent la découverte et l'extraction de neuf autres bombes dont six étaient semblables à la première et trois d'une forme un peu différente.

Sept de ces bombes étaient exactement sphériques, d'un diamètre de 0 m.05 et d'une épaisseur moyenne de 0 m.008. Chacune d'elles pèse environ 350 gr. et porte, vissées sur son pourtour, 12 cheminées ordinaires de pistolet espacées symétriquement, de telle sorte qu'il est impossible, lorsque ces cheminées sont armées de capsules fulminantes ordinaires, que la bombe lancée sur un pavé ne retombe pas sur une *au moins* de ces cheminées, et que l'inflammation de la poudre intérieure ne soit pas produite.

Les trois dernières bombes ont la forme d'une poire et, comme les précédentes, sont ornées de cheminées de fusil à percussion. Ces trois bombes présentent exactement la forme des anciennes bombes Orsini ; elles n'en diffèrent que par leur grosseur et la nature du métal.

Les dix bombes sont toutes formées par du zinc impur du commerce, coulé autour d'un noyau. Toutes ces bombes étaient chargées. Celles qui étaient plongées dans le canal étaient remplies d'eau et ce liquide avait délayé et dissous les éléments de la poudre que nous avons pu néanmoins caractériser sans peine.

La bombe trouvée près du canal était intacte ; la poudre qu'elle renfermait ne diffère de la poudre R... que par la substitution du sucre pulvérisé au soufre ; les deux éléments, chlorate et prussiate de potasse, se retrouvent dans des proportions analogues. Cette poudre fulmine par le choc seul ou le contact de l'acide sulfurique concentré ; ses effets sont ceux des poudres dites *brisantes à base de chlorate de potasse*.

Nous avons fait éclater quatre de ces bombes dans le puits du polygone de Vincennes, en nous entourant des précautions indiquées plus haut. Les résultats obtenus sont les suivants :

1° *Bombe ronde, chargée avec 15 gr. de poudre brisante* : explosion très bruyante ; la division a eu lieu en 53 fragments.

2° *Bombe pyriforme, chargée avec 20 gr. de poudre brisante* : explosion très bruyante ; 48 fragments.

3° *Bombe ronde, chargée avec 15 gr. de poudre de guerre* : explosion sourde ; 14 fragments.

4° *Bombe pyriforme, chargée avec 20 gr. de poudre de guerre :* explosion sourde ; 19 fragments.

Il convient d'ajouter que chaque éclat est non seulement très irrégulier, mais hérissé de facettes et d'angles cristallins qui déchireraient violemment les tissus et rendraient fort difficile l'extraction de ces projectiles.

Ces bombes sont assez petites pour tenir, sans être vues, dans la main fermée. De plus, grâce au point de fusion peu élevé du zinc, il est facile de couler et de fabriquer ces bombes, même dans un appartement ordinaire, muni d'une cheminée ou d'un fourneau de cuisine, et d'éviter ainsi l'intervention d'un fondeur qu'on est dans l'obligation de subir, s'il s'agit de bombes en fonte.

XIX. — Mémoire sur l'empoisonnement par le vitriol blanc, sulfate de zinc, par A. Tardieu et Z. Roussin.

(1871)

Les symptômes de l'empoisonnement et la présence dans les organes d'une proportion énorme de sulfate de zinc nous permettent d'affirmer que cet empoisonnement est le résultat de l'ingestion d'une dose considérable de ce sel. Les détails minutieux dans lesquels nous sommes entrés, touchant les opérations chimiques, permettront de démontrer, avec certitude, la présence du sulfate de zinc dans tous les cas d'empoisonnement par cette substance.

XX. — Assassinat par une arme à feu : intervention utile de l'analyse chimique.

(1875)

Dans le courant du mois d'août 1869, le curé de Bretigny (Doubs) fut trouvé assassiné et l'autopsie fit découvrir dans la tête de la victime une balle déformée paraissant provenir d'un pistolet. Durant plusieurs jours les renseignements touchant le meurtrier demeurèrent sans résultat, lorsqu'enfin ils parurent se fixer sur un horloger, du nom de Victor Cadet. Une perquisition faite immédiatement au domicile de ce dernier amena la découverte : 1° de deux pistolets dont l'un était encore chargé à balle; 2° de trois balles, de la même forme et du même volume que celle qui chargeait le pistolet précédent.

Les déterminations physiques et les analyses chimiques résumées dans le rapport nous permettent de conclure avec certitude que les fragments des balles de pistolet soumis à notre examen sont identiques de composition et sont constitués par un alliage de plomb et d'étain, connu et employé dans l'industrie sous le *nom de soudure des plombiers ou des ferblantiers.*

XXI. — Cas d'asphyxie par les vapeurs nitreuses, par A. Tardieu et Z. Roussin.

(1875)

Les cas d'asphyxie par les vapeurs nitreuses (vapeurs rutilantes, bioxyde d'azote, acide hypo-azotique) sont relativement assez rares. Les accidents ne se produisent le plus souvent qu'avec des ouvriers inexpérimentés, nouveaux venus et conséquemment inhabiles à se protéger, ou bien lorsque le dégagement de ces vapeurs nitreuses se produit avec une violence qui déroute les prévisions et surprend à l'improviste les ouvriers.

Lorsque la mort arrive dans ces conditions, il est rare qu'un doute quelconque s'élève sur sa cause réelle, patron et ouvriers ayant quelquefois été témoins de l'accident lui-même. Néanmoins, s'il est question d'indemniser la veuve ou les enfants de la victime, des doutes sont souvent soulevés par la partie responsable, et l'incertitude touchant les causes réelles de la mort envahit naturellement l'esprit de la justice. De là, instruction contradictoire de l'affaire, enquête sur les lieux et analyse des organes de la victime. C'est dans ces conditions que le Parquet de la Seine nous confia le soin de rechercher à quelles causes il fallait attribuer la mort d'un ouvrier décédé le 1ᵉʳ février 1869 et spécialement de dire si *oui* ou *non* il avait succombé à la suite de l'absorption de vapeurs nitreuses.

Conclusion. — De l'examen microscopique et de l'analyse des organes extraits du cadavre du sieur Clémentz, comme de l'analyse de diverses substances saisies chez son patron et des résultats de l'enquête, il résulte que la mort de l'ouvrier doit être attribuée à l'inhalation de vapeurs nitreuses.

III. — *Travaux divers.* — *Intérêts professionnels.*

**I. — Mémoire sur les conditions géologiques
de la formation du spath calcaire. Nouvelle méthode de dosage
des carbonates dans les eaux.**

(1855)

Durant son séjour à Alger, Roussin eut l'occasion d'étudier et, pour ainsi dire, de surprendre le mécanisme de la formation géologique du carbonate de chaux rhomboédrique. Dans une exploration dirigée à la montagne de la Boudzareah par MM. Dussaud et Rabattu, de larges tranchées à ciel ouvert avaient été pratiquées pour l'extraction de blocs de roches calcaires, destinés

aux fondations de la jetée du port. Sur divers points des
falaises, taillées à pic par le travail du déblaiement, il
observa des infiltrations de liquides et même de petits
ruisseaux, formant comme les artères internes et béantes
du gros massif rocheux. En examinant de près le point
d'émergence à l'air libre de ces liquides, il fut surpris
d'y découvrir un grand nombre de petits cristaux rhom-
boédriques, incolores et transparents, dont quelques-uns,
d'une extrême netteté, atteignaient le poids de 1 à 2 gr.
Ces cristaux étaient du carbonate de chaux, biréfringent.

Le procédé qu'il imagina, pour le dosage des carbonates calcaires contenus dans les eaux d'infiltration précédentes mérite d'être rappelé. Il consiste à prendre un
volume déterminé de liquide, à l'additionner d'un léger
excès d'ammoniaque, puis à porter à l'ébullition jusqu'à
volatilisation de toute vapeur alcaline. Le liquide qui en
résulte, tenant, à l'état de suspension ou de dépôt, tout
le carbonate calcaire, est additionné de quelques gouttes
de teinture de tournesol et saturé, comme dans un essai
alcalimétrique, par une liqueur acide titrée.

Voici les conclusions du mémoire :

1° Les eaux pluviales ou autres, saturées d'acide carbonique, dissolvent le carbonate calcaire par voie de déplacement et le restituent sous forme cristalline, lorsque
les conditions sont favorables ; sous forme amorphe
lorsque ces conditions viennent à faire défaut.

2° Les conditions indispensables au phénomène de la
cristallisation sont, entre autres, une évaporation lente
sur une large surface, une température uniforme et l'absence d'agitation dans l'air atmosphérique ambiant.

3° Le dosage de l'acide carbonique contenu dans le
eaux pluviales est plus simple et plus exact par la méthode
des volumes et des liqueurs titrées que par la méthode

des lavages, dessiccation et pesée directe du carbonate de baryte.

II. — Des observations météorologiques.

(1856)

Ces observations ont été publiées à la suite d'un débat à l'Académie des sciences où Biot et Regnault avaient affirmé l'inutilité des observations météorologiques au point de vue de la physique générale et de l'agriculture et condamné formellement la marche et l'esprit de la météorologie.

Roussin fait le procès succinct des instruments employés par les météorologistes: thermomètres, baromètres, hygromètres, pluviomètres, girouettes pour la direction des vents. Il fait connaître les divers modes de fabrication de ces appareils et les difficultés d'obtenir des résultats comparables. Il expose comment doivent être pratiquées les observations météorologiques.

1° *Thermomètre.* — Les seules observations pratiques sont les observations des *maxima* et *minima* du jour et de la nuit. A cet effet, on se procurera un thermomètre à *maxima* et *minima* ou mieux un thermomètrographe. Ces instruments doivent être posés à un mètre ou deux du sol, le limbe tourné vers le zénith, à l'abri de toute espèce d'écran. Deux lectures se font par jour; la première à six heures du matin, l'autre à six heures du soir. La première sert à enregistrer le *maxima* et le *minima* de la nuit; l'autre, le *maxima* et le *minima* de la journée.

2° *Baromètre.* — Le baromètre de Fortin ou celui de Gay-Lussac doivent seuls servir aux expériences. Les corrections de température et de capillarité doivent être faites soigneusement.

3° *Hygromètre.* — Cet instrument semble offrir peu d'intérêt pratique à l'hygiéniste et à l'agriculteur.

4° *Pluviomètre et direction des vents.* — La préférence doit être donnée au pluviomètre de Flaugergues.

III. — Sur les propriétés optiques de la gomme arabique solide.

(1860)

En taillant, dans des morceaux de gomme arabique solide, deux faces parallèles bien polies, Roussin a constaté dans cette substance un état moléculaire identique à celui que l'on désigne en optique sous le nom de *verre trempé.* Ces morceaux de gomme, rendus ainsi transparents, étant examinés dans l'appareil de polarisation de Noremberg, présentent les images les plus richement colorées, quelquefois régulières et symétriques, le plus souvent sinueuses et tourmentées, indices d'une compression intérieure assez considérable.

Pour soumettre la gomme arabique à ce mode d'investigation, on commence par faire choix d'une certaine quantité de morceaux de gomme aussi limpides et aussi volumineux que possible. A l'aide d'une râpe à bois, on use deux surfaces parallèles que l'on polit sur un plan arrosé d'eau ; on termine le polissage des deux faces au moyen de fragments de verre. Cette plaque transparente est disposée alors entre deux morceaux de glace mince, enduits préalablement de térébenthine de Venise, et l'on termine en entourant la gomme d'un cercle de cire à cacheter fondue.

Si l'on dispose ces plaques de gomme dans l'appareil de Noremberg, et que pour analyseur on fasse usage d'un prisme de Nicol, on est tout surpris d'y observer les plus vives couleurs et les dessins les plus bizarres.

Le maximum de coloration varie suivant l'épaisseur et suivant chaque échantillon. Ce que l'on peut dire de plus général à ce sujet, c'est que l'épaisseur à donner à ces lames transparentes doit osciller entre 2 et 6 millimètres. Il est toujours préférable de les avoir assez minces. Si l'on fait tourner ces plaques dans leur plan, on remarque une succession de teintes nouvelles complémentaires ; les lignes du dessin changent de direction et l'aspect général se modifie à chaque instant.

L'explication de ces couleurs est fort simple. L'exsudation gommeuse, liquide d'abord et visqueuse, possède une structure homogène. L'évaporation se faisant à partir de la surface dessèche la croûte superficielle, la rend rigide, et limite dès lors le retrait ou la dilatation des couches internes. La dessiccation continue de proche en proche et toute cette masse semi-liquide se trouve transformée à la longue en un corps dur et résistant dont les molécules ne sont pas en équilibre véritable. La gomme, par son origine et son mode de formation, est une véritable *larme batavique* dont la solidification a exigé plusieurs semaines. Il n'est pas rare, ainsi qu'on le sait, de rencontrer certains morceaux de gomme que le plus léger choc suffit pour réduire en une foule de petits fragments.

Toutes les gommes ne produisent pas de couleurs également vives, et l'on trouve à cet égard bien des différences. Tandis que les unes présentent à l'appareil de Noremberg un dessin bizarre et richement coloré, d'autres, au contraire, ne manifestent que quelques lignes noires contournées et sans coloration. Il nous a été facile de reconnaître que la gomme la plus friable donnait les plus riches teintes dans la lumière polarisée ; dans ce cas, la gomme, dite *turique*, et la variété de gomme du Sénégal, dite *du haut du fleuve* ou *de Galam*, sont remarquables toutes les deux par leur transparence et leur friabilité. Il est bien probable que dans ces deux variétés de gomme, la dessiccation s'est opérée avec une grande rapidité, soit par suite de l'exposition naturelle, soit par l'effet d'une température plus élevée. *La gomme du bas du fleuve,* au contraire, offre moins de couleur, est moins friable, et semble posséder une homogénéité plus grande ainsi qu'un équilibre moléculaire plus considérable.

La résine copal donne également des couleurs extrêmement vives dans la lumière polarisée ; mais il y a cette différence avec la gomme arabique que, tandis que celle-ci donne des indices de double réfraction dans les échantillons de toute origine et de tout volume, la résine copal, au contraire, semble fort souvent n'avoir subi ni retrait ni compression.

Le succin, diverses exsudations gommeuses et gommo-résineuses, assez transparentes pour être facilement observées, donnent des résultats analogues et manifestent des indices non équivoques d'une compression ou d'une dilatation irrégulière et forcée.

IV. — Sur les eaux minérales artificielles.

(1861)

En 1861, au moment où l'on arrêtait la rédaction d'une nouvelle édition du Codex, la question des eaux minérales artificielles fut brillamment et longuement discutée à la Société de pharmacie. Entre autres membres de la Société, Boudet, Boullay, Deschamps, Dubail, Lefort, Gaultier de Claubry, Poggiale, Reveil et Roussin prirent une part très active à la discussion.

Voici un extrait des considérations exposées par Roussin :

Nos connaissances en analyse chimique et l'étude de la constitution intime des eaux minérales naturelles, sont-elles assez avancées pour légitimer une fabrication artificielle ? Incontestablement non, et nous allons en donner des preuves.

Les eaux des mers, des sources, des fleuves, les eaux dites *minérales* ont été analysées plusieurs fois. Qui ne sait que les progrès de l'analyse chimique modifient presque journellement la composition de ces eaux, diminuent ou augmentent la proportion des principes connus, bouleversent, en un mot, à tout instant nos connaissances à ce sujet.

Qui pouvait, avant 1812, soupçonner dans l'eau de mer la présence de l'iode, et, avant 1826, la présence du brôme ?

La découverte de M. Tripier, c'est-à-dire la présence de l'arsenic dans les eaux minérales naturelles, n'a-t-elle pas frappé tout le monde d'étonnement ? Si nous en jugeons par les débats auxquels elle a donné lieu et la lenteur avec laquelle elle a pris rang dans la science, peu de découvertes ont été aussi inattendues que celle-là. Nierait-on, par hasard, l'influence thérapeutique de faibles doses d'arsenic ?

Depuis les beaux travaux de M. H. Sainte-Claire-Deville, la présence de la silice dans les eaux naturelles n'est-elle pas un fait constant ?

M. Nicklès a démontré, il y a quelques années à peine, la diffusion naturelle du fluor dans les eaux.

Si l'on recueille les boues ou dépôts des eaux minérales, et que l'on soumette à l'analyse ces diverses subs-

tances on y démontre la présence d'une foule de corps
que l'analyse n'y soupçonnait pas, il y a quelques années :
le manganèse, le cobalt, le glucynium, le vanadium, le
strontium, le baryum, le brôme, l'alumine, le lithium,
etc. Qui ne connaît la découverte récente du nouveau
métal, faite par M. Bunsen, dans l'eau minérale de
Durckheim, si souvent analysée?

Toutes les eaux naturelles contiennent des matières
d'origine organique. Ces matériaux varient suivant une
foule de conditions, qu'il ne nous a pas été donné de
connaître. Ces matières, souvent organisées, nous ne
les connaissons, ni au point de vue naturel et biologique,
ni au point de vue thérapeutique.

Comment prétendre dès lors à l'imitation, même
approchée, des eaux minérales naturelles ?

Jetons un rapide coup d'œil sur quelques analyses
d'eaux minérales naturelles et les recettes plus ou moins
heureuses que l'on a proposées pour les remplacer.

Eau de Balaruc. — L'eau de Balaruc naturelle possède
une température voisine de 50° et n'est pas gazeuse. L'eau
artificielle est froide et chargée, d'après le conseil de
M. Bouchardat, de trois volumes d'acide carbonique.
La silice et l'oxyde de fer, qui figurent dans l'analyse,
ne sont pas reproduits dans la contrefaçon.

Eau de Forges. — 1 litre d'eau de Forges naturelle
laisse un résidu pesant 0.360. Or, si l'on fait la somme
des matières salines employées par M. Bouchardat pour
l'eau artificielle et qu'on les ramène par le calcul au même
état de composition que dans le résidu, on trouve un
total de 0.132, c'est-à-dire environ trois fois moindre.

Eaux sulfureuses. — Le Codex, pour remplacer les eaux sulfureuses des Pyrénées, prescrit de faire une solution de sulfure de sodium dans la proportion de 0.135 pour 625 gr. d'eau. M. Bouchardat ajoute que cette solution sera livrée indifféremment sous les noms d'eau minérale artificielle de Baréges, de Cauterets, de Bagnères de Luchon, de Bonnes, de Saint-Sauveur et de toute autre eau sulfureuse des Pyrénées orientales. Or, si l'on compare la teneur en sulfure de sodium sec de cette eau artificielle avec les eaux diverses qu'elle veut remplacer, on voit que dans ces dernières, le sulfure de sodium oscille seulement entre 0.018 et 0.053 par litre.

Eau de Vichy artificielle. — M. Bouquet a reconnu que toutes les eaux de Vichy sont arsenicales. Or, les formules des eaux artificielles n'en tiennent pas compte.

Pensez-vous, avec les données de l'analyse chimique, pouvoir reproduire l'eau naturelle ? Je vous affirme qu'il n'en sera pas ainsi. En voici la preuve :

Prenons quelques eaux minérales naturelles : je choisirai à dessein les moins altérables à l'air ; supposons l'eau de Spa, de Contrexéville ou de Bussang. J'introduis 1 litre de cette eau bien limpide dans une capsule de porcelaine et je procède à son évaporation, soit à la température ordinaire, dans une atmosphère desséchée par un lit de chaux vive, soit sous le récipient de la machine pneumatique. Au bout de quelques jours, si la surface est un peu large, il reste un résidu salin blanc ou peu coloré, qui représente, à n'en pas douter, tout ce que l'eau renferme en parties solides. Je recueille ce résidu ; je l'introduis dans un flacon bouché à l'émeri, avec 1 litre d'eau distillée. Suivant les partisans des eaux miné-

rales artificielles, je dois reproduire l'eau primitive.
Il n'en est rien cependant. Le résidu salin se dissout
seulement en partie ; il reste indissoute, quel que soit
le temps, une quantité notable de sels. En vain j'introduis dans ce liquide la petite proportion d'acide carbonique et d'azote qu'il renfermait, la dissolution refuse
de s'effectuer complètement. La saveur de ce nouveau
liquide est toute différente de celle de l'eau naturelle.
Ce que j'ai détruit par l'évaporation, je ne puis le reproduire.

Allons plus loin encore dans cette voie expérimentale.
Si l'on prend diverses eaux minérales, l'eau de Pougues,
de Pullna, de Bourbonne, de Balaruc, de Vichy, etc.,
et, qu'après en avoir introduit une certaine proportion
dans des tubes fermés par un bout, on scelle ces tubes
à la lampe d'émailleur et qu'on les porte ensuite pendant
quelque temps dans un bain-marie d'eau bouillante, il
se forme un dépôt qui ne se redissout plus dans le
liquide. Et l'on prétendrait imiter et reproduire de
toutes pièces les eaux minérales naturelles en introduisant dans l'eau distillée les éléments qu'une analyse
brutale y a décelée?

Les faits d'équilibre instable entre les particules salines
que je viens de signaler se présentent à tout instant dans
nos réactions chimiques ordinaires. Qui ne sait qu'une
dissolution de sulfate de soude peut rester plusieurs
jours, souvent plusieurs mois, en contact avec une solution de chlorure de calcium, sans que l'insolubilité du
sulfate de chaux sollicite la formation d'un précipité. Au
bout d'un temps fort long, il se dépose enfin du sulfate
calcaire qui, une fois déposé, refuse souvent de se redis-

soudre dans un volume d'eau cinq à six fois plus considérable.

Qu'on me permette de citer une observation que
j'ai faite en Algérie et qui vient naturellement trouver
sa place dans cet ordre de faits. Certains ruisseaux
et petits cours d'eau extrêmement limpides renferment
de notables proportions de chlorure de sodium et de
sels de chaux. Pendant les chaleurs de l'été, ces eaux
déposent sur les cailloux et sur les bords de leur lit
de légères efflorescences salines. Si l'on analyse ces
dépôts, on les trouve très riches en sulfate calcaire, carbonate de chaux et chlorure de sodium. Or, il est impossible de redissoudre ces dépôts, soit dans l'eau pure,
soit dans l'eau même de ces ruisseaux, quelque quantité
que l'on prenne de ces véhicules, et quel que soit l'état
de dilution. L'addition d'acide carbonique ne hâte pas
la dissolution.

Qui dira, par exemple, à quel état se trouve le fer dans
la majeure partie des eaux ferrugineuses ? Telles de ces
eaux ferrugineuses n'ont pas donné la plus faible coloration avec le prussiate jaune ou rouge, ou le tannin,
même au bout de quelques heures, alors que la quantité
de fer qu'elles renferment, isolée par la calcination et re-
dissoute à l'aide d'un acide dans le même volume d'eau,
donne, avec ces mêmes réactifs, un précipité abondant
au bout de quelques minutes. Il est évident, que le fer,
c'est-à-dire l'élément actif de ces eaux, se trouve ici dans
un état particulier, insensible aux réactifs ordinaires,
peut-être constitué à l'état élémentaire dans un composé
organique. N'est-il pas manifeste, dès lors, que le fabricant qui se contentera d'introduire dans une eau acidulée
une petite proportion de sulfate de fer cristallisé, ou de
tartrate double de potasse et de fer, ne produira qu'une

informe contrefaçon, une falsification véritable dans le
sens le plus direct attaché à ce mot ?

La reproduction artificielle d'un corps organique porte
en elle-même son critérium, sa garantie de fidélité :
l'analyse élémentaire, la connaissance du point de fusion
ou de volatilisation, la forme des cristaux, la densité de
vapeurs, l'indice de réfraction, la densité, la chaleur
spécifique, la solubilité dans les divers véhicules, etc.,
sont autant de moyens assurés de vérifier l'identité de
deux corps bien définis. Les réactions chimiques ordinaires, les diverses tendances aux dédoublements ou à
la substitution, viennent compléter cet ordre de preuves
et fixer l'opinion d'une manière définitive sur une synthèse véritable. Quand cette synthèse existe, quand elle
est effectuée, c'est un fait palpable, incontesté de tous,
parce qu'il est évident et incontestable.

Pour la reproduction artificielle d'une eau minérale,
que trouvons-nous de semblable ? Quel critérium ? Quel
contrôle ?

Les moyens ordinairement employés pour reconnaître
l'identité de deux corps ne peuvent être ici d'aucun secours. La composition de ces eaux n'est pas connue
comme celle d'un corps chimique bien défini ; elle ne se
dévoile à nous que lentement, successivement. Chaque
progrès dans la science délicate de l'analyse est, pour
ainsi dire, marqué par la découverte de nouveaux principes dans les eaux minérales naturelles. En un mot,
nous ne pouvons reproduire artificiellement les eaux
minérales naturelles, parce que nous ne savons pas ce
qu'il faut reproduire, et que nous n'avons pas de moyen
de savoir lorsque cette reproduction est accomplie.

Nous reproduisons, au contraire, diverses substances

organiques, parce que nous connaissons exactement ce qu'il faut imiter, et qu'il existe une foule de moyens exacts de reconnaître cette reproduction, une fois qu'elle est effectuée.

Est-ce à dire que l'on doive supprimer de la thérapeutique les solutions salines préparées jusqu'ici dans le but d'imiter les eaux minérales naturelles ? Telle n'est pas notre pensée. Elles ont pu rendre des services, nous n'hésitons pas à le reconnaître : elles sont encore appelées, sans doute, à aider puissamment la thérapeutique ; mais, n'hésitons pas à le dire, c'est seulement en restant dans leur véritable rôle. Jamais ces solutions artificielles, opérées extemporanément, représentant à peu près dans leur composition les résultats d'une analyse prise au hasard, négligeant tous les désidérata naturels de la science, ne pourront être comparées aux solutions naturelles. Il ne faut peut-être pas chercher ailleurs que dans cette fâcheuse obstination à présenter ces solutions salines comme les représentants normaux des eaux naturelles, le discrédit dans lequel elles sont généralement tombées. Elles peuvent avoir une valeur intrinsèque, spéciale, qu'il convient à l'expérimentation de déterminer, mais comparées aux eaux naturelles, à quelque point de vue que l'on se place, elles s'effacent complètement. Dans quel but laisserait-on croire plus longtemps que ces solutions filtrées au papier, embouteillées mécaniquement et chargées d'un peu d'acide carbonique, présentent la même composition et les mêmes propriétés thérapeutiques que les eaux naturelles ?

Qu'une solution d'un sel de fer prenne le nom modeste, mais plus exact, de solution ferrugineuse ; qu'une solution de bicarbonate sodique dans une eau gazeuse cesse de s'appeler eau artificielle de Vichy, et s'appelle, par exemple, solution bicarbonatée ; qu'une solution de sulfure de sodium prenne le nom de solution de sulfure de sodium, etc.

Je pense avoir démontré l'impossibilité où l'on se trouve aujourd'hui de reproduire artificiellement les eaux minérales naturelles. Toute nouvelle tentative d'imitation constituerait donc une contrefaçon nouvelle, un nouvel *à peu près* pharmaceutique. Or, l'à peu près consenti dans les sciences, et surtout dans la thérapeutique, c'est la négation de la science même, c'est le retour aux idées empiriques, c'est le contre-pied du progrès, c'est un principe faux, que vous ne sanctionnerez pas dans le nouveau Codex, si vous voulez fonder un monument durable.

V. — Rapport sur les acides végétaux et alcalis organiques, en vue de la revision du Codex.

(1864)

« Le chapitre des acides végétaux, des alcaloïdes et des sels qu'ils forment soit entre eux, soit avec les composés de nature minérale a été étudié avec le plus grand soin par une commission qui avait pour rapporteur M. Roussin. Cette partie du Codex est une de celles qui avaient le plus grand besoin d'être revues. Il était nécessaire, en effet, de comprendre dans le recueil officiel une foule de produits nouveaux dont la thérapeutique s'est enrichie dans ces derniers temps, tels que l'atropine et son sulfate, la digitaline, la santonine, le lactate et le citrate de fer, le valérianate de zinc, le citrate de magnésie, et tant d'autres composés qui occupent aujourd'hui une place importante dans nos officines, ou qui figurent journellement dans les prescriptions médicales. M. Roussin ne s'est pas borné à nous signaler ces nouvelles substances, il nous a fait connaître également les formules qui convenaient le mieux pour leurs préparations (1). »

VI. — Nouveau Dictionnaire de médecine et de chirurgie pratiques, publié sous la direction du Dr Jaccoud.

Paris, J.-B. Baillière, 1864.

Voici la liste des articles de Z. Roussin :

Albumine (2 pages).
Ammoniaque et sels ammoniacaux (4 pages).
Amylène (1 page).
Antimoine (6 pages).
Arsenic (18 pages).
Bonbons colorés (4 pages).
Bouillons alimentaires et médicinaux (6 pages).
Catalyse et phénomènes catalytiques (10 pages).
Champignons (2 pages).
Chloroforme (9 pages).
Cobalt (1 page).
Cosmétiques, teintures, pâtes épilatoires (4 pages).
Cuivre (12 pages).
Désinfectants métalliques, antiseptiques (20 pages).
Digitale (8 pages).
Empoisonnement, Recherche chimique des poisons (25 pages).

VII. — Sur l'électrolyse de l'eau.

(1868)

L'eau n'est pas décomposée par le courant. Lorsqu'on acidule de l'eau avec de l'acide sulfurique (depuis 1/20 jusqu'à 1/50), l'acide seul est électrolysé. L'eau n'entre pas en réaction. Avec l'eau acidulée par l'acide azotique,

---

(1) H. Buignet, *Comptes rendus des travaux de la Société de pharmacie de Paris,* lu le 11 novembre 1863 (*Journal de pharmacie et de chimie,* 1864).

il y a, comme dans le cas de l'acide sulfurique, concentration de l'acide au pôle positif.

L'acide borique oppose une résistance absolue au passage du courant; l'expérience ne réussit qu'à la condition d'opérer sur une solution rigoureusement pure ; des traces de chlorure ou de sulfate suffisent pour dégager des gaz auprès des pôles.

L'eau acidulée avec l'acide formique ne donne que de l'acide carbonique au pôle positif, mêlé à une petite quantité d'oxygène. L'eau acidulée par l'acide oxalique ne donne que de l'acide carbonique au pôle positif, pendant toute la durée de l'expérience.

Dans l'eau additionnée d'un peu de potasse caustique, il y a concentration de l'alcali au pôle négatif et l'alcali électrisé contient tout l'oxyde recueilli au pôle positif.

VIII. — Lettre relative à la fusion de la médecine et de la pharmacie militaires.

(février 1873)

Une Commission spéciale chargée d'étudier la réorganisation du Service de santé de l'armée avait été créée, au Ministère de la guerre, en novembre 1872. Présidée par le général de division de Martimprey, elle comprenait des généraux, des intendants, des médecins militaires et le pharmacien-inspecteur Jeannel qui venait de succéder à Poggiale. Lorsque vint à l'ordre du jour le projet relatif à la fusion de la médecine et de la pharmacie demandée par les médecins, Jeannel s'étant adressé à Roussin pour avoir son avis en reçut la réponse suivante (1) :

(1) Cette lettre impressionna vivement les membres de la Commission. Elle n'était pas ce qu'avait espéré l'une des personnalités les plus en vue de la médecine militaire qui s'était efforcée de faire comprendre à Roussin, qu'en restant dans la neutralité, il était assuré d'arriver au grade de pharmacien-inspecteur. Dans cette circonstance, Roussin marqua une fois de plus la mesure de son indépendance, en montrant qu'il n'était pas homme à se plier aux abandons de dignité, qui trop souvent assurent le succès.

Monsieur le Pharmacien-Inspecteur,

Vous me faites l'honneur de me demander mon libre avis touchant la fusion de la médecine et de la pharmacie militaires. Je m'empresse de vous envoyer en quelques lignes le résumé de mes opinions à ce sujet.

La sécurité et la vie des malades, la spécialité et la dualité de l'instruction et des fonctions, enfin la loi qui est le résumé de toutes les convenances morales et philosophiques interdisent dans la société civile la fusion des professions de médecin et de pharmacien. Sur tout le territoire français, les médecins et les pharmaciens exercent chacun leur profession de la manière la plus indépendante et le public ne verrait certainement pas sans grande appréhension le médecin se déclarer spontanément propre à diriger et à exercer la pharmacie, c'est-à-dire un art dont il n'a aucune notion et dont l'ignorance constituerait un danger perpétuel pour le malade. Il convient, à mon avis, que chacune des professions continue à fonctionner suivant le mécanisme logique qui existe depuis si longtemps.

Je ne saurais croire que le Département de la Guerre songeât à diminuer les garanties dues à ses soldats et à ses malades, alors précisément que sa responsabilité devant les familles et la société va chaque jour s'accroître davantage.

La pharmacie militaire n'a pas besoin d'être défendue devant l'armée et les savants. Dans le monde scientifique, comme sur les tables de la mortalité, elle a depuis longtemps conquis ses lettres de noblesse qu'il n'est au pouvoir de personne de contester.

D'autre part, il est certainement remarquable que dans

toute l'armée et l'administration de la guerre, les seules critiques touchant l'utilité et le fonctionnement de la pharmacie militaire soient élevées précisément et exclusivement par ceux qui ont, de tout temps, convoité nos dépouilles à leur profit ou cherchent dans notre abaissement un moyen odieux de grandir leur importance personnelle.

Je ne doute pas que la Commission ne repousse ces idées d'envahissement et s'inspirant du seul bien du service ne conserve au pharmacien une indépendance nécessaire à la sécurité des soldats malades (1).

IV. — *Travaux inédits.*

I. — Expériences relatives à la destruction de l'insecte des pelleteries.

(1866)

Cette étude entreprise à la demande du ministre de la guerre, en février 1866, a été terminée en 1868. En raison de l'intérêt qu'elle présente encore, la *Revue du service de l'intendance militaire* l'a publiée *in-extenso* dans la livraison de mai 1907.

----

(1) Les considérations sur lesquelles s'appuyait Roussin ont été longuement développées plus tard, à l'Académie de médecine, lorsque la même question y fut posée par le gouvernement. L'Académie, à une forte majorité, de même que la Commission présidée par le général de Martimpey, rejeta, comme préjudiciables aux intérêts de l'armée et la fusion et la subordination (Voir : *Discussion sur les rapports à établir entre la médecine et la pharmacie dans l'armée, en réponse aux questions posées par M. le Ministre de la Guerre*, in *Bulletin de l'Académie de médecine*, séances des 3 juin, 8, 15, 17, 22, 29 juillet et 5 août 1873). Le Parlement, fortement influencé par quelques-uns de ses membres appartenant à la profession médicale, ne tint aucun compte du vote, cependant si motivé, de l'Académie de médecine. La loi de 1882 sur l'administration de l'armée donna gain de cause aux médecins militaires.

Les expériences ont été faites avec les produits suivants :

Benzine ; pétrole ordinaire ; térébenthine ordinaire ; acide phénique ; naphtaline sublimée ; hydrocarbure liquide bouillant entre 60° et 70°, extrait du goudron de houille ; hydrocarbure liquide bouillant entre 50° et 60° et provenant des pétroles bruts de Pensylvanie ; camphre ordinaire ; gaz d'éclairage ordinaire ; sulfure de carbone.

Solution aqueuse d'acide arsénieux aux deux millièmes. Solution aqueuse de bichlorure de mercure aux deux millièmes. Solution de sulfate de cuivre à la même dose.

Solution d'aloès au millième. Solution d'extrait de gentiane à la même dose.

CONCLUSIONS GÉNÉRALES

1° La benzine, le pétrole ordinaire, l'essence de térébenthine, la naphtaline, le camphre, l'acide phénique et divers hydrocarbures très volatils retirés des pétroles bruts ou des goudrons de houille sont aptes à provoquer l'asphyxie de l'insecte des pelleteries, à toutes les périodes de ses métamorphoses ; mais ces produits, sous tous les rapports, sont inférieurs au sulfure de carbone.

2° L'emploi des sels métalliques toxiques ne produit qu'une préservation très incomplète.

3° L'emploi des substances âcres et amères est de nul effet pour la conservation des pelleteries.

4° Le gaz ordinaire de l'éclairage est, avec le sulfure de carbone, l'agent qui détruit le plus sûrement l'insecte des pelleteries. L'emploi du gaz d'éclairage est simple et économique. Avec une caisse en zinc, à laquelle, suivant l'importance des effets emmagasinés, on pourrait donner tel cubage que l'on voudrait, il suffirait, après avoir empilé les lainages ou les pelleteries que l'on veut désinfecter, de fermer la caisse, de réunir au moyen d'un tube de caoutchouc le robinet inférieur avec la

conduite la plus voisine du gaz à éclairage, puis, après
un écoulement de quelques minutes, de fermer les robi-
nets pendant 48 heures. Au bout de ce temps, tout para-
site a cessé de vivre et tous les œufs sont mis dans l'impossibilité d'éclore.

La destruction si rapide du *tinea pellionella* au
moyen du gaz ordinaire de l'éclairage permet de croire
que cet agent, appliqué à la destruction des charançons
ou de l'alucite qui infestent si fréquemment les approvi-
sionnements du blé donnerait des résultats avantageux.

II. — Dictionnaire des falsifications des substances alimentaires et médicamenteuses.

(1867)

D'après les notes conservées dans les papiers de Z. Roussin, le plan général de cet ouvrage devait se rapprocher
beaucoup de celui des dictionnaires similaires publiés
antérieurement et en particulier du traité classique du
professeur A. Chevallier.

III. — Rapport sur des médicaments achetés en Angleterre durant la guerre franco-allemande.

(1872)

Les médicaments dont il est ici question, achetés par
des médecins en dehors de tout contrôle pharmaceutique, ont été versés à la Pharmacie centrale des hôpitaux
militaires, du 12 juin 1871 au 26 janvier 1872, en exécution d'une décision ministérielle prescrivant de cen-
traliser à Paris le matériel des hôpitaux temporaires et
des ambulances constitués pendant la guerre.

Parmi les principales fraudes observées, on relève les
suivantes :

1° Alcoolé d'extrait d'opium : ne renfermait que la
moitié de la dose d'opium prescrite ;

2° Papier sinapisé : la moutarde était remplacée par de l'extrait de piment, sans action appréciable sur la peau ;

3° Pilules de sulfate de quinine : ces pilules ne contenaient que la moitié de la dose mentionnée sur les boîtes, soit 0gr,05 au lieu de 0gr,10 ;

4° Kermès : n'est que du soufre doré ;

5° Extrait de Ratanhia : excès d'eau de 50 p. 100 ;

6° Mélange solidifiable de gomme et de dextrine constitué par du plâtre ;

7° Azotate d'argent fondu : contient 1/10 de nitrate de potasse.

IV. — Sur la composition de l'arséniate de soude.

(1875)

L'arséniate de soude, d'après divers ouvrages (Codex de 1886, Formulaire des hôpitaux militaires, Traité de pharmacie de Soubeiran, Formulaire des médicaments de Reveil, Manuel de matière médicale de Bouchardat, etc), contiendrait des quantités d'eau bien différentes (14 à 27). D'après des échantillons préparés directement par l'auteur ou achetés chez divers fabricants de produits chimiques, la véritable composition serait celle qui a été acceptée par le Codex :

$$2NaO.HO, AsO^5 + 14HO.$$

V. — Expériences comparatives
faites entre le capillarimètre de Musculus et l'appareil Salleron pour la détermination des vins.

(1875)

D'après les expériences faites sur des vins types et des vins saisis par la justice, le capillarimètre donne des résultats toujours supérieurs à ceux de l'appareil Salleron. Les différences ne sont ni constantes, ni proportionnelles.

VI. — Etude sur le saucisson aux pois.

(1875)

Cette étude a été entreprise pour la Commission supérieure des subsistances, en vue de donner aux troupes en campagne un aliment de réserve devant être utilisé comme potage (1). Après de nombreux essais commencés en avril 1875, Roussin proposa la formule suivante, qui fut adoptée par le ministère (20 juillet 1875). 50.000 saucissons furent préparés d'après cette formule dans les usines de MM. Grivel et Spont, de Paris.

Viande de porc fumée, hachée nette, sans os, graisse, tendons, etc.	10
Viande de bœuf	10
Farine bien desséchée de pois secs décortiqués et crus.	48
Graisse de porc, nette	6
Graisse de bœuf, nette	14
Oignons hachés et rissolés dans la graisse	4
Sel et poivre	8
	100

VII. — Rapport sur la détermination de la richesse alcoolique des liquides par les appareils Dunal, Salleron et Malligand.

(1876)

A la suite de ce rapport présenté à la Commission supérieure des subsistances, en juin 1876, l'appareil Salleron (modèle en cuivre) et l'ébullioscope Malligand ont été adoptés, par le ministre de la guerre, pour le service des vivres de l'armée.

(1) Voy. : *Les Conserves en usage dans les principales armées*, in *Annales d'hygiène publique et de médecine légale*, août 1901 ; *Les Aliments*, par A. BALLAND, t. II, p. 272. Paris, 1907.

VIII. — Rapport sur les altérations de conserves de viande du Canada et de l'Uruguay.

(1876)

Les causes d'altération se rattachent à un vice de fabrication, les conserves ayant été incomplètement stérilisées.

IX. — Examen d'un échantillon de farine et d'un pain provenant du service des vivres d'Argenton.

(1877)

La mie du pain envoyé par le ministre à la Commission supérieure des subsistances, en juillet 1877, était parsemée de taches d'un rouge carminé, dues à la présence de fragments de graines de mélampyre (*Melampyrum arvense*). L'examen microscopique révèle la présence de fragments semblables dans la farine. Les colorations se manifestent au cours de la panification sous l'influence de l'acidité des pâtes.

X. — Analyse d'une concrétion intestinale de cheval.
(Commission d'hygiène hippique, 1877).

Eau	29
Phosphate ammoniaco-magnésien	24
Phosphate de chaux	15
Sable	8
Oxyde de fer	1
Poils du grain d'avoine	14
Mucus, cellules épithéliales	7
Pertes	2
	100

Poids de la concrétion, 1500 gr. ; globuleuse, de forme encéphaloïde, diamètre 0m,18 ; feutrage intérieur de poils ; petit noyau intérieur siliceux. En résumé, concrétion moitié calcul, moitié œgagropile.

XI. — Note sur un feutre spécial applicable au traitement des fractures.

(mai 1878)

Le feutre soumis à l'examen du Conseil de santé paraît avoir été obtenu en trempant un feutre spongieux dans une solution très épaisse de gomme laque obtenue au moyen de l'alcool, de l'esprit de bois, de l'essence de térébenthine ou de tout autre dissolvant approprié. Le feutre, après dessiccation convenable, a été comprimé entre deux cylindres chauffés à la vapeur, et a pris une grande cohésion. C'est au moins par un procédé analogue que j'ai préparé le petit échantillon que je joins à cette note.

XII. — Analyse d'une eau de source provenant du fort de Vaujours.

(janvier 1879)

Eau limpide, incolore, inodore, réaction alcaline ; elle dépose par ébullition une notable proportion de carbonate calcaire. Par la composition donnée ci-après, cette eau se rapproche de l'eau d'Arcueil ; c'est une eau potable, de qualité un peu inférieure.

Analyse pour un litre.

Gaz dégagés à l'ébullition et ramenés à la température et à la pression normales.	Acide carbonique.	17 cc. 83
	Oxygène.	7 cc. 47
	Azote.	21 cc. 27
Résidu d'évaporation à 100°		0 gr. 501
Carbonate calcaire déposé à l'ébullition		0 gr. 202
Chaux totale dosée à l'état de carbonate		0 gr. 240
Magnésie dosée à l'état de pyrophosphate		0 gr. 022
Acide sulfurique dosé à l'état de sulfate de baryte		0 gr. 118
Chlore dosé à l'état de chlorure d'argent		0 gr. 034
Degré hydrotimétrique		26°

XIII. — Rapport sur des couvertures caoutchoutées.

(1881)

Ce rapport, présenté à la Commission supérieure de l'habillement, en février 1881, a été publié dans la *Revue du service de l'intendance militaire* de juin 1907, en raison des données extrêmement intéressantes qu'il renferme sur les procédés ingénieux imaginés par Roussin, soit pour décoller le caoutchouc (à l'aide d'un mélange de toluène et d'éther sulfurique), soit pour évaluer la résistance des couvertures à la rupture, au frottement, au percement, et aux divers agents atmosphériques (eau, chaleur, froid).

XIV. — Notes relatives aux travaux de Z. Roussin sur l'utilisation de la naphtaline à la fabrication des matières colorantes artificielles (1).

(1885)

Mes premières recherches concernant l'application de la naphtaline à la fabrication des matières colorantes artificielles remontent au mois d'avril 1861 (2). Elles comprennent :

1° La description d'un nouveau procédé pour obtenir industriellement la mononitronaphtaline et la naphtylamine.

2° La génération de diverses matières colorantes par l'action, soit des protosels d'étain (3), soit des sulfures et des cyanures alcalins sur la binitronaphtaline.

(1) Ces notes, restées inédites, ont été adressées à la Société d'encouragement pour l'Industrie nationale, le 23 décembre 1885, au sujet d'un concours pour l'utilisation de la naphtaline à la fabrication des matières colorantes, voy. p. 304.

(2) *Comptes-rendus de l'Académie des Sciences*, t. LII, p. 496, avril 1861 et mois suivants.

(3) On a vu, dans la magistrale étude de M. Luizet (p. 50), que cette réaction capitale avait été attribuée à Beilstein. Nous

Quelques semaines plus tard, je communiquai à l'Institut une note dans laquelle était décrite une nouvelle matière colorante artificielle, dérivée par réduction de la binitro-naphtaline et que ses propriétés générales rapprochaient singulièrement de l'alizarine. Le nom de *naphtazarine*, donné à ce produit, rappelle son origine et ses analogies. M. C. Liebermann a démontré depuis longtemps (1) que ce corps n'est autre chose que la bioxynaphtoquinone, laquelle correspond exactement à la naphtaline, de la même manière que l'alizarine ou bioxyanthraquinone correspond à l'anthracène.

Qu'il me soit permis d'ajouter quelques mots. Tous les chimistes savent que jusqu'en 1868, l'alizarine était considérée comme dérivant de la série de la naphtaline, parce qu'elle se transformait facilement en acide phtalique sous l'action de divers réactifs oxydants. Tous les traités

rappellerons à ce sujet les lignes suivantes que M. le professeur Jungfleisch écrivait dans le *Journal de pharmacie et de chimie* de 1878 : « Dans l'avant-dernier numéro, sept. 1878, *du Journ. de pharmacie et chimie*, page 353, en rendant compte d'un travail de M. Limpricht, j'ai reproduit une phrase de l'auteur allemand attribuant à M. Beilstein la priorité de l'emploi d'un mélange d'étain et d'acide chlorhydrique, comme réducteur des composés nitrés. J'aurais dû faire observer que c'est M. Roussin qui, le premier, en 1861, a fait usage de ce réactif (*Comptes-rendus de l'Acad. des Sc.*, t. LII, page 796), et même des protosels d'étain en solution dans les alcalis caustiques (*Comptes-rendus*, t. LII, page 967). Le mémoire de M. Beilstein faisant connaître des réductions effectuées par le même procédé, est de 1863 seulement (*Annalen der Chemie und Pharmacie*, t. CXXXI, page 242). Je comprends d'autant moins mon inadvertance, en reproduisant cette erreur, que j'ai fait moi-même un très fréquent usage de cette méthode dans mes *Recherches sur les anilines chlorées* (1869), sans avoir omis, bien entendu, d'en rapporter le mérite à M. Roussin ».

(1) *Deutsche Chemische Gesellschalft*, t. III, page 965, 1870.

de chimie de cette époque et notamment celui de C. Gerhardt (1) en font foi. Bien des recherches eurent lieu
dans cette voie qui devait longtemps égarer les chimistes.
Les miennes, sur les conseils bienveillants et réitérés de
M. J.-B. Dumas, n'eurent pas d'autre point de départ.

Sept ans après la découverte de la naphtazarine,
MM. Grœbe et Liebermann, appliquant à la réduction de
l'alizarine une méthode nouvelle et énergique, démontrèrent enfin que l'alizarine dérivait de l'anthracène et
non pas de la naphtaline, ainsi qu'on l'avait admis
jusqu'alors.

L'erreur ancienne ainsi rectifiée et le terrain des
recherches correctement fixé, la préparation de l'alizarine
véritable ne tarda pas à se réaliser entre les mains de
deux habiles chimistes allemands. Je n'avais trouvé que
l'alizarine de la naphtaline; MM. Grœbe et Liebermann
eurent le mérite de découvrir l'alizarine de l'anthracène.

J'ai tenu à faire ce petit retour rétrospectif sur des
faits déjà anciens et que beaucoup de chimistes paraissent ignorer ou avoir oublié, si j'en juge par l'historique
habituel de l'alizarine artificielle où la mention de mes
recherches est généralement omise.

Depuis 1861 jusqu'en 1873, mes occupations officielles
de pharmacien militaire et de professeur agrégé à l'École
du Val-de-Grâce ne me permirent pas de continuer mes
travaux sur les matières colorantes dérivées de la naphtaline. Je ne pus les reprendre qu'en 1874, à l'hôpital militaire de Lyon, où je fus appelé par le ministre de la
guerre.

Dès le 6 juin 1875, je pus déposer à l'Académie des

(1) Gerhardt, *Traité de Chimie organique*, t. III, pages 478, 483,
489.

Sciences un pli cacheté (1) dans lequel j'indiquais :

1° Un procédé rapide et industriel pour la préparation de l'acide naphthionique, en prenant pour point de départ la naphtylamine et l'acide sulfurique ordinaire ;

2° La préparation du diazo-naphthionique et sa transformation, par simple ébullition dans l'eau, en une matière colorante rouge, cristallisée, directement applicable à la teinture de la laine et de la soie. Ce corps n'est qu'une variété de *Roccelline*, matière colorante que je devais découvrir plus tard. Il se produit naturellement par la simple combinaison du diazo naphthionique avec le naphtol mis en liberté sous l'influence de l'élévation de température.

Le 27 juin 1875, je déposai à l'Académie des Sciences un second pli cacheté (2), accepté sous le n° 2919, dans lequel j'indiquais avec détails la préparation d'une matière colorante rouge Ponceau (désignée plus tard sous le nom de *rouge Amélie*) et que j'obtenais par la combinaison du diazo de l'acide naphthionique avec le naphthionate sodique.

En juillet 1875 un nouveau pli cacheté (3) fut déposé à l'Académie des Sciences. J'y mentionnais deux nouveaux procédés pour l'obtention du *rouge Amélie*.

Le 15 novembre 1875, dépôt du 4° pli cacheté (4) contenant la mention :

1° D'une matière colorante jaune, cristallisée, obtenue en faisant réagir le diazo de l'acide naphthionique sur le phénol. Cette matière colorante a figuré à l'exposition de Philadelphie en 1876 ;

(1) Voir page 81.
(2) Voir page 82.
(3) Voir page 83.
(4) Voir page 84.

2° D'une matière colorante rouge, cristallisée, obtenue par la réaction du diazo de l'acide naphthionique sur la naphtylamine ou des sels ;

3° D'une matière colorante orangée obtenue par la réaction du diazo de l'acide naphthionique sur l'aniline et les deux toluidines.

Le 22 mars 1876, dépôt du 5° pli cacheté (1) à l'Académie des Sciences. Dans ce pli, je résume et je rappelle les matières colorantes précédentes et je constate en outre que le *diazo* de l'acide naphthionique se combine aux *divers phénols connus* (phénol, orcine, résorcine, naphtol, acide salycilique, etc., etc.) pour produire de nouvelles matières colorantes cristallisées.

Pour la première fois, je signale dans ce pli cacheté la combinaison du *diazo* de l'acide sulfanilique avec les divers phénols, ainsi qu'avec les sels de naphtylamine, d'aniline, des deux toluïdines (*ortho* et *para*), avec les naphthionates, etc. Dans toutes ces réactions qui ont lieu, même à froid, il se produit des matières colorantes cristallisées, directement applicables à la teinture.

Ce pli cacheté est le plus important. L'Académie des Sciences l'a accepté sous le n° 2990.

Le 13 mai 1876, j'ai adressé à la Société industrielle de Rouen un pli cacheté (2) dans lequel j'indique la préparation exacte de l'orangé n° 1, obtenu par la réaction à froid du diazo de l'acide sulfanilique sur le naphtol α. Ce pli est accepté avec le n° 13.

Le 5 juin 1876, j'ai adressé à la Société industrielle de

(1) Voir page 86.
(2) Voir page 90.

Mulhouse deux plis cachetés (1) qui ont été acceptés et inscrits sous les nᵒˢ 229 et 230. Dans le premier de ces plis j'indique la préparation exacte de l'orangé nᵒ 1 et de l'orangé nᵒ 2 par réaction des diazo sulfaniliques sur le naphtol β. Le second pli cacheté renferme la mention de la découverte et de la préparation d'une nouvelle matière colorante obtenue par la réaction du diazo de l'acide sulfanilique sur la résorcine. Cette matière colorante porte aujourd'hui le nom de *Chrysoïne*.

Nouveau pli cacheté (2) adressé le 12 juillet 1877 à la Société industrielle de Rouen et inscrit sous le nᵒ 27. Dans ce pli, j'indique la série des matières colorantes que je viens de découvrir par la réaction du diazo de l'acide sulfanilique :

1° Sur tous les phénols ; 2° sur toutes les monamines primaires ; 3° sur les monamines secondaires et notamment sur la diphénylamine ; 4° sur les alcalamides ; 5° sur les diamines aromatiques, la phénylène diamine et les isomères.

Toutes les matières colorantes ci-dessus indiquées cristallisent aisément, sont fort solubles dans l'eau et s'appliquent directement à la teinture de la laine, de la soie et quelquefois même du coton. Au point de vue de leur composition chimique, elles sont toutes caractérisées, ainsi qu'on le voit, par l'introduction de la molécule sulfurique qui communique aux composés diazoïques la solubilité et la résistance nécessaires à des produits industriels.

Aucun doute ne me paraît donc possible, touchant la

(1) Voir page 91.
(2) Voir page 92.

priorité de mes droits. Avant l'apparition des matières
colorantes dérivées de ma méthode, les corps azoïques
n'avaient reçu dans la teinture que des applications fort
restreintes. Les belles et persévérantes études de
M. Griess n'avaient elles-mêmes déterminé aucune application industrielle. Il est aisé de se rendre compte de
ces faits.

Les combinaisons azoïques ne peuvent servir à la
teinture que lorsqu'elles sont colorées et solubles dans
l'eau. Or, tous les dérivés diazoïques colorés résultant
de l'union du diazo benzol (ou isomères) avec les phénols
et les amines sont presque complètement insolubles dans
l'eau. La *Chrysoïdine* et le *brun de Phénylène* ont seuls
pu faire exception et recevoir quelques applications à la
teinture du coton, grâce à la solubilité propre de la phénylène diamine qui se transmet partiellement au dérivé
azoïque.

Avant le dépôt, non pas seulement du premier, mais
même du dernier de mes plis cachetés déposés à l'Académie des Sciences, c'est-à-dire avant la date du 22 mars
1876, aucune substance colorante azoïque, renfermant
comme produit de la substitution la molécule sulfurique,
n'était connue et employée dans l'industrie de la teinture.
Ce fait est indéniable et juge à mon profit toute la question de priorité.

Mais s'il fallait chercher ailleurs que dans les considérations scientifiques et les dates ci-dessus relatées la
preuve évidente qu'aucun chimiste ou industriel ne connaissait ou ne prévoyait l'existence de ces nouvelles matières colorantes, je la trouverais sans peine dans la
surprise que provoqua sur le marché industriel la première apparition de mes produits et la révolution qu'elle

apporta, dans l'industrie de la teinture, de la fabrication des matières colorantes artificielles.

Je n'avais garanti mes droits d'invention par aucun brevet. Les plis cachetés déposés du 6 juin 1875 au 12 juillet 1877 étaient seuls chargés de constater l'originalité et la priorité de ma méthode générale.

Par trois traités successifs, le premier en date du 23 juillet 1875, le second, du 18 janvier 1876 et le troisième en date du 16 avril 1876, M. Poirrier se chargea d'installer à sa belle usine de Saint-Denis la fabrication des nouvelles matières colorantes produites par mes procédés.

Dès leur première apparition, ces produits eurent le plus grand succès et comme ils étaient absolument inconnus et qu'aucun brevet n'en pouvait faire connaître la préparation, aucune contrefaçon ne put se produire pendant plusieurs mois.

Mais l'attention et les intérêts des industriels étrangers, notamment des Allemands, étaient trop excités pour que cet état de choses pût longtemps durer. Dès le mois de juillet 1877, M. Hofmann, l'éminent chimiste de Berlin, publiait dans le *Beritche* (23 juillet 1877) l'analyse de l'orangé n° 1 et de l'orangé n° 2, déjà lancé dans l'industrie par l'usine de M. Poirrier, depuis plus de huit mois. A cette analyse était jointe le mode de génération et de fabrication de ces produits.

Par cette publication inattendue, je fus du même coup dépossédé du droit de faire breveter mes découvertes et M. Poirrier, après de longs et onéreux sacrifices d'installation, se trouva, du jour au lendemain, désarmé devant la concurrence des fabricants étrangers, gratuitement éclairés par la publication de M. Hofmann.

M. Ch. Lauth, dans son *Rapport officiel sur les pro-duits chimiques et pharmaceutiques de l'Exposition uni-verselle internationale de 1878* (pages 165, 166, 167 et suivantes) a pu, en toute connaissance de cause, juger cette question de priorité.

Il s'exprime ainsi au début de son article : « L'indus-trie s'est enrichie depuis 1875 d'une nouvelle série de matières colorantes constituées par les dérivés sulfocon-jugués des corps azoïques seuls ou combinés avec les amines ou les phénols. La beauté de ces matières, leur solidité, leur bon marché sont tels qu'elles ont conquis, en peu de temps, une importance de premier ordre. C'est par millions de francs que se chiffre aujourd'hui la pro-duction de ces couleurs. Le mérite de cette découverte revient à M. Z. Roussin qui a établi ses droits dans une série de plis cachetés déposés à l'Académie des Sciences, du 6 juin 1875 au mois de mars 1876. »

En ajoutant quelque chose, je ne pourrais qu'affaiblir les paroles d'un savant dont la haute compétence est re-connue par tout le monde.

Aujourd'hui toutes les fabriques, tant en France qu'à l'étranger, produisent, en quantités considérables, les ma-tières colorantes artificielles que j'ai découvertes. L'usine seule de M. Poirrier à Saint-Denis en a déjà fabriqué pour plus de dix millions de francs. Or, presque toutes ces matières colorantes dérivent de la naphtaline.

La naphtaline sulfoconjuguée, puis fondue avec la po-tasse, produit les deux naphtols isomères α et β qui sont les éléments constitutifs de l'*orangé* n° *1*, de l'*orangé 2*, de la *Roccelline*, des *ponceaux de Xylidine*, etc. Trans-formée en mononitronaphtaline, la naphtaline produit, par simple réduction, la naphtylamine que l'acide sulfuri-

que à 66° transforme directement en acide naphthionique.
Or, ce dernier acide est un des principes constituants du
produit désigné sous le nom de *Substitut d'Orseille*.
Après qu'il a été diazoté, l'acide naphthionique sert à son
tour à la fabrication de la *Roccelline*. Les naphtols eux-
mêmes donnent, après leur sulfoconjugaison, des nuances
nouvelles que l'industrie réclame. Il me paraît inutile
d'insister. Ce qui ressort de tous ces faits c'est que, jusqu'en 1876, la naphtaline n'avait pu être appliquée qu'à
la production de deux matières colorantes (le *jaune de
Martius* et le *rouge de Magdala*) dont la fabrication éphé-
mère est devenue presque nulle, si elle n'est abandonnée.
Aujourd'hui, c'est par millions de kilogrammes que la
fabrication des matières colorantes utilise annuellement
la naphtaline en débarrassant ainsi, avec tout profit pour
elles, les usines à gaz d'un produit que l'on sait si encombrant.

J'ai l'espoir que la Société d'Encouragement voudra
bien reconnaître que mes travaux, commencés il y a plus
de 25 ans, ont, dans quelque mesure, contribué à ce résultat.

*Liste des matières colorantes artificielles préparées
par la méthode Z. Roussin :*

1° Orangé n° 1. — 2° Orangé n° 2. — 3° Orangé n° 3.
— 4° Orangé n° 4. — 5° Chrysoïne. — 6° Roccelline. —
7° Substitut d'orseille. — 8° Ponceau de Xylidine. —
9° Cérasine.

Toutes ces matières colorantes ont été découvertes par

Z. Roussin et préparées, pour la première fois, à l'usine Poirrier. Le ponceau de xylidine et la Cérasine ont seuls été présentés à l'industrie par les Allemands, plusieurs années après l'apparition des produits Z. Roussin.

Le 16 novembre 1885.

Z. ROUSSIN.

V

LISTE CHRONOLOGIQUE
DES PUBLICATIONS DE Z. ROUSSIN

1862

1863

1864

1868

1869

67. Mémoire sur la coralline et sur le danger que présente
l'emploi de cette substance dans la teinture de certains
vêtements   236

    Annales d'hyg. publ. et de méd. lég., t. XXXI, p. 256-275.

68. Rouges d'aniline préparés sans arsenic   236

    Journal de pharmacie et de chimie. t. IX, p. 414.

69. Sur l'hydrate de chloral   167

    Mém. de méd., chir. et ph. mil., t. XXIV, p. 169.
    Comptes rendus Acad. sc., t. LXIX, p. 1144-1145.
    Jour. de ph. et ch, t. XI, p. 111-116.

70. Catastrophe de la place de la Sorbonne du 16 juin
1869, causée par explosion du picrate de potasse . . .   »

    Tribunal correctionnel de la Seine. *Gazette des Tri-
bunaux,* nov. 1869.

1870

71. Sur divers alcaloïdes des quinquinas (cinchonine, cin-
chonidine, quinidine, etc.), présentés à la Société de
pharmacie . . . .   »

    Jour. de phar. et ch., t. XI, p. 249.

72. Falsification de la cire d'abeilles . . . . ·   168

    Jour. de phar. et de chim., t. XI, p. 416.

73. Analyse de l'ouvrage : *Les poisons*, par Arthur Mangin.   »

    Annales d'hyg publ. et de méd. lég., t. XXXII, p. 246-248.

74. Relation médico-légale de l'affaire Troppmann. Rapport
concernant l'empoisonnement de Jean Kinck par l'acide
prussique   237

    Annales d'hyg. pub. et de méd. lég., t. XXXIII, p. 181.

75. Considérations nouvelles sur l'empoisonnement par la
strychnine   238

    Annales d'hyg. pub. et de méd. lég., t. XXXIV, p. 128-145.

1883

1885

1886

1887

1888

121. Rapport fait par M. Z. Roussin, au nom du Comité des
arts chimiques, sur un livre intitulé : *Fabrication des
couleurs*, présenté, par M. Guignet, ancien répétiteur à
l'Ecole polytechnique, chargé du cours de M. Chevreul, au
Museum . . . .   »

*Bulletin de la Société d'encouragement pour l'industrie
nationale*, oct. 1888, p. 553-555.

1890

122. Rapport fait par M. Z. Roussin, au nom du Comité des
arts chimiques, sur le prix relatif à l'utilisation des ré-
sidus de fabrique. (Le prix est décerné à M. Martinon,
chimiste à Lyon, qui est parvenu à régénérer jusqu'à 50
p. 100 de l'étain employé à l'état de bichlorure pour la
charge de la soie). . . . .   »

*Bulletin de la Société d'encouragement pour l'industrie
nationale*, 1890, p. 473-474.

1893

123. Rapport fait, au nom du Comité des arts chimiques,
sur un mémoire de M. Buisine relatif à l'épuration des
eaux d'égouts par les sels ferriques . . . .   »

*Bulletin de la Société d'encouragement pour l'industrie na-
tionale*, 1893, p. 307-309.

1894

124. Analyse de l'ouvrage : *Les Essences*, par Darvelle . .   »

*Bulletin de la Société d'encouragement pour l'industrie na-
tionale*, 1894, p. 144.

VI

ÉTATS DES SERVICES MILITAIRES

ET DES

TITRES SCIENTIFIQUES DE Z. ROUSSIN

I. — SERVICES MILITAIRES

Entré au service en qualité de pharmacien-stagiaire à l'École d'application de médecine et de pharmacie militaires (Val-de-Grâce), le 11 janvier 1853.

Pharmacien aide major de 2ᵉ classe, 3 décembre 1853 (1) ;

A l'hôpital militaire du Dey, à Alger, 1ᵉʳ février 1854 ;
Aux ambulances de la Colonne expéditionnaire du Haut-Sébaou (Kabylie), 12 mai 1854 ;

---

(1) Par décret du 3 décembre 1853, les neuf pharmaciens-stagiaires dont les noms suivent furent promus au grade d'aide-major de 2ᵉ classe : Roussin, Pressoir, Adam, Ollivier, Tricot, Bourdel, Claquart, Lefranc et Courant.

Roussin, Ollivier, Lefranc et Courant, atteignirent le grade de pharmacien-principal ; Pressoir, Adam et Tricot furent retraités comme major de 1ʳᵉ classe ; Bourdel était encore major de 2ᵉ classe, lorsqu'il mourut en 1869 ; Claquart est mort du typhus à l'armée d'Orient où il fut envoyé comme aide-major, à sa sortie du Val-de-Grâce.

M. Pressoir, ancien interne des hôpitaux de Paris en même temps que Roussin, Adam et Lefranc, et si digne à tous égards du grade de pharmacien-principal, est aujourd'hui le seul survivant de cette brillante promotion.

A l'hôpital militaire de Teniet-el-Hààd, 27 octobre 1854 ;

Pharmacien aide-major de 1re classe, 17 octobre 1855 ;
Surveillant à l'Ecole d'application du Val-de-Grâce, 20 juin 1857 ;
Professeur agrégé à la même école, 31 décembre 1858 ;

Pharmacien-major de 2e classe, 28 mai 1859 ;
A l'hôpital militaire du camp de Châlons, 15 mai 1863 ;
A l'hôpital militaire du Gros-Caillou, 7 septembre 1863 ;

Pharmacien-major de 1re classe, 31 décembre 1863 ;
A la pharmacie centrale des hôpitaux militaires, 1er février 1865 ;

Pharmacien principal de 2e classe, 13 mars 1873 ;
A l'hôpital militaire de Lyon, 13 mars 1873 ;
A l'hôpital militaire du Gros-Caillou, 3 avril 1875 ;

Pharmacien principal de 1re classe, 20 mars 1876 ;
A la Pharmacie centrale des hôpitaux militaires, 19 juillet 1876 ;

Admis à la retraite le 15 octobre 1879 ;
Chevalier de la Légion d'honneur, 28 décembre 1868 ;

Services effectifs : 30 ans, 5 mois, 7 jours ;
Campagnes : 9.

*_**

Chargé de procéder, sous la direction de M. l'Intendant général Le François, à l'examen et aux analyses que peuvent réclamer certaines denrées alimentaires, à l'appréciation des différents procédés de préparation et de conservation de vivres et enfin à l'étude des dispositions et appareils dont l'emploi serait avantageux pour le service des subsistances militaires. *(Décision ministérielle du 1er décembre 1870).*

Membre de la Commission supérieure et consultative des subsistances militaires *(Décision ministérielle du 20 avril 1875).*

Membre de la Commission supérieure et consultative de l'habillement et du campement *(Décision ministérielle du 24 avril 1875)* (1).

------

(1) Les deux notes suivantes sont extraites des registres de

Membre de la Commission d'hygiène hippique, instituée près du Ministère de la guerre pour la solution des questions qui se rattachent à la santé des chevaux de l'armée *(Décision ministérielle du 1er juillet 1875).*

Membre de la Commission chargée d'étudier scientifiquement et expérimentalement toutes les questions d'hygiène et de salubrité des locaux militaires *(Décision ministérielle du 24 mai 1877).*

Membre de la Commission de révision des modèles-types du matériel du service des hôpitaux, en ce qui concerne l'examen des médicaments dont cette commission doit également s'occuper *(Décision ministérielle du 7 octobre 1878).*

II. — TITRES SCIENTIFIQUES

Lauréat de l'Ecole de médecine et de pharmacie de Rennes, premier prix, 1847 ;

Interne des hôpitaux de Paris, 1849-1853 ;

Lauréat de l'Internat, 1er prix. Elèves de 1re et 2e années, 1851 ;

Lauréat de l'Internat, 1er prix. Elèves de 3e et 4e années, 1852 ;

Z. Roussin contenant les minutes des rapports adressés aux diverses commissions militaires dont il était membre :

« J'ai cessé toute expertise en prenant ma retraite en août 1879. Sur l'invitation de M. le général L'Hériller, président de la Commission de l'habillement et de M. l'intendant Ségonne, vice-président, j'ai consenti, en septembre 1880, à reprendre mes anciennes fonctions. Je n'ai stipulé que deux conditions : la gratuité de mon concours et la faculté de reprendre ma liberté, quand bon me semblerait. La croix d'officier de la Légion d'honneur me fut promise. »

« La croix d'officier qui m'avait été formellement promise par M. le général L'Hériller et par M. Colombeix, directeur de l'administration de la guerre, ne m'a été accordée ni au 1er janvier, ni au 14 juillet 1881. J'ai donné ma démission de membre de la commission en novembre 1881, pour ne pas accepter plus longtemps une position aussi ambiguë. »

Lauréat de l'Ecole supérieure de pharmacie de Paris, médaille
d'or, 1852 ;

Pharmacien de 1re classe, 18 décembre 1852 ;

Lauréat de l'Ecole du Val-de-Grâce, 1er prix, 1853 ;

Professeur agrégé du Val-de-Grâce, 31 décembre 1858 ;

Membre fondateur de la Société chimique, 1858 ;

Expert-chimiste près le Tribunal de première instance de la Seine;

Membre de la Société de pharmacie de Paris, 1er février 1860 ;

Membre de la Commission permanente, nommée par la Société
de pharmacie de Paris pour étudier les questions relatives à
la revision du Codex, 1862 ;

Secrétaire annuel de la Société de pharmacie de Paris, 1865 ;

Présenté à l'Académie de médecine pour une place vacante dans
la section de pharmacie, juillet 1867.

Présenté à l'Académie de médecine pour une place vacante (Gui-
bourt) dans la section de pharmacie, juillet 1868.

Présenté en 2e ligne à l'Académie de médecine pour une place
vacante (Boullay) dans la section de pharmacie, mai 1870 (1).

Membre de l'Union scientifique des pharmaciens de France, 1878 ;

Membre de la Société d'encouragement pour l'industrie natio-
nale ;
Lauréat de la Société d'encouragement pour l'industrie nationale.
Prix de 3.000 fr. (2).

----

(1) Les suffrages de l'Académie s'étant portés sur un candidat
classé après lui, Z. Roussin, par un sentiment de légitime
fierté, retira définitivement sa candidature.

(2) Ce prix a été décerné à la suite du rapport suivant de
M. le professeur de Luynes, inséré dans le *Bulletin de la Société
d'encouragement pour l'industrie nationale*, de 1887, p. 34-38 :

**Rapport fait par M. de Luynes sur le concours pour l'utilisation
de la naphtaline à la fabrication des matières colorantes.**

Un seul mémoire a été présenté par M. Roussin ; il renferme
le résumé des travaux de ce chimiste sur les produits de la naphtaline et les matières colorantes qu'il en a dérivées.

Les premières recherches de M. Roussin remontent au con:-

Membre du Comité des Arts chimiques de la Société d'encouragement pour l'industrie nationale, 22 avril 1887.

---

mencement de 1861 ; elles comprennent la description de procédés qui ont permis, les premiers, d'obtenir industriellement la
nitronaphtaline et la naphtylamine.

Quelques semaines plus tard, après des études sur les produits
colorés que donne la nitronaphtaline soumise à l'action des réducteurs alcalins, tels que les sulfures, les protosels d'étain dissous dans la potasse caustique, le cyanure de potassium, etc.,
M. Roussin fut conduit à examiner l'action des agents réducteurs acides sur la binitronaphtaline. Il obtint alors une matière colorante nouvelle dont les propriétés se rapprochaient tellement de celles de l'alizarine de la garance, qu'il fut permis, au
premier abord, d'espérer qu'il avait réalisé la reproduction de
cette précieuse matière colorante.

La matière obtenue par M. Roussin présentait, à première vue,
la plupart des caractères de cette substance ; mais l'épreuve en
teinture démontra qu'elle était différente de l'alizarine. M. Roussin considéra ce corps, appelé depuis *naphtazarine*, comme un
dérivé voisin de l'alizarine et de la purpurine. M. Roussin a donc
bien découvert une alizarine, mais c'était celle de la naphtaline
et il est juste que son nom soit cité dans l'histoire des travaux
qui ont précédé la mémorable découverte de l'alizarine artificielle.

La naphtazarine n'a pas reçu d'application ; mais ces premiers
essais sur la naphtaline avaient mis à la disposition de M. Roussin une partie des matériaux qui lui ont permis d'accomplir, en
1875, ses plus importantes découvertes. Il s'agit d'une nouvelle
série de matières colorantes obtenues au moyen des dérivés
sulfo-conjugués des corps azoïques seuls ou combinés avec les
amines et les phénols.

M. Roussin a d'abord décrit un nouveau procédé rapide et industriel de préparation de l'acide naphthionique, en prenant comme
point de départ la naphtylamine et l'acide sulfurique ordinaire.
Il transforma ce corps en acide diazonaphthionique, et, en soumettant ce dernier à l'ébullition dans l'eau, il obtint une matière
rouge cristallisée, teignant la laine et la soie, qui n'est qu'une
variété de la rocceline et qui résulte de la combinaison de l'acide
diazonaphthionique avec le sulfonaphtol mis en liberté par suite
de l'élévation de température.

Le chimiste Roussin.20

Comme dernière appréciation des titres scientifiques de Z. Roussin, nous reproduisons quelques lignes d'un article de M. P. Lemoult publié au sujet du Musée Centennal des arts chimiques de l'Exposition universelle de 1900 (*Les Chimistes français du* xix^e

Quelques jours après, il préparait une autre matière, connue sous le nom de *rouge Amélie*, par l'action de l'acide diazonaphthionique sur le naphthionate de soude.

En faisant agir successivement l'acide diazonaphthionique sur la naphtylamine et sur les différents phénols connus, il découvrit autant de matières colorantes nouvelles **correspondantes**.

Enfin, plus tard, il combinait l'acide diazosulfanilique **aux** naphtols α et β et il obtenait les corps connus sous les noms d'*orangés* 1 et 2.

Il serait trop long de donner la liste des couleurs nombreuses qui prirent naissance entre les mains de M. Roussin. Il suffit de dire qu'elles résultent toutes de l'action des dérivés azoïques, de l'acide naphthionique et de l'acide sulfanilique sur les phénols, sur les amines primaires, sur les monamines secondaires, telles que la diphénylamine, sur les alcalamides, sur les diamines aromatiques, la phénylènediamine et ses isomères.

Beaucoup de composés nouveaux ont déjà été obtenus ; il est facile d'en prévoir beaucoup d'autres. La découverte de M. Roussin a donc ouvert la voie à la préparation d'une série de couleurs nouvelles dont il est impossible de fixer le nombre. Comme cela arrive toujours lorsqu'un terrain se trouve préparé après une longue période de recherches scientifiques, d'autres savants ont trouvé, vers la même époque à peu près, des produits semblables ; mais c'est à M. Roussin qu'appartient leur découverte.

En résumé, M. Roussin n'a pas seulement doté l'industrie de produits qui ont déjà reçu les applications les plus importantes, mais il a créé des méthodes nouvelles qui promettent pour l'avenir les plus brillants résultats. Son nom vient donc prendre place, et dans les premiers rangs, parmi les noms des chimistes français qui ont contribué pour une part si éclatante au développement de la fabrication des matières colorantes dérivées des goudrons de houille.

DE LUYNES
Rapporteur.

siècle, par le Comité d'installation des industries chimiques à l'Exposition universelle de 1900, p. 142).

« Z. Roussin mérite une mention toute spéciale en raison de l'importance considérable et cependant assez peu connue de ses travaux et de ses découvertes en matières colorantes, indépendamment de ses autres productions. Roussin est en effet l'inventeur des matières colorantes azoïques dérivées d'amines substituées, telles que amines sulfonées, nitrées, etc. (1875-1876) ; le premier exemplaire en est le *rouge Amélie* obtenu par l'action de l'acide nitreux sur l'acide naphthionique, suivi immédiatement d'un grand nombre d'autres : *Orangé* I, *Orangé* II, *Orangé* III, *Orangé* IV (1876) ; *Roccelline* (1877) ; *substitut d'Orseille,* etc.

« Comme conséquence de ces découvertes, il faut citer la multitude des colorants azoïques de même nature que l'on fabrique aujourd'hui dans toutes les usines spéciales et qui représentent à eux seuls la moitié de la fabrication totale des colorants ; il serait trop long de les énumérer, mais il faut appeler l'attention sur ce point ainsi que sur un autre point également méconnu, la découverte des colorants substantifs, c'est-à-dire teignant directement le coton ; le premier exemplaire fut trouvé par Roussin (avril 1880), en se servant du tétrazoïque de benzidine. Cette découverte a été, depuis, l'origine d'un nombre considérable d'autres découvertes industrielles qui ont contribué à créer une industrie nouvelle, celle de la teinture du coton non mordancé. »

INDEX DES NOMS CITÉS

TABLE DES MATIÈRES

DIJON, IMPRIMERIE DARANTIÈRE